BARISTA
咖啡職人
的養成

真正理解咖啡師每個動作的原因

為了用一杯美味的咖啡接待客人，咖啡師該瞭解些什麼呢？

首先要將咖啡豆研磨成適當大小後秤重，然後以適當溫度的熱水進行萃取。如果有磨豆機和咖啡機，這些步驟就能輕鬆上手，因此端出一杯義式濃縮咖啡不會太困難。雖然製作卡布奇諾與拿鐵咖啡還需要其他步驟，但也不算是高難度的技術。那麼像這樣的工作，必須具備證照才能進行嗎？

我常看到很多人為了取得咖啡師證照而吃盡苦頭。投資大量的時間和金錢，下了許多功夫卻屢次落榜的情況並不少見。因此，若能熬過那艱辛的過程、考到證照，根本可以稱之為英雄事蹟了。但並非一定要具備證照才能成為咖啡師。咖啡師證照之所以引人注目，是因為大家都期待能接受一套有體系的教育。所以，通過考試後取得證照，更是一項值得令人炫耀的事情。

問題是，咖啡師證照能不能帶來實際益處？講得極端一點，以制度面上來說，證照沒什麼特別用處，只不過是一種自我滿足罷了。有些人在取得證照後，仍坦承自己其實沒多大自信。而且取得證照後，就算想再精進技術，也會礙於缺乏高價的機器而難以達成，也就發揮不了取得執照的益處。

現實狀況就是如此，明明已取得證照，卻只能用不在考試範圍內的手沖器材萃取咖啡來安慰自己。如果您是已取得證照的人，在聽到這段話後心裡可能會感到不太愉快，在這裡先向您說聲抱歉，但希望您能繼續聽下去。

我認為，咖啡師應該要像麵包師傅那樣，由政府管理資格證照才對。這議題必會引起正反兩方的激烈討論，不過可以確定的是，站在想要取得證照的民眾立場，當然是只有好處，沒有壞處。這句話的意思不是說當咖啡師變成國家認可的資格之後，所有咖啡專賣店都得雇用已取得咖啡師證照的人。重點是，要是咖啡師證照變成國家考試，就能減少今日正在發生的資源浪費

與不必要的外匯流出。

　　原因説明起來其實很簡單。證照若由政府統一管理，民間機構就不會出現類似的證照；即便有，民眾也感受不到非得花費金錢和時間來考取的必要性。不僅如此，就算是在以麵包聞名的法國、義大利、英國，這些國家內民間機構發行的麵包證照，也沒有足夠的吸引力讓他國願意引入國內使用。但現在國外的咖啡師證照太過浮濫，有些光看頭衛感覺是公認的國際咖啡師證照，但實際上也只是民間團體所發行的證照。

　　若以知名的 SCA（精品咖啡協會）的「Barista 咖啡師」證照來看，大概是韓幣 100 萬元（台幣約 2~3 萬）；而若把萃取、烘焙、感官等咖啡技能統統加起來，共有六大領域，其認證又分為基礎級、中級、專業級，所以總計有十多種證照。如果是要考取美國 CQI 的「Q-Grader 咖啡品質鑑定師」，大約要花韓幣 250~300 萬（台幣約 6~7 萬）。至 2019 年為止，據説全世界有五千多位咖啡品質鑑定師，其中三千多位是韓國人。我希望大家應該要知道的是，在國際證照的美名之下（即使沒有它也照樣能在當地開設咖啡店），有源源不斷的金錢流向國外。但只要咖啡師變成國家考試，這些就是瞬間即逝的泡沫罷了。

　　除此之外，在韓國內部正發生其他荒謬的事。

　　打個比方來説，原本在家做麵包只是想分給家人或親戚朋友吃，但現在卻要創立一個「家庭麵包師證書」，這樣合理嗎？但類似的事情正發生在咖啡界。到底「家庭咖啡師證照」有什麼意義？還有一個，那就是將咖啡師證照分成初級和中級又是居心何在？社會上並沒有協議説要為初級咖啡師另外提供新的職業，除了讓初級咖啡師下定決心考上中級咖啡師之外，很難找到這名稱的證照有什麼實際效用。

　　當有客人要求已考取 A 團體發行的初級咖啡師證書的人調整咖啡粉的粗細，他回答説：「那是中級咖啡師才會的事，我不懂。」這是什麼狀況？考初級咖啡師的人只會操作電動磨豆機，還為了讓他只按下一個按鈕而遮住其他的按鈕。而 B 團體的初級咖啡師證書考試則是已經固定磨豆機，讓考生無法調整咖啡粉的顆粒粗細，考官會在沒有嘗過考生萃取的義式濃縮咖啡風味

的情況下就判斷萃取得好不好。卡布奇諾和拿鐵咖啡也是，考官也不會品嘗味道，只是藉由觀察泡沫的厚度和深度來決定考生能否通過考試。

為什麼這麼做？因為就只是初級咖啡師。至於調整咖啡粉粗細、分辨萃取的咖啡風味，是在中級咖啡師的課程才會教。這麼說來，就該取消初級咖啡師這項才對，因為大家都無法認同取得初級咖啡師證書的人是咖啡師。

我們在韓國看到許多諸如此類的現實狀況，深感遺憾，也是這念頭驅使我們決定寫下這本書。讀了這本書的人可以知道咖啡師該瞭解的知識和技術的範圍到哪裡，以及該瞭解的深度到哪裡。書中會介紹咖啡師基本該懂的技術與動作，也會說明要做出那些動作的原因。

第一章會說明咖啡師該具備的品德與職務範圍。書內有提供 CCA（咖啡評鑑師協會）擬定的咖啡師誓言，這是立志成為咖啡師的人都該具備的，內文強調咖啡師該追求的價值與精神，與「希波克拉底誓言」一脈相傳。

第二章和第三章會談到義式濃縮咖啡的萃取，以及影響咖啡風味的關鍵——「水」。也逐一把容易忽略的步驟挑出來說明，例如「Crema 出現白色紋路時有什麼意義？」、「為什麼煮沸的水不適合萃取？」、「不建議輕敲把手的原因」等等。

第四章和第五章著重在說明義式濃縮咖啡機和磨豆機的零件與裝置原理，讓您能正確操作。也會整理出咖啡師務必瞭解的幾個部分，例如「如何拆開機器、看懂內部」、「為什麼蒸氣管漏水會變得很耗電？」、「如何在需要時啟動子母鍋爐？」「磨刀盤的轉速與馬達頻率間的關係」等等。

第六章到第八章會探討牛奶發泡，與以義式濃縮咖啡為基底調製出多樣化的咖啡飲品。咖啡師技術中公認難度最高的就是牛奶發泡，所以理解製造細緻泡沫的原理並做出完成度高的奶泡是很重要的。我們會帶您瞭解牛奶中的哪個成分是製造細緻奶泡的關鍵，如果在操作的同時考量到溫度帶來的影響，就能更快速地達到學習技術的目標。

第九章和第十章介紹不使用咖啡機來萃取咖啡的其他方法。大家常聽到的「手沖咖啡」，會建議要搭配磅秤和計時器的使用來提高一致性，因為要

讓萃取咖啡標準化並提升一致性才能辨別出所使用的咖啡豆品質。此外，還會詳細介紹虹吸式咖啡壺、土耳其咖啡壺、摩卡壺、冷萃、法式濾壓壺、法蘭絨濾布手沖、愛樂壓、越南滴滴壺、美式濾泡壺等九種工具的用法，也會說明各個的歷史與原理。

第十一章會介紹咖啡產地，第十二章會探討烘焙與風味的關係，這是在第一線的咖啡師該瞭解的基本。透過這兩章可以認識種植咖啡的 25 個國家的歷史、品種與味道的特色。至於烘焙是呈現咖啡香味的起點，如果沒有瞭解相關知識就無法製作出一杯好咖啡。

第十三章和第十四章會介紹咖啡評鑑與杯測的基本流程。咖啡的風味跟評價有密切的關係。無論一杯咖啡外觀再怎麼吸引人，如果不好喝還是沒用，為了完整呈現咖啡的香味，要不斷調整萃取率和濃度；如果想知道一杯咖啡的香味好壞，就要瞭解評鑑咖啡的方法；若要與專家討論咖啡香味，就要先瞭解共通的用語，也要瞭解香味的評價法。這些部分將會在這兩個章節為各位解惑。

第十五章會介紹健康美味又能襯托咖啡的甜點。對於有意創業的咖啡師而言，這是特別重要的內容。我們會簡單地說明搭配咖啡的甜點製作方法，以及味道上相合的原因。國外知名的咖啡專賣店當中沒有一家是只賣咖啡的，有咖啡的地方一定會搭配方便一起吃的甜點。

第十六章和第十七章是關於店鋪管理與顧客服務。這是現有的咖啡師證照裡相對容易忽略的部分。衛生、安全、待客都非常重要。誇張一點來說，如果咖啡師變成國家考試，那麼這部分的出題頻率一定會很高，因為這在咖啡師的工作現場是非常重要的事。

這本書系統化地整理了以咖啡師作為職業的人該瞭解的理論與技術，以及提供了為何如此的答案。本書在韓國首刷出版八個月後就二刷了，在此向所有愛著這本書的咖啡愛好者傳遞感謝之意。

願咖啡與各位同在（Coffee be with you）。

朴營淳

Contents
目　次

01 咖啡師（Barista）

Barista

1 | 何謂咖啡師？

　　咖啡師（Barista）指的是「從烘好的咖啡豆中萃取其成分，提供一杯完成的咖啡飲品的工作者」。咖啡評鑑師協會（Coffee Critics Association；簡稱 CCA）將咖啡領域專業人士分為六大類：①栽種者（grower）、②開發者（developer）、③咖啡品質鑑定師（Quality-grader）、④咖啡師（barista）、⑤烘豆師（roaster）、⑥評鑑師（taster）。若依這標準來看，**咖啡師指的就是從烘豆師烘好的咖啡豆中做挑選，然後原原本本地將咖啡豆所具備的特性完全展現出來，並依適當的比例萃取咖啡的專業人士。**

　　而根據韓國的國家職能標準（National Competency Standards；簡稱 NCS）來看，咖啡師應具備十種執行能力：①管理咖啡店鋪、②選擇咖啡豆、③使用咖啡機、④使用咖啡磨豆機、⑤萃取咖啡、⑥製作咖啡飲品的奶泡、⑦咖啡店鋪的顧客服務、⑧

咖啡評鑑師協會（CCA）的咖啡師證照

經營咖啡店鋪、⑨製作義式咖啡飲品、⑩拉花。

　　然而，這意思並不是說得具備上述所有能力，才能成為國家認定的咖啡師。以現行的咖啡師證照來看，都是屬於「民間證照」，而不是「國家證照」。也就是說，想以咖啡師的身分從事相關工作，咖啡師證照不是一項必備條件。不論是誰都能成為咖啡師，基本上只要身心健康，就能進行咖啡飲品的製作與販賣；即使沒有咖啡師證照，也依然可以經營咖啡廳或咖啡專賣店。

　　雖說如此，還是有為數眾多的人為了取得咖啡師證照蜂擁而上，原因可能有兩點，一個是在沒有國家賦予證照的狀況下，想著至少要取得民間發放的證照，讓自己的專業受肯定；另一個是覺得應該要具備咖啡師證照，才可以就業，或者找工作時會比其他人更有優勢。

　　若是後者的原因，我認為真的挺可惜的。不管是對國家，還是對個人，都是一種浪費。想要獲取證照必須投資龐大的資金和時間，但對於一些失業者或二度就業者來說反而會形成壓力，事實上，只要熟記 NCS 擬定的十種執行能力，就能擔負咖啡師工作。

2 | 咖啡師該遵行的五項品德

　　「咖啡師（Barista）」源自義大利文，字典上的定義是「在吧檯工作的人」。Barista 的稱呼是中性的，男女皆可使用。若要專指男性咖啡師，就是「Baristi」，而女性咖啡師是「Bariste」。

　　咖啡師（Barista）與英語圈使用的「調酒師（Bartender）」原是同義詞。但咖啡師和調酒師的角色有了不同的分化和發展，如今，咖啡師萃取咖啡，調酒師調製雞尾酒，像這樣分別有了各自負責的主要業務。

　　義大利的咖啡師普遍都會供應咖啡和雞尾

美國 Stumptown Coffee Roasters 咖啡店的女性咖啡師（Bariste）

酒。然而在韓國，調酒師是「在各種酒中混入辛香料、水果、牛奶等食材來製作雞尾酒或其他飲品的職業」，已經是個與咖啡師完全不同的職業群。另外，從職業上來看，咖啡師並沒有直接對等的國家資格證照，但調酒師就有所謂的國家技師資格證。

一個不小心，咖啡師很容易會被視為「只是萃取咖啡的人」而限制了發展。但似乎許多的咖啡師對於像這樣被侷限的事，沒什麼太大的牴觸。為了化解這些社會認知，咖啡師應該嚴格對待自己的職務，具備專業知識之餘，還得積極擴充相關知識。

由墨西哥卡魯哇（Kahlua）營運的調酒學院中的首席調酒師

咖啡師的職務範圍絕不僅限於萃取咖啡這件事情上。以下是針對咖啡師新增的四項品德。

第一、咖啡師要確實了解咖啡的產地和品種。就算沒辦法達到嘗咖啡的味道就能辨別出該產地和品種的能力，也有義務要詢問供應咖啡豆的廠商，確認產地和品種。換句話說，咖啡師必須只能用來源明確的咖啡進行萃取。

第二、咖啡師要懂得用味道來辨別烘焙程度的差異。如果萃取條件都一樣，咖啡的味道便會隨烘焙狀態而改變。咖啡師要有能力按照豆子的烘焙狀況，調整萃取條件，將咖啡豆本身具備的優點極大化。

第三、咖啡師要懂得用味道來分辨烘焙後的咖啡豆保存有沒有問題。因為氧化的關係，一杯咖啡明顯散發著酸味，客人喝著也覺得尖銳、不快，卻硬要對客人說：「咖啡要有酸味才是好咖啡。」這是不行的。咖啡師在更換咖啡豆時，都必須先萃取及品嘗來判斷咖啡的狀態才行。

第四、咖啡師要保持親切態度。建立星巴克王國的霍華．舒茲（Howard Schultz）說過：「在甄選咖啡師時，我會優先挑選愛笑的人。」還說，技術

的部分再教就行了，但是要能體貼顧客的立場，站在人前時隨時保持親切，這點是很難教會的。將咖啡供應給客人，這不僅止於滿足人的飢餓感，而是關乎文化，關乎幸福的事。咖啡裡若沒有盛裝親切，即使再怎麼美味，也都失去了本質。不親切的咖啡師請離開吧！

咖啡師的五大職務（品德）
①製作咖啡飲品
②確認咖啡豆的產地
③理解烘焙與味道的相關性
④辨別咖啡豆變質與否
⑤親切的顧客服務

3 | 咖啡師的技術，該從哪一樣開始熟悉？

若依前述所言，咖啡師必須具備十種執行能力，但其實依據工作領域的不同（例如分為兼職、經紀人、咖啡創業等工作者），應具備的技術優先順序也不同。為了踏進這圈子，應該從什麼技術開始培訓，大致上都有共識。

成為咖啡師的第一步，就是要熟悉萃取義式濃縮咖啡的技術。為此，要能操作義式濃縮咖啡機和磨豆機。等到可以穩定地不斷萃取出相同品質的義式濃縮咖啡時，接著就得熟悉利用咖啡機中的蒸氣管打出泡沫並加熱牛奶的方法。譬如製作卡布奇諾時，要打出細膩的奶泡，而且加熱的牛奶溫度不得超過攝氏 70 度，應維持在攝氏 65~70 度之間。

若是已經能穩定地萃取義式濃縮咖啡及打出奶泡，那麼便可自我評價說：「已經稱得上是一名新手咖啡師了。」而接下來才算是步入正軌。咖啡師要持續熟悉技術、紮根知識，也就是進入「深化階段」。

比起任何事物，**最需要專注的對象就是咖啡磨豆機。**磨豆就是在粉碎咖啡豆，對咖啡師來說是最重要的工作，甚至可以用一句話來形容——咖啡師就是「調整咖啡粉粗細的人」，磨豆機的存在對咖啡師而言，就宛如「廚師

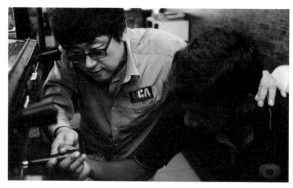

在咖啡師必須熟悉的眾多技術中，萃取義式濃縮咖啡為首要。為了能保持相同的味道，咖啡師的操作必須維持一致性。

的刀（Chef's knife）」。在萃取咖啡的階段中，咖啡粉的粗細度就是能左右味道的關鍵要素。

咖啡師若能支配咖啡粉的粗細度，就等於是支配咖啡的味道了。原因很簡單，在萃取一杯咖啡的過程中，會影響味道的要素有：①水的溫度、②水的性質（硬度與純度）、③水與咖啡粉的比例、④水與咖啡粉的接觸時間、⑤咖啡粉的粗細、⑥咖啡粉的形狀、⑦咖啡粉的粗細分布、⑧萃取壓力、⑨過濾與否及過濾紙的材質、⑩保溫（維持已完成萃取的咖啡溫度）。在這些要素中，若是換成其他種咖啡豆，但還想讓味道維持好水準，那麼咖啡師能做的調整，就只有跟咖啡粉粗細有關的部分了。

至於牛奶的發泡與蒸煮，**咖啡師在深化階段中該熟悉的是「理解原理」**，也就是必須清楚了解所有操作的前因後果。為了打出泡沫，要用蒸氣管注入空氣，同時牛奶的溫度還不能超過攝氏 37 度，你能清楚知道是為什麼嗎？還有，你知道為什麼在打出奶泡之後，得將蒸氣管放在牛奶裡加熱，卻不能讓溫度超過攝氏 65~70 度範圍的原因嗎？

咖啡師要了解溫度對奶泡的形成與維持帶來的影響，這樣在動手操作時才能有目的執行。與此同時，了解形成奶泡的成分有

咖啡師需要總是保持著探索新事物的姿態。

哪些也很重要，懂得這些基礎知識後，可以計算脂肪含量，挑選適合拿來製作的牛奶產品。而了解牛奶香味會隨溫度產生什麼樣的變化，就能控制加熱牛奶的動作，進而製作出香氣濃郁的飲品。

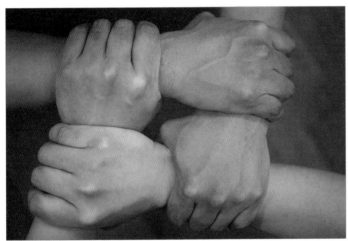

咖啡師並非獨自一人站立在吧檯前的工作，而是眾人一起打造的幸福職業。

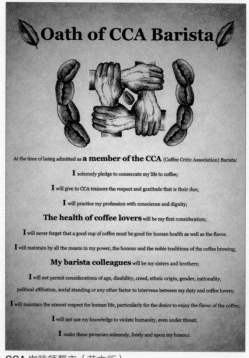

CCA 咖啡師誓言（英文版）

咖啡師誓言

在我被認定為一名咖啡師的此時起，
我鄭重承諾將我的一生奉獻給咖啡；
我將給予培訓師應有的尊重和感激；
我將以良心和尊嚴展現我的專業；
咖啡愛好者的健康將成為我考慮的第一順位；
我永遠不會忘記，一杯好咖啡不僅味道要好，還得對人體健康有益；
我將竭盡所能維護咖啡萃取的崇高傳統與榮譽；
我會將我的咖啡師同事當作兄弟姐妹；
不分年齡、殘疾、宗教、種族、性別、國籍、政治或社會地位等，
我只對咖啡愛好者履行我的職責。
我將保持對人類生命的最大尊重，尤其是對享受咖啡風味的渴望；
即使受到威脅，我也不會用我的知識來貶低其他人；
我以生命起誓，會謹守遵行這一切。

02 義式濃縮咖啡（Espresso）

1 | 義式濃縮咖啡一詞源自何處

　　義式濃縮咖啡（Espresso）一詞在語源學（Etymology）中有兩種分歧的見解。發明濃縮咖啡的義大利一方說詞是，這單字蘊含「**萃取快速（Express）**」的意思，而在咖啡最大消費國的美國，有不少人主張單字源自「**加壓擠出來（Press-out）**」的意思。

　　來自義大利米蘭的路易吉・貝柴拉（Luigi Bezzera）於 1901 年發明了一台利用蒸氣壓的濃縮咖啡機，也獲取了專利，還在 1906 年米蘭博覽會中公開亮相。那時，貝柴拉就在自己發明品的宣傳海報上寫下「Caffé Express」，指的就是能快速萃取咖啡的機器的意思。

　　另一方面，解釋拉丁字根的英美字典（Anglo-American dictionary）中，為「Espresso」一詞寫道：「使勁按壓將成分抽取出來」。若查英文字典，就可以知道「Express」除

義大利 Victoria Arduino 公司於 1922 年製作的海報，強調自家產品可以快速地萃取咖啡。

了有「快速」之意，還有「專門為你（Just for you）」的意思。而以實際操作面來看，我們可以從使用義式濃縮咖啡機來萃取咖啡的過程中觀察到，「快速」、「使勁壓出來」以及「專為您的客製」，這些意思都囊括在內。

2 | 成功製作義式濃縮咖啡的必備條件

若要定義「義式濃縮咖啡」，那就是「**透過高溫、高壓的水流通過咖啡粉萃取出濃縮的咖啡飲品（**A concentrated coffee beverage brewed by forcing hot water under high pressure through coffee.）」。

切記，**不能使用正在沸騰的高溫熱水**，而且壓力要是 9 氣壓（atm）或 9 巴（bar）。咖啡粉必須研磨至直徑 0.2~0.3mm 的大小，而且粉的粗細統統都要一致。

在呈現咖啡粉的粗細度時，通常會使用「目（Mesh）」的單位，目指的是「測量細粉的粒度的篩孔（Sieve）」。一般定義的目數，就是指在長寬各 1 英吋（=25.4 mm²）的面積內的網孔數。一個粒子通過 25.4 mm²，就表示為 1 目。那麼所謂 30 目，就是在 25.4 mm² 範圍內能穿出 30 個洞孔的顆粒粗細度。**適合萃取義式濃縮咖啡的咖啡粉目數為** 42。

濾杯（或稱：粉碗）上的篩孔是粉末能通過的大小。孔洞數量依不同的製造商有 650~800 個，其形狀的均一程度會影響到咖啡的味道。

※ 氣壓（Atmospheres of pressure）：指的是由圍繞在地球的大氣所形成的壓力，單位為「atm」。1 氣壓即地面氣壓，相當於 76cm 水銀柱對底部的壓力。也等同約 10m 高的水柱對底部的壓力，可以說是進入 10m 的深水中時會承受的壓力。

※ 巴（Bar）：1 巴為 1m² 中施加 10 萬牛頓的力時的壓力。「1 巴＝ 0.987 氣壓」，「1 氣壓＝ 1.013 巴」；在學習萃取咖啡時把它們想成同等的單位也無妨。

3 | 義式濃縮咖啡與手沖咖啡的差別在哪裡？

義式濃縮咖啡的濃度比滴濾式手沖咖啡（Drip coffee）高，等量中的溶解固體（Dissolved solids）量也比較多。義式濃縮咖啡提供給顧客的飲用量相對較少，是以份（Shot）為單位數來計算，一份的量是 30ml（約 1oz）。

很多人會說義式濃縮咖啡跟以其他方式萃取的咖啡比起來，和水相遇的時間短，所以咖啡因含量比較低，這說法其實是錯的。**等量的義式濃縮咖啡和一般手沖咖啡相比，前者的咖啡因含量幾乎是後者的兩倍。一份（30ml）義式濃縮咖啡的咖啡因含量為 40mg。**別因為義式濃縮咖啡提供的量比其他咖啡飲品來得少，就誤會其咖啡因含量是低的。

義式濃縮咖啡從化學的角度觀看時十分複雜，有許多隨著溫度降低而氧化的揮發性（Volatile）物質。因為會施加高壓來進行萃取的關係，讓咖啡的香味和化學成分都被濃縮起來。而多虧了含咖啡因在內的多種濃縮成分，混合了牛奶、鮮奶油或巧克力等食材的風味咖啡也能散發出香氣。

咖啡因的分子結構

4 | 一杯義式濃縮咖啡的構造

一杯義式濃縮咖啡由三個部分所組成：心（Heart）、主體（Body）及黃金泡沫（Crema）。

構成義式濃縮咖啡的主體（Body）可於萃取過程中觀察到。

- HEART＝單份濃縮咖啡的最底部部分，呈深濃且飽滿的咖啡色（Deep and rich brown）。也是味道最苦的地方，有著和 Crema 的甜味一起平衡香味的作用。

- BODY＝單份濃縮咖啡的中間部分，通常呈現和焦糖相同的顏色。

- CREMA＝構成單份濃縮咖啡的最上層，呈現一層薄薄的金棕色（Golden-brown）的漂亮泡沫。Crema 是由植物性油脂（Vegetable oils）、蛋白質（Proteins）、糖（Sugars）等組成，濃縮咖啡中獨有的好香氣和風味都在這裡。在萃取過程中，咖啡豆裡好的油脂成分會釋出，等到萃取快結束之際，便能看見 Crema 泡沫上形成一圈白色，這白色的物質帶有苦澀味，會破壞 Crema 的樣貌，只要看到它，就代表可以結束萃取步驟了。

5｜會說「萃取」義式濃縮咖啡的原因

製作一杯義式濃縮咖啡的過程（Brewing process）被稱作「**萃取（Pulling）（或稱：Pulling a shot）**」，其說法源自 20 世紀中期亮相的拉霸式濃縮咖啡機（Lever espresso machine）的一個使用動作，也就是利用槓桿下壓來移動含有彈簧的活塞，藉此將濃縮咖啡萃取出來。

若要製作一杯義式濃縮咖啡，首先要在把手的濾杯中裝入 7~9g 咖啡粉（雙份則裝 14~18g），然後使用填壓器，施予 5~20kg 的力垂直按壓，以弄平咖啡粉。拿起填壓器時，可以直接拿開或是邊轉邊拿起來，這就看咖啡師個人喜好，沒有規定一定要怎麼做。只要能抹平咖啡粉、能施加恰當的力道，用各種華麗的方式也沒關係。

拉霸式濃縮咖啡機

將把手鎖在沖泡頭後，就可按下萃取鈕。這時，攝氏 90~95 度的熱水會均勻地噴撒在粉上，並在 9 巴的壓力之下萃取出濃縮咖啡。倘若水的溫度比這更低，就會產生酸味（Sourness），比這更高，則會有明顯的苦味（Bitterness）。品質良好的義式濃縮咖啡機能以極小的誤差維持水的溫度。

咖啡萃取出來後會裝在杯子裡、送到客人手上，此時咖啡的溫度應為攝氏 60~70 度。因為萃取液的體積小的關係，沒多久就會冷掉，在萃取完成後的 25~30 秒內飲用完畢為佳，這樣才能品嘗到義式濃縮咖啡的精髓，最多也就 2 分鐘，請盡量在這之前喝完。正如以上所述，義式濃縮咖啡就是對溫度及氧化這麼敏感，所以在準備杯子時，可以用濃縮咖啡杯（Demitasse）或 Shot 杯（Shot glass），先溫杯之後再裝咖啡給顧客享用。

6 | 為確實萃取出義式濃縮咖啡的四個要素

為了正確萃取義式濃縮咖啡須滿足許多條件，若要從中選出最重要的要素，就是下方所列舉的四點。

- **咖啡豆**（Beans）：義式濃縮咖啡會使用單一產地（Single origin）或混合（blend）各產地的咖啡豆來製作。還有一種是使用同產地卻混合不同烘焙程度的豆子，藉此讓咖啡有多樣的味道。

- **研磨**（Grinder）：基本上不事先研磨咖啡豆，而是等到要使用時再當場研磨，這樣能保留更多的香氣。研磨出來的顆粒大小與義式濃縮咖啡的萃取時間有很密切的關係。萃取一杯義式濃縮咖啡，需要 25±10 秒。萃取時間短就代表顆粒粗大，萃取時間長則代表顆粒過細。

- **機器**（Machine）：義式濃縮咖啡機會以高溫、高壓的水流通過研磨好的咖啡粉之間，將成分萃取出來。熱和壓力能抽出咖啡中可溶性成分以及多樣味道的成分。義式濃縮咖啡機的水溫一定要為攝氏 90~95 度，萃取壓力要固定維持 9 巴。

- **咖啡師**（Barista）：咖啡師也是影響咖啡風味的要素。咖啡師必須為了萃取出理想咖啡，帶著探索的精神，精益求精，提升知識、技術和態度。

7｜義式濃縮咖啡盛裝在杯子前的過程

①**研磨**（Grinding）：咖啡豆放進磨豆機的儲豆槽，開始研磨。

②**填粉**（Dosing）：將研磨好的咖啡粉裝進把手上的濾杯中。

填粉。

③**抹平**（Leveling）：將濾杯上的咖啡粉整理平均。

抹平。為確保衛生，避免用手直接觸碰即將製成飲品的咖啡粉。

④**填壓**（Tamping）：適度施力壓平，讓濾杯裡的咖啡粉都在同一個水平面上。

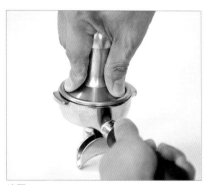

填壓。

- 以「一次填壓、輕敲、二次填壓」的順序操作。亦可依咖啡師自己的習慣只填壓一次。經過輕敲之後，有可能會造成咖啡粉餅（Puck）邊緣出現隙縫而形成水道（通道，Channel）。

- 施加 5~20kg 的力。如果施加的力道太重，會導致萃取時間變得過久。

- 完成填壓後，將把手兩端耳朵、杯緣以及把手連接處等沾上的咖啡粉抹拭乾淨。這步驟要在咖啡渣桶（Knock box）上進行，還要注意導流嘴（Spout）別沾上咖啡粉，避免粉直接掉進杯子裡的狀況發生。

將濾杯周遭沾上的咖啡粉抹拭乾淨，避免汙染了沖泡頭。

⑤ **沖洗**（Flushing）：取下把手後，先讓機器流熱水，因為連接沖泡頭的管子裡積的熱水可能會讓溫度變得更高。

- 流熱水的時間選在把手鎖（Packing）在沖泡頭上的前或後其實都沒關係，要留意的是，在流掉大量的熱水之後，會降低待萃取用水的溫度，可能造成萃取濃縮咖啡時不好的影響。

流熱水。

⑥ 把手鎖上沖泡頭後開始萃取。

- 若與沖泡頭發生碰撞和衝擊，便會造成咖啡粉餅的龜裂，請務必多加留意。

- 將濃縮咖啡杯放置於把手的導流嘴正下方。

將把手鎖上沖泡頭時，小心不要發生衝撞。安裝好後盡速按下萃取鈕。

• 為了準確地在 25 秒萃取出 25ml，請反覆操作前述步驟，並調整咖啡研磨度。若萃取速度過快，萃取出來的量超過標準，就表示顆粒較粗，造成「成分萃取不足」的現象；若速度過慢，就表示顆粒較細，造成「成分過度萃取」的現象。

將杯子放置在能完整盛裝濃縮咖啡萃取液的位置。

• 在正常萃取的狀況下，依據不同的萃取量和時間，可分為義式濃縮咖啡、瑞斯雀朵（或譯：特濃義式濃縮咖啡）（Ristretto）、朗戈（或譯：淡式義式濃縮咖啡）（Lungo）以及雙倍（Doppio）等品項。（參考 P.101 說明）

不同萃取時間與份量的濃縮咖啡。

⑦從沖泡頭上卸下把手。

⑧清除濾杯內的咖啡渣。

濾杯內部的咖啡渣，比起用機器的水，更應該用刷子和抹布來清洗乾淨。

▶ 填壓（Tamping）

填壓是針對裝在濾杯裡的咖啡粉進行以固定力道壓緊實的動作。填壓能讓濾杯內咖啡顆粒的密度變得均勻。必須經過這一步驟，水才能均勻地通過每個顆粒之間，適當地將咖啡成分萃取出來。填壓的力道當然會影響水通過的時間，但咖啡粉的密度所帶來的影響是更大的。因此，咖啡師在進行填壓的時候，務必努力壓至同個水平。填壓通常會施加 5~20kg 的力。若不在同個水平上，結果就是會凸顯苦味，這是因為水道會出現在比較不斜的一側並造成成分過度萃取的現象。

可以利用體重機，練習保持一致的填壓強度。

在進行填壓時，請不要讓把手的導流嘴和桌子有接觸，因為導流嘴是咖啡液萃取出來後直接裝入杯子的地方，必須要特別留意並做好清潔。

填壓時會使用填壓器（Tamper），也就是將咖啡粉表面整平時所使用的工具。填壓器的種類很多，像是附在研磨器上的研磨二合一型填壓器、不鏽鋼底座與木製手柄結合的填壓器、鋁製填壓器、塑膠填壓器等等。而依直徑的大小，也有分成 58mm 與 64mm 的。

在拿填壓器時，要讓拇指和食指伸直，而其餘手指像包覆填壓器握把一樣抓住。但並非一定要用這姿勢來做，可以按照各自的狀況來拿，只要能達成整平咖啡粉的目的即可。萃取義式濃縮咖啡需要不斷反覆操作填壓這動作，為了避免造成手腕的負擔，咖啡師必須以正確的姿勢來進行。務必注意手腕、手臂或肩膀是否有疼痛感，稍有不慎，可能就會傷害咖啡師的健康。

▶ 輕敲（Tapping）

輕敲指的就是「叩－叩－」地敲擊的詞彙。操作要領在於，利用填壓器的手柄輕柔地敲擊裝有咖啡的把手 1~2 次。由於填壓器的直徑比把手來得小，在填壓時咖啡粉會被推到填壓器的邊緣而黏在把手的內壁上，為此，才需要用填壓器去輕敲把手邊緣，讓黏在把手內壁的咖啡粉掉落。

隨意胡亂輕敲會降低萃取的一致性。

輕敲的操作對於萃取出一杯杯品質一致的咖啡有很大的幫助。然而，輕敲也有讓咖啡粉餅發生細微龜裂的疑慮，所以在輕敲之後，務必再實施第二次填壓來消除龜裂。

即使做了第二次填壓，咖啡粉餅上還是有可能會發生龜裂，因此大部分人的建議是不輕敲為佳，因為一旦輕敲了，也不一定能在第二次填壓時將咖啡粉餅統統集中在把手內部，還有很大的機率會產生細微的縫隙。

▶ 拋光（Polishing）

填壓咖啡粉後轉填壓器的動作稱為拋光，而邊轉填壓器邊填壓，這動作也同樣被稱為拋光；這動作有個優點，就是能增加施予在咖啡表面上的力。在做上述兩種拋光時，如果太用力，會讓表面形成一種膜，這個膜會抵抗並影響水的通過。

在咖啡萃取的發展歷史上，義大利於 1940 年代初次見到 Crema 的存在，並宣稱：「義式濃縮咖啡必須存在 Crema。」因此，沒有 Crema，就不是義式濃縮咖啡。Crema 是從新鮮濃縮咖啡中釋出的脂肪成分和膠質成分結合而生成的緻密泡沫，能為咖啡增添更滑順、更豐富的香味。

透過 Crema 的顏色、波紋及厚度等，能夠評估萃取的狀態。

在萃取義式濃縮咖啡時，會先花 4~5 秒注水（Infusion），然後再加 9 巴的壓力把咖啡成分取出來，此時就會生成金黃色的 Crema。此為膠質和細膩的咖啡油的結合體，是像吉利丁（Gelatin）一樣的膠體（Colloid）。溶於液體的顆粒被分散開來而漂浮在咖啡上層。**萃取得好的義式濃縮咖啡**，Crema 的濃度要夠濃郁，**也要有柔軟的觸感，最適厚度為 3~4ml，而且會帶有黑色的條紋。**Crema 的顏色、持久性以及厚度等狀態，都能用來評價一杯咖啡的品質。

Crema 本身就帶有柔軟又清爽的味道及甜味。內含咖啡香的脂肪成分多，可以讓人感受到豐富又強烈的香氣。此外，具有隔熱的效果，可以阻止咖啡迅速冷卻。

萃取後，Crema 會隨著時間逐漸消失；若能維持超過 3 分鐘，表示這是一杯萃取得極好的義式濃縮咖啡。通常顏色淺、Crema 密度低，就表示萃取出的咖啡量偏少；顏色太黑或密度高，就表示萃取出的咖啡量偏多。

表面要有 3~4ml 的 Crema，才稱得上是萃取得好的義式濃縮咖啡。若放入一匙糖時不會立刻沉下去，而是會浮在 Crema 上一陣子後才掉下去，那麼就是最剛好的義式濃縮咖啡。

為了沖煮一杯完美的義式濃縮咖啡，必須適當地將咖啡粉中對人有益的成分萃取出來。如果萃取時，咖啡的成分比標準的還少，就是「**萃取不足**（Under-extraction）」；若連不該出現的成分都被萃取出來了，那就稱為「**過度萃取**（Over-extraction）」。

不過要注意的是，看萃取出的咖啡量來判斷萃取不足或過度萃取這事，不可操之過急。許多咖啡初學者以為在相同條件下，濃縮咖啡的量比標準萃取得少，就是萃取不足，而比標準萃取得多，就是過度萃取。

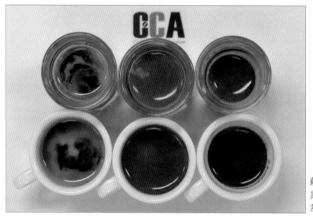

藉由 Crema 的狀態和味道評鑑，能判斷是否符合咖啡成分的標準範圍，以及是萃取不足還是過度萃取。

然而，是萃取不足還是過度萃取，並不是單看萃取量來判斷的，這兩個用語指的其實是在判斷沖煮好的一杯咖啡中，是否含有我們要的成分，而且成分都得適量。因此，為避免混淆，更明確的做法是在用語前面加上「成分」，稱為「成分萃取不足」與「成分過度萃取」。

所謂「成分萃取不足」，表示一杯濃縮咖啡的成分和理想濃縮咖啡相比萃取得不夠。**在萃取水溫、萃取壓力及萃取時間皆符合標準的狀況下，發生成分萃取不足的現象，正是因為咖啡粉的研磨度比標準的來得粗。**萃取時水通過顆粒較粗的咖啡粉，可以想成是水通過石子地，這時水通過咖啡粉層的速度就會過快，而無法確實地萃取。因此，咖啡師必須調整咖啡粉的研磨度，讓顆粒再細一點，以提高萃取率。

相反地，可以把「成分過度萃取」想成是水通過泥土。當出現這現象時，咖啡師得調整咖啡粉的研磨度，讓顆粒再粗一點，適度地降低萃取率。

把咖啡的成分帶出來這件事，浮誇一點可說是「咖啡粉與水之間的愛情故事」。水要以剛剛好的速度流過咖啡粉之間，就好像彼此之間講著悄悄話一樣，然後讓咖啡含有的成分萃取出適當產率（18~22%），這樣散發出來的咖啡香氣才會好。若只是冷漠地要水快速通過，而沒能讓咖啡成分確實釋出，就會讓成分萃取不足；反之，執著地要水跟咖啡粉長時間待在一起，就會導致成分過度萃取。

▶ 調整咖啡豆使用量與填壓力道的陷阱

在萃取咖啡時，藉由調整咖啡豆使用量與填壓力道來找出最能好好表現味道的關鍵，這其實並非一項值得執行的方法。的確，這是個能為萃取帶點變化的最簡單方法，但這種見機行事般地給予萃取變化，卻會降低一致性和再現性。

原因很簡單，比起主張「要根據萃取水溫來調整咖啡豆的使用量」，更合理的說法應該是要讓萃取水溫維持一致。還有，說「在萃取濃縮咖啡時，若通過咖啡層的水流得過快，那就得加強填壓的力道」，更正確的方法應該是調整咖啡粉的粗細度，才能從根本上解決問題。咖啡師不經測量，只是按照狀況，更強力地填壓或輕輕地填壓，統統都是降低一致性與再現性的行為。對咖啡師而言，不一致且無法重現的動作，都是毫無意義的行為。

萃取義式濃縮咖啡時，水的溫度落在攝氏90~95度，便能快速萃取出咖啡豆的香氣成分和好的成分。若溫度比標準低，香氣就會薄弱；溫度過高，就會產生澀感。在萃取的過程中維持固定的水溫，就能製作出好香味的咖啡。水通過咖啡粉層的速度也同樣會影響味道。當水沾濕咖啡粉層後均勻地通過時，容易溶解出可溶性成分，平衡整體的味道。若水通過時不均勻，會導致咖啡風味薄弱，而讓整體味道失衡。

務必定期檢查萃取水溫。

所以，**咖啡師必須致力於維持固定的萃取水溫及咖啡粉的粗細度。**

在萃取中，水質成分的重要程度和咖啡豆的品質一樣重要。過度的硬水或軟水都會帶給咖啡風味不好的影響，並促使水垢的形成。例如，利用鈉離子來替換無機物質而形成的軟水，會提高鹼度，帶給咖啡風味不好的影響，具體一點來說，就是會推遲水通過咖啡粉的時間，造成成分過度萃取的現象，因而增加苦味。

填壓力道帶給萃取的影響其實沒有一般人所想像的大。在填壓時施予了5~20kg 範圍內的力道，之後經由導流嘴萃取出來的濃縮咖啡的水流模樣與風味，其實並不會有太大的差異。只有在過度強力的填壓時，問題才會被凸顯出來。但極端地填壓其實一點也不簡單，可謂是「極度困難的操作」。當其他條件皆一致時，比起填壓力道，咖啡粉的粗細度更能帶來巨大的影響。

填壓的目的在於將裝在濾杯裡的咖啡粉弄成同個水平。若咖啡粉沒有壓平或分布不均，咖啡粉少的那一邊的密度就會相對較低，水流通過時便容易出現通道效應（Channeling）的現象。這麼一來，便無法重現風味一致的咖啡了。

總而言之，為了適度萃取，咖啡師比起用調整填壓力道這種見機行事的方式來應對，更應該調整咖啡粉的粗細度，如此從根本上解決問題才對。

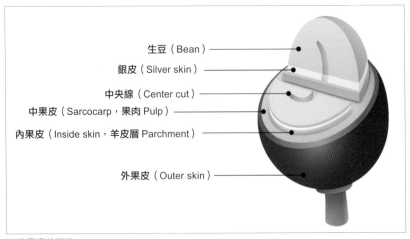

生豆（Bean）

銀皮（Silver skin）

中央線（Center cut）

中果皮（Sarcocarp，果肉 Pulp）

內果皮（Inside skin，羊皮層 Parchment）

外果皮（Outer skin）

咖啡果實的構造

填粉 & 填壓圖解

 均勻分布（Even Distribution）
- 能構成均衡萃取（Even extraction）

 分布不均（Uneven Distribution）
- 會出現沒有確實萃取出成分的咖啡粉

 填壓過度（Over-packed）
- 容易形成通道（Channel）
- 改變施加在粉上的壓力
- 萃取後的濃度過濃

 填壓過於不足（Under-Dosed）
- 萃取量過多
- 咖啡粉餅（Puck）整個很濕潤
- 萃取後的風味既澀又刺激

 通道效應（Channeling）
- 水只從一個地方通過並流動，因此同時於濾杯中發生過度萃取及萃取不足的現象

 封印破裂（Broken Seal）
- 水從旁壁流出
- 在濾杯發生撞擊時會出現此現象

義式濃縮咖啡的萃取變數（Parameters of espresso）

濃縮咖啡的製作並沒有一個權威性定義（authoritative definition），也就是硬性規定如何製作，但對於使用的咖啡機和執行條件有設下固定範圍。

變數 1：咖啡使用量（Coffee Dose）

　　　8±1g：製作一杯濃縮咖啡的量

　　　7~9g：能裝入單份濾杯把手（Single portafilter）內的量

　　　14~18g：能裝入雙份濾杯把手（Double portafilter）內的量

變數 2：水溫（Water temperature）

　　　攝氏 90~95 度：通過咖啡粉的水溫

變數 3：萃取壓力（Extraction Pressure）

　　　9bar ＝ 130psi

　　☞ 1 巴（bar）：海平面上由 100m 的點施加的大氣壓 ＝ 100 千帕（kPa）＝ 0.986 氣壓

　　　1 氣壓（atm）：在標準重力、攝氏 0 度下，76cm 的水銀柱所造成的壓力 ＝ 1.01bar ＝ 101kPa

　　　1psi（Pound per Square Inch，磅力 / 英寸²）：1 磅力在 1 平方英寸面積所產生的壓力

變數 4：萃取時間（Extraction time）

　　　4~5 秒 預浸泡（Pre-infusion）

　　　25 秒 萃取（Extraction）

　　　30 秒（若超時，就有損香味）

變數 5：裝進杯中的量（Volume in The Cup）

　　　25±5ml：單份濃縮咖啡（Single shot of espresso）

　　　20ml：瑞斯雀朵（Ristretto, restricted espresso）

　　　30ml：濃縮咖啡（Completely extracted espresso）

　　　2×20ml：雙份瑞斯雀朵（Double ristretto）

　　　2×30ml：雙份濃縮咖啡（Double espresso）

03 水（Water）

水占一杯咖啡中的比例為 95~98%，因此，水可說是最容易影響咖啡最終風味的物質。由於水的品質會隨著不同的地理狀況而改變，若想萃取出理想的咖啡，就得用恰當的水來製作。根據咖啡評鑑師協會（CCA）的建議，所有咖啡店鋪最好都要先做水的檢測。自來水因內含許多雜質，必須過濾後才能使用，沖煮出來的咖啡風味才會更乾淨、更清爽。若是以逆滲透法（Reverse osmosis）處理過的水，還能防止水垢的產生，而讓咖啡的萃取變得更理想，並且能降低機器的損害與故障發生率。

1 | 咖啡風味會隨著水改變的原因

咖啡師要懂得選擇適合用來萃取咖啡的水，也要能解釋所使用的水的狀態會如何改變咖啡的風味。即使使用的是同一種咖啡豆，仍會隨著不同地區而沖煮出不同的風味，最主要的原因就是各個地區的水具有不同的性格。

自來水在生成前，是以原水的狀態集中在蓄水池，接著經化學處理成為乾淨的水，然後再經消毒後，形成符合飲用標準的自來水。但這樣的水並不適合直接拿來萃取咖啡，若真的不得不使用，最好將水煮沸過後再用。**適合萃取咖啡的水，以不含氯成分的純淨水，或無嗅、無雜質的水為佳。**由於無機物會阻礙水流過咖啡顆粒之間，也會妨礙水溶性成分的萃取，因此建議使用透過軟水器將礦物質過濾掉的水。飲用軟水時，口腔內可以感覺到柔和、滑潤的口感。

一杯咖啡中，水占有 95~98% 的比例。

要用來製作手沖咖啡的水，得以電熱水壺煮過一次之後再使用。但由於二氧化碳在水沸騰的過程會逐漸被釋放，因此，軟水或中等軟水如果煮了兩到三次，就會折損許多的二氧化碳，進而導致咖啡風味不佳。若將硬水與軟水相比，從硬水中溶解出來、造成咖啡苦澀的成分，會比軟水來得多。因此，

根據喜好或欲呈現的味道，有時會使用軟水來製作溫和（mild）的咖啡，有時則會使用硬度高上許多的硬水來製作具有強烈苦味的咖啡。說到這裡，到底什麼是硬水，什麼是軟水？

1）硬水（Hard Water）

鈣（Ca）離子與鎂（Mg）離子以重碳酸鹽 [Ca、Mg(HCO3)2]、氯化物（Ca、MgCl2）、硫酸鹽（Ca、MgSO4）等型態存在於水中。含有大量這類離子的水，被稱作「硬水」。一般我們會說，這樣的水，硬度（water hardness）是高的。硬度的單位是將水中的鈣和鎂含量換算成碳酸鈣（$CaCO_3$）來標記，1ppm（1mg/L）代表 1 公升水的碳酸鈣含量為 1 毫克，即硬度為 1。石灰岩地形及內陸盆地的湖水或地下水常為硬水。

水質硬度

PPM(mg/L)	分類		味道
0~60	軟水	Soft	滑潤的口感
60~120	中等軟水	Moderately Hard	層次感及微苦
120~180	硬水	Hard	苦澀
180~	超硬水	Very Hard	苦澀
出處：WHO 世界衛生組織（文字資料來自韓國環境部）			

硬水還分為煮沸後就會變成軟水的「暫時性硬水」，以及不會因煮沸而成為軟水的「永久性硬水」。德國、法國等歐洲各地多為石灰岩地形，因此大多為硬水，他們早早便投入釀酒工藝，至今啤酒業發達；擁有許多硬水的中國也發展出喝茶的習俗。韓國水利法中，飲用水水質標準的規定為總硬度 300 mg/L 以下（台灣亦同）。硬度過高的水，口感不佳。用硬水萃取的濃縮咖啡枯澀單調，帶有些許苦味，且會讓咖啡機的鍋爐和水管內部形成水垢，減低機器的使用壽命；此外，用硬水洗衣或洗澡時不易起泡，有生澀的觸感。

2）軟水（Soft Water）

　　水中含有較少的鈣離子或鎂離子，就被稱作「軟水」。普遍會將雨水、雪水視為軟水，而蒸餾水（Distilled water）則是經人工處理後硬度為 0 的純水。若 100cc 的水中含有 1mg 氧化鈣（CaO），即硬度為 1。此外，氧化鎂會被換算成氧化鈣（1.4MgO ＝ 1CaO）。

　　若對個人住處的水是否為硬水這點抱有疑慮，可以確認看看一直在使用的煮水壺內有沒有卡水垢。假如有，就表示水得經過過濾。在有供給軟水的區域，如果想讓水的風味更好，建議可以使用活性碳濾器（carbon filter）之類的設備來進行過濾。煮咖啡時最好使用中等軟水，盡量避免使用硬水和軟水。**根據精品咖啡協會（SCA）的水質基準，目標硬度為 68mg/L，並訂出 19~85mg/L 為最適萃取咖啡的硬度範圍。**

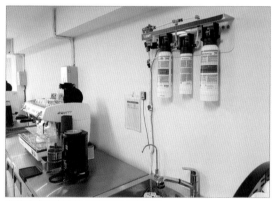

與義式濃縮咖啡機相連的淨水過濾器。

不同種類的水所造成的咖啡風味變化

金屬成分較多的水：易與苯酚結合，有損大多風味。

含鈣的高硬度水：易與有機酸結合，有損酸味。

含氯的自來水：氯含量約為 0.3ppm 以上，幾乎有損所有的香味成分。

鐵質多的礦泉水：易與單寧酸結合，帶有變質的風味。

2 | 測量水純度的原因

專家會以「總溶解固體（Total Dissolved Solid，簡稱 TDS）」的概念來測量水的「純度」。TDS 指的是水中的有機或無機的不溶性物質，一般常見的有礦物質、金屬、鹽類等等。在純水裡，不會有 TDS 存在。雜質會影響水的風味，因此也會直接影響到咖啡的風味。

TDS 單位是 ppm（parts per million，百萬分率的縮寫），數值越低代表純度越高。根據精品咖啡協會（SCA）建議，**適合萃取咖啡的**

利用折射率測量水的純度。

水純度標準為 75~250ppm。不過，韓國自來水的 TDS 為 500ppm，因此，許多精品咖啡店會使用逆滲透濾水系統（Reverse Osmosis Filtration System）製作出 TDS 為 0 的水。（台灣訂定限值為 500ppm，實際測值會依北中南而異）

若想要喝到更乾淨、好風味的咖啡，可以考慮使用瓶裝水，或是用接上淨水器的水。瓶裝水的 TDS 低、硬度中等，很適合拿來萃取咖啡。若是使用自帶淨水系統的義式濃縮咖啡機，就可以製作出近似咖啡專賣店的咖啡，散發出最佳咖啡的風味。

使用淨水，還有一個好處，那就是能保護機器設備。如果直接使用含有雜質的自來水，就會在機器的鍋爐和管線內部形成水垢，而根據統計，機器之所以會故障，接近七成都與水垢相關。

因水垢造成鍋爐加熱器（Heater）損壞。

TIP

1. 每次萃取咖啡時都使用純度高的水，這樣咖啡機或煮水壺內才不會卡水垢。
2. 要使用 TDS 為 75~250 ppm 的水。
3. 若得使用自來水，請先經淨水程序來消除雜質。
4. 在家沖煮咖啡時可以使用瓶裝水，能享用到風味較佳的咖啡。

3 | 依據咖啡豆狀態來調整萃取水溫

跟水有關的除了硬度、純度之外，還有一個該考慮的就是「溫度」。在購買機器之前，要先觀察它能否盡速將水煮沸、能否確實保溫。基本上，**用來萃取義式濃縮咖啡的水，最好維持在攝氏 95 度**。不過，事實上還得考慮咖啡豆的狀況來調整萃取的水溫才行，有些咖啡豆要用較高的溫度來萃取，而有些則適合用較低的溫度來萃取，這樣就能激發出更出色的風味。

在製作最佳咖啡風味這件事情上，當然擁有一台好設備會有很大的助益，但最重要的終究是咖啡師自己的探索力。要讓咖啡有絕佳風味，光靠最頂級的咖啡機和磨豆機是不夠的。有句格言說：「拙匠總怪工具差（Poor workman always blaming their tools.）。」咖啡師須時時刻刻銘記這句話。確實掌握咖啡品質、不斷嘗試萃取美味咖啡的方法並累積經驗值，才是製作出咖啡好風味的最佳途徑。

可以試著冷卻把手，探索萃取溫度對風味的影響程度。

咖啡與水

一杯咖啡裡有 95~98% 是水，因此，水的狀態深深影響著咖啡的風味。而在地球上的水中，有 97.5% 是海水，其餘 2.5% 是可飲用的水；可飲用的水當中，69.6% 是冰雪，其餘 30.4% 是河川、湖泊的水。實際可飲用的水僅占地球整體水源不到 1%，是非常珍貴的資源。

■ 成為咖啡萃取用水的三個條件

①無味。

②清澈到無雜質。

③絕不含氯。

※ 氯：氯是為殺死致病微生物而放入自來水裡的物質，同時也是構成消毒水味道的主因。只要煮沸過，大部分的氯都會揮發。但在煮沸的過程中，水中的含氧量也會跟著消散。氧氣能在咖啡風味上增添生動感，所以在萃取咖啡時，最好是別使用煮沸過的水。

※ 淨水器：和木炭同樣作用的碳（Carbon）濾器，能過濾如氯等雜質。還有一種是施壓於水，讓水通過滲透膜，以此清除雜質的逆滲透法（Reverse osmosis）。除此之外，另有一種淨水器是利用電解，能將自來水打造成具有酸性、強鹼性、弱鹼性三種性格的水。

■ 礦物質與萃取

若礦物質太多，容易與構成風味的成分結合而妨礙萃取。

礦物質太多會導致苦味產生，太少會導致風味平淡。

調整礦物質就等於讓水的酸度維持在適當的程度。

軟水器是將硬水轉換為淡水（軟水）的裝置。

軟水器的運作方式是利用電離平衡，也就是利用電荷的力量篩除特定礦物質。

若不篩除礦物質成分，將在義式濃縮咖啡機內部形成水垢。

水垢會造成鍋爐和管線的阻塞而降低效率，甚至還會在溫度偵測器上生成，致使機器運作發生異常。

■ 礦物質與風味

磷酸鹽：量多時能消除造成苦味的鎂。

鉀、鈣、硅：對釋出甜味有貢獻。但鉀過多時，會淡化甜味，凸顯鹹味。

鎂、硫酸鹽：量若是過多，會讓苦味占上風。

鈣含量高，同時鎂、氯或硫酸含量成分低的水，最適合用來萃取。

當水帶有適量的氧氣和二氧化碳時，就會有明顯的清涼感。

相較於一般水，「六角水」有著更縝密的水構造，風味的持久性佳。

■ pH 值與風味

pH 值：溶於水中的氫離子濃度（攝氏 25 度以下，純水為 pH7、中性）。

當 pH 值低於 7 代表酸性，高於 7 代表鹼性。

水若呈酸性，就會有酸澀味；若呈強酸性，苦味會比酸味強烈。

各國對自來水的 pH 值規範為 6.0~8.5。

04 義式濃縮咖啡機（Espresso Machine）

為了盡可能把咖啡裡好的香氣引出來，咖啡師對義式濃縮咖啡機（以下簡稱：咖啡機）和磨豆機等機器的操作要夠熟練才行。除了了解平常所使用的各個裝備的運作原理，也要懂得檢查裝備的狀態並適時予以保養管理，像是清洗零件與更換耗材等等。在確認裝備狀況的同時，要調整成最適合萃取咖啡的條件；出現異常狀況時，也要能即時掌握起因，並且執行最恰當的措施。

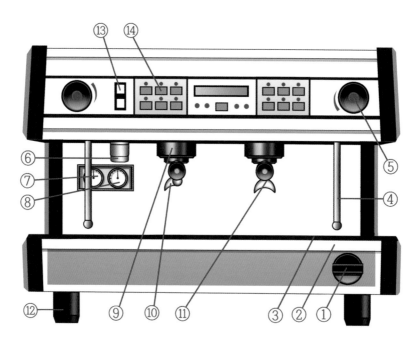

義式濃縮咖啡機的構造和名稱

①電源開關（Main switch）：供應機器電源的開關

②盛水盤（Drip tray）：收集機器產生的水後送去排水的底盤

③滴水盤（Drip tray grill）：萃取咖啡時放置杯具的隔板

④蒸氣管（Steam pipe）：施放蒸氣的棒管

⑤蒸氣閥（Steam valve）：控制蒸氣施放的開關鈕

⑥熱水出口（Hot water dispenser）：熱水的出水口

⑦水壓錶（Water pressure manometer）：顯示萃取咖啡時，幫浦壓力值的量測計

⑧鍋爐壓力錶（Boiler pressure manometer）：顯示鍋爐壓力值的量測計

⑨沖泡頭（Dispensing group head）：鎖把手後咖啡流出的地方

⑩單份濾杯把手（One-cup filter holder）：萃取一杯咖啡時使用的把手（使用 6~7g 的咖啡豆）

⑪雙份濾杯把手（Two-cup filter holder）：萃取兩杯咖啡時使用的把手（使用 12~14g 的咖啡豆）

⑫可調式活腳（Adjustable foot）：咖啡機的底座（支撐腳）

⑬熱水獨立出水鈕（Hot water dispensing buttons）：出熱水的按鈕

⑭咖啡控制鈕（Coffee control buttons）：萃取咖啡的按鈕

1｜先瞭解各配件扮演的角色才能操作機器

（1）**電源開關**：控制供給或切斷電源的開關。轉到「0」就是「OFF（關閉）」，轉到「1」就是「ON（開啟）」。

（2）**盛水盤**：為了收集機器產生的水後排放到排水管的底盤。在盛水盤底部有排水桶，那裡是咖啡渣收集地，所以務必隨時檢查並清理，以免咖啡渣累積太多而造成水管阻塞。

電源開關

（3）**滴水盤**：放杯具的地方，要不斷用抹布擦乾。若是工作結束，就要將其與機器分離並用水清洗乾淨。一旦滴水盤沾上許多雜質，就可能會留在咖啡杯底部。

（4）**蒸氣管**：蒸氣通過的棒管。管子會放在牛奶裡以進行加熱等作業，所以必須格外注意管子的清潔。每次使用時，都要把蒸氣管上沾到的牛奶用濕抹布擦乾淨，還要藉著噴蒸氣幾次，盡可能快速清除跑到管子裡的牛奶，否則牛奶只要在管內凝結，就會導致蒸氣變弱、造成衛生上的問題。這過程就是所謂「吹掃（Purging）」。

蒸氣管

（5）**蒸氣閥**：控制蒸氣施放的操作鈕。由於每台機器的旋鈕裝置和操作方式都不一樣，請多加留意。

（6）**熱水出口**：滾燙熱水的出水口。

（7）**水壓錶**：顯示咖啡萃取水壓的量測計。一般來說，壓力錶上會標示 0~15 的數字，通常會有一個綠色區間，表示著適當壓力範圍。當壓力比正常範圍高時（指針指向紅色區間），就得用其他零件影響壓力來調回正常範圍。當咖啡機正在運作，非靜止不動的狀態時，水壓錶上呈現的數值就等於正常幫浦壓力。

水壓錶

（8）**鍋爐壓力錶**：顯示蒸氣鍋爐壓力的量測計。有數字 0~3 的標示，當機器沒有在運轉時，指針會指向「0」；正常運轉時，指針會指向「1~1.5」。指針指向紅色區間時就表示壓力過高，必須將其調整到正常範圍才行。

（9）**沖泡頭**：用來鎖把手、沖煮用水會通過的地方。關鍵是要維持相同溫度。沖泡頭的大小從 52mm 至 58mm 不等，十分多元，材質是銅（Copper）。銅具有良好的熱傳導、能留住熱，卻容易因接觸空氣而生鏽，所以銅製的沖泡頭會再鍍鉻來防鏽。

※沖泡頭的構造：有一個在萃取咖啡時阻止壓力溢出的沖泡頭墊圈（Group gasket）、鉻製本體（Chrome body group），還有能讓一條水柱分成好幾條水流的分水板（shower holder）。再來，分水板上有為了讓水流能均勻地噴灑在把手濾杯內整個咖啡表面，而可將水流分得更細的濾網（shower screen），以及用來固定它的螺絲。

沖泡頭
group head

墊圈
gasket

分水板
shower holder

濾網
shower screen

固定螺絲
screw

沖泡頭的構造

（10）**單份濾杯把手**：製作一杯咖啡份量時使用的把手。

（11）**雙份濾杯把手**：製作兩杯咖啡份量時使用的把手。

（12）**可調式活腳**：支撐機器的底座。要是機器的高度不一致，就得調整腳的高度，讓機器保持水平。

濾杯把手和導流嘴

（13）**熱水獨立出水鈕**：出熱水的按鈕。

（14）**咖啡控制鈕**：萃取咖啡的按鈕。

用語整理

· filter holder：濾杯把手；一般為銅製，以保持相同溫度。銅能有
  效維持熱，但接觸空氣後易生鏽，所以會鍍鉻。
· filter holder knob：手持把手的地方。
· filter holder spring：固定濾杯的鐵絲。
· One-cup filter：製作一杯份量的濾杯。
· Two-cup filter：製作兩杯份量的濾杯。
· One-cup spout：單導流嘴；製作一杯份量時的出口。
· Two-cup spout：雙導流嘴；製作兩杯份量時的出口。
※ 導流嘴（Spout）：萃取咖啡時最後一處流出來的地方。導流嘴
  必須保持乾淨，在拆下把手後放置時，請注意導流嘴不可接觸滴
  水盤和桌面。使用把手來萃取咖啡的作業，整個過程都得在乾淨
  的場所進行。

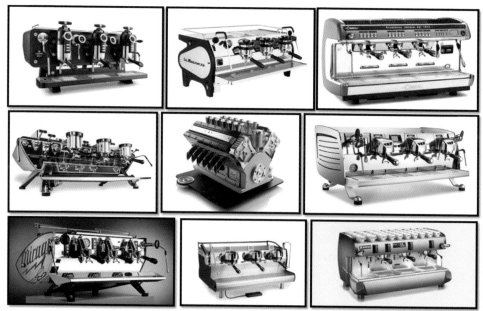

各式各樣的專業義式濃縮咖啡機

2 | 瞭解義式濃縮咖啡機的內部結構

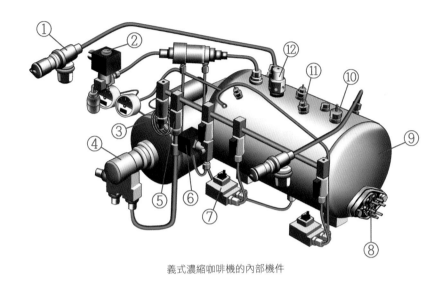

義式濃縮咖啡機的內部機件

①蒸氣閥（Steam valve）

②熱水電磁閥（Electronic Hot Water valve）

③水壓安全閥（Relief valve）

④幫浦馬達（Pump motor）

⑤逆止閥（Check valve）

⑥雙向電磁閥（Solenoid valve 2way）

⑦流量計（Flow meter）

⑧加熱器（Heater, Heating element）

⑨鍋爐（Boiler）

⑩真空閥（或稱：低壓閥）（Vacuum valve）

⑪水位感測器（Water Level probe）

⑫洩壓閥（或稱：高壓閥）（Safety valve, pressure relief valve）

（1）**蒸氣閥**：負責控制蒸氣的開關。只要用手轉動蒸氣閥，就會有蒸氣冒出。有按鍵式和搖桿式（Lever），以及相對常見的旋鈕式（Knob）。轉動的幅度越大，冒的蒸氣就越強；轉動的幅度小，蒸氣就弱。不過轉到某種程度之後，蒸氣的強度就會

蒸氣閥

是固定的了。蒸氣強度由彈簧所控制。當逆時鐘方向轉動蒸氣閥的控制鈕時，閥就會隨著彈簧的拉緊而開啟；當順時鐘方向轉動時，閥就會隨著彈簧的拉鬆而關閉。一旦蒸氣閥受損，即使控制鈕已關到最緊，仍會出現蒸氣或水外漏的現象。只要機器一直處在這種狀況，就算沒啟動機器，蒸氣也會不斷往外漏，導致鍋爐內的壓力持續降低。當壓力變低時，鍋爐便會開始運轉，而變得非常耗電。

（2）**熱水電磁閥**：只會在使用熱水時啟動，以電磁鐵的原理來運作。按下熱水鈕後，電磁閥的線圈會通電，隨後裡面的活塞便會被拉扯，使熱水流通。斷電後，則會再次因彈簧而統統回到原位，阻斷熱水。線圈需要 8~9 瓦特的電，通電之後，流動活塞就會隨安培力移動，若它沒有啟動運作，就要觀察線圈是否有耗損並做更換。熱水的量並不是由流量計控制，而是藉由在主控制面板輸入時間來控制的，因此熱水的量會隨著鍋爐壓力而稍微改變。

熱水電磁閥（雙向電磁閥）

咖啡萃取電磁閥：安置在沖泡頭裡，以電磁鐵的原理來運作。此閥連接著三端：一端是鍋爐，一端是沖泡頭，另一端是排水管。之所以有三端，是為了在完成咖啡萃取後，將剩餘的壓力和水排出。

咖啡萃取電磁閥（三向電磁閥）

（3）**水壓安全閥**：防止供水系統的水壓過高的機制，只會在水壓過高時運作，平常都保持待機狀態。當水流經時水壓過高，就會強制啟動能維持 9 巴的電磁閥，但這容易造成鍋爐、與水相關零件的故障。水壓安全閥一旦出現折損，在幫浦馬達運作時，水就會一直從與排水桶（Drain tank）連接的水管冒出。若在水壓安全閥出現破損的狀態下製作咖啡，萃取的時間就會變長。在這種狀況下不得任意調整閥的壓力值或拆卸零件，必須找專家來處理。

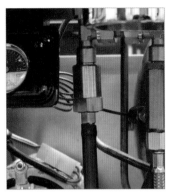
水壓安全閥

（4）**幫浦馬達**：製造萃取濃縮咖啡時所需的壓力。左右咖啡的味道和香氣的最關鍵要素是固定壓力（9 巴）及固定溫度（攝氏 90~95 度），而幫浦馬達就是負責其中一項，也就是製造並保持壓力。自來水的壓力通常為 1~2 巴，單憑這程度的壓力是沒辦法生成 Crema 的，幫浦馬達的作用就是在 1~2 巴的自來水上加壓，讓水的壓力達到 8~10 巴。

幫浦馬達

（5）**逆止閥**：阻止鍋爐的水逆流。可讓來自幫浦的冷水流過，但不會讓鍋爐內煮熱的水逆向流通。若是逆止閥發生異常，可先將機器暫停運作五分鐘以上後再啟用，這時只會導致第一杯萃取出來的量不同，之後皆能正常萃取咖啡。不過若持續放著這狀況不管，久而久之會造成幫浦負擔而縮減裝置的壽命。咖啡師若對此狀況有所察覺，就要聯絡維修專家來處理。

逆止閥

（6）**蒸氣熱水鍋爐的進水電磁閥**：作為控制水
進入蒸氣熱水鍋爐內的角色。當蒸氣熱水
鍋爐正在往外供水時，此閥會運作、阻止
冷水流入。若蒸氣熱水鍋爐內的水不足，
就會供應電流來開啟閥，讓冷水得以流入
鍋爐；等鍋爐內注滿水了以後，便停止供
應電流並中止進水。

蒸氣熱水鍋爐的進水電磁閥上可能會發生
的故障有閥的線圈損壞與浮動軸的汙染。

蒸氣熱水鍋爐的進水電磁閥

一旦線圈損壞，便無法進水，因此需更換新的線圈。而浮動軸汙染的
狀況則是即使機器不在運作中，水還是不斷進水至鍋爐中。這是因為
閥無法完全關閉的關係，導致冷水持續從微小的縫隙中進入，讓鍋爐
內充滿水。若發生這問題，請先關閉下水道閥，然後聯絡維修專家。
要是不關閉下水道閥，就會不斷進水，在不受機器電源控制之下，會
導致鍋爐內的水多到溢出來。

（7）**流量計**：這個是萃取濃縮咖啡時感知輸入
水量的偵測器。若發現到流量計的異常，
先別急著拆卸，而是把異常狀況告知維修
專家。因為是安裝在水流過的地方，若是
任意拆卸，可能會有衛生安全疑慮。

流量計

（8）**加熱器**：負責煮沸鍋爐內的水。咖啡機鍋
爐使用的是會在水中發熱的浸水式加熱器。
這個加熱器一旦離水就會腐蝕，所以必須
時時刻刻確認鍋爐的水位。加熱器是銅製
的，但因為得一直浸泡在水中，會導致許
多水垢的產生，所以必須藉由清理軟水器
或更換淨水器濾器的方式，盡可能抑制水
垢產生。在每一兩年清理鍋爐時，也要順
便清除加熱器上的水垢。若加熱器上長滿
水垢，就會造成加熱時的阻礙。

獨立式鍋爐的加熱器

常用的加熱器用電功率約落在 1~6kW（千瓦）。當咖啡機上只有一個沖泡頭時，常會使用 1~3kW 的加熱器，而有兩個以上沖泡頭時，則會使用三個加熱器，約為 3~6kW。這三個加熱器會是一組的，所以哪怕有一個失能，還是能幫水加熱。加熱器的部分也同樣要委託專家更換才安全。

（9）鍋爐：此為生產熱水及蒸氣、萃取咖啡用水的機件。鍋爐結構可大致分為兩種型態，有蒸氣熱水爐和咖啡沖煮爐設計成一體並僅使用一組加熱器的「子母鍋爐（或稱：熱交換鍋爐）」，也有兩個相互獨立的「雙鍋爐」。兩者的控溫方式是完全不同的。

安裝在機件內部的鍋爐

▶ 子母鍋爐

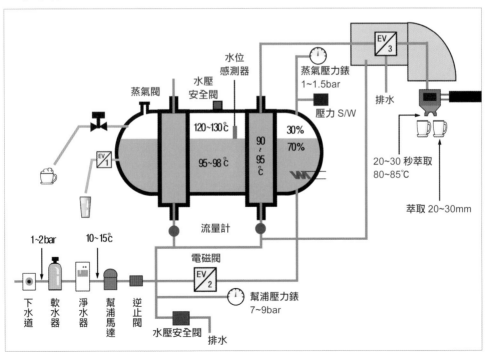

子母鍋爐系統

在子母鍋爐內，供蒸氣和熱水的蒸氣熱水爐和供咖啡萃取用水的咖啡沖煮爐是設計在一起的。每一個沖泡頭就會有一個內建水管（熱交換器），儲存著要用來萃取咖啡的水。鍋爐中的 70% 空間為儲存熱水，而其餘空間則儲存蒸氣。這裡的蒸氣壓力為 1~1.5 巴，溫度能維持在攝氏 120~130 度。子母鍋爐的結構為在鍋爐內設置熱交換器的管子，以間接的方式提高咖啡萃取用水的溫度。

此類型機種出現於 1960 至 1970 年代，大約在義大利最常使用羅布斯塔（Robusta）咖啡豆的時期被開發出來，也一直沿用至今。子母鍋爐的缺點是，在使用蒸氣和熱水時會容易使咖啡萃取用水的溫度變低。子母鍋爐的加熱器是根據蒸氣的壓力而作用，所以當蒸氣使用得多時，壓力會隨之減少；而加熱器開始運作後，水會被加熱，這時水的溫度也會跟著上升；熱水使用得多，就會開始有冷水注入，這樣便會降低鍋爐內的水溫，同時也會讓咖啡萃取用水的溫度一起變低。

子母鍋爐內的咖啡沖煮爐由蒸氣熱水爐間接加熱，所以咖啡沖煮爐就不需要加熱器。間接加熱的水溫約為攝氏 90~98 度，並以堆擠的方式進行，進鍋爐多少就擠出多少。由於咖啡沖煮爐是間接地幫水加熱，因此要使用容量較大的蒸氣熱水爐，才有辦法獲得恆定的溫度。

▶ 雙鍋爐

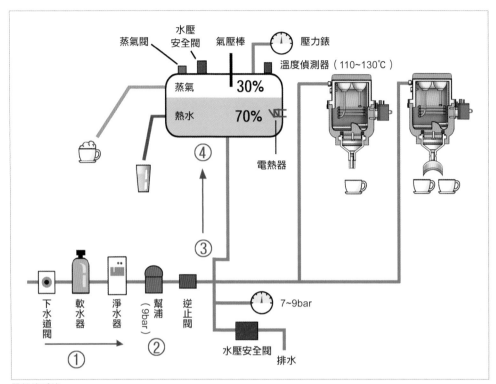

雙鍋爐系統

　　1990 年代以後，阿拉比卡（Arabica）咖啡豆的使用量增加，同時也陸續引發咖啡機的變化。咖啡的味道會隨溫度而改變，所以重要的是要維持恆定的溫度。正因如此，就把子母鍋爐內建的咖啡沖煮爐分離出來，讓兩者相互獨立進行控溫，如此誕生出所謂雙鍋爐的機型，即分為蒸氣熱水爐與咖啡沖煮爐。不同於子母鍋爐，雙鍋爐的咖啡沖煮爐有自己的加熱器，能直接幫水加熱，還有溫度偵測器能控制溫度，所以能以恆定的溫度供給咖啡萃取用水。因為溫度能維持在輸入的數值，才有辦法一直穩定地萃取濃縮咖啡。

（10）**真空閥**：能將鍋爐內空氣抽出的系統。切斷機器電源、壓力變 0 後，再次使機器轉動時，真空閥會將鍋爐內的空氣抽出。要是不將空氣抽出，空氣就會受熱膨脹，進而觸發壓力開關（Pressure switch），這麼一來就無法維持正常鍋爐溫度。為避免此現象發生，在水加熱的時候，熱空氣會一點一點地透過真空閥離開。不過當鍋爐充滿熱空氣時，無法全數由真空閥處理，這時就必須手動處理，那就是啟動機器後過 20 分鐘左右，打開蒸氣閥來排放空氣。

真空閥的結構十分簡單，會隨著鍋爐加熱而產生的壓力來控制空氣出入。有橡膠 O 形環（O-ring）隔絕，能讓壓力不那麼強。若一直有蒸氣從真空閥外漏出去，會導致鍋爐壓力降低，還會影響其他機件，因此需要立即做更換。

安裝在鍋爐上的真空閥

壓力開關

（11）**水位感測器**：用來感知在使用熱水和蒸氣後水位下降的程度，並發送訊號來補充水。蒸氣熱水鍋爐得一直保持有 70% 水的狀態，但當水位感測器沒有正常運作時，就無法確保能有 70% 的熱水與 30% 的蒸氣空間。因為跟水有接觸，所以水位感測器上會產生水垢；一旦出現水垢，感測靈敏度會變低。咖啡師要牢記正常水位高度，並時時確認水位。

有些機型的鍋爐有水位尺標，有些則沒有。沒有水位尺標的機器就是以電子方式偵測，當水位出現改變時，機器本身會出現錯誤標示。

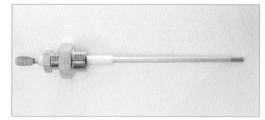
水位感測器

（12）**洩壓閥**：防止蒸氣熱水鍋爐的壓力過高的
安全裝置。此閥只會在壓力過高（1.7~2
巴）的時候運作，平常不該有任何變化。
若是在不該運作時運作，那麼就要關閉機
器，聯絡專家著手處理。若是自己處理，
恐怕會因機器內充滿的熱蒸氣造成危險。

閥的彈簧間距會左右壓力強弱。若洩壓閥
上的隔絕壓力橡膠板出現硬化，或者閥的
表面生鏽，蒸氣就會外漏。橡膠板若出現
破損，更換上新的橡膠板即可；但若是閥

洩壓閥

出現破損，就得把整個閥換新。一旦蒸氣外漏，就有很高的機率影響
周圍機件並造成它們的生鏽，因此最好是在發現異狀時就趕緊處理。
咖啡師要時時刻刻確認蒸氣有無外漏。

3 | 自行設定萃取咖啡用水的溫度

1）子母鍋爐的溫度設定方式

　　子母鍋爐沒辦法直接設定水溫，所以需瞭解、熟悉調整機器溫度的方
法。子母鍋爐即使在待機的狀況下，水的溫度也會一直上升，然後水一下子
用得越多，水溫就會越來越低，因此必須時時刻刻確認溫度。應根據要製作
的咖啡來判斷該將溫度降低或升高的時間點。若要降低萃取咖啡用水的溫

度，可以將沖泡頭的水統統
流掉，或是冷卻把手後再使
用；相反地，若要提高溫度，
可以開啟蒸氣來降壓、促使
加熱器的啟動，藉此讓溫度
上升。將上述步驟重複試驗
幾次之後，便能有效調控萃
取咖啡用水的溫度。

子母鍋爐的斷面

2）雙鍋爐的溫度設定方式

　　雙鍋爐可設定水溫。首先要清楚知道想調製出來的咖啡風味，並在確認過欲使用的咖啡豆狀態之後再設定溫度，只需要一邊看數位裝置的顯示，一邊進行設定即可。

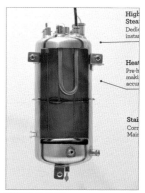

雙鍋爐的斷面

設定萃取溫度

① 確認殘餘的氣體量：透過預備萃取來確認殘餘的氣體量。在萃取時，咖啡液流得細卻不會斷，就表示氣體偏少，而流得粗還會斷，則表示氣體偏多。

② 確認萃取溫度：子母鍋爐若發出蒸氣聲音，同時跟蒸氣一樣出水的時間越長，萃取的溫度就會越高。而雙鍋爐的溫度則會以數字標示。

③ 設定期望溫度：若使用本身就有較多殘存氣體量的咖啡豆並以高溫的水來萃取，咖啡就會膨脹。在使用子母鍋爐的時候，若排出蒸氣、降低壓力，就能使溫度上升，若排出沖泡頭內的水就能使溫度下降。由沖泡頭出來的水，若溫度過高，就要多多放水；溫度稍低，則開啟蒸氣，促使加熱器運作。請一邊品飲萃取好的咖啡風味，一邊調整溫度。

4｜萃取壓力靠的是與馬達相連的幫浦運作

　　咖啡機的萃取壓力都是設定成能加壓到 9 巴的。但或許會因著流入的水壓而造成壓力的改變，因此咖啡師要經常確認壓力錶，讓壓力維持在正常範圍內。將幫浦壓力調節螺絲依順時鐘方向轉動，壓力就會變高；依相反方向轉動，壓力則會變低。若要調整壓力，就先讓沖泡頭自動運作，

調整幫浦壓力的一字螺絲

然後看著壓力錶來調整幫浦壓力。一般來說，萃取壓力高時，咖啡液就會比較濃；萃取壓力低時，咖啡液就會比較淡。

設定幫浦壓力
① 按壓萃取按鈕，確認幫浦壓力錶上的數值，最適壓力為 9 巴。
② 開啟幫浦部件的蓋子。
③ 將用來固定幫浦壓力調節螺絲的螺絲帽轉鬆，只要依逆時鐘轉就能轉開。若用手轉不開，可以用活動板手去轉。
④ 按壓萃取按鈕，一邊看著壓力錶、一邊調整幫浦壓力調節螺絲。依逆時鐘轉，壓力就會降低；依順時鐘轉，壓力則會升高。
⑤ 再次按壓按鈕來確認設定的壓力值是否正確。
⑥ 最後將螺絲帽鎖緊並固定。
※ 在設定時，自身可能會暴露在被熱水燙到以及觸電的危險，請務必小心操作。多留意蒸氣壓力和萃取壓力，避免兩者超出正常使用範圍。

5 | 記住每個萃取按鈕的水量

咖啡機有分為兩種，一種是無需輸入水量、直接萃取咖啡的機型，另一種是先輸入好水量後才萃取的機型。絕大部分的產品屬於後者。由於咖啡有沒有裝妥，會造成不一樣的水的流速，因此為了設定出最準確的水量，必須先填好咖啡粉並鎖好把手後啟動機器來觀察。按照欲使用的咖啡顆粒大小來輸入水量

萃取按鈕

為佳，而通常會依品項來設定萃取按鈕，像是瑞斯雀朵要 20ml、濃縮咖啡要 30ml、朗戈要 40ml。但還是要經常確認水量，因為水量可能會受咖啡狀態的影響而改變。

6 | 確認機器狀態的八個重點

　　咖啡師在操作咖啡機時，要時時確認幫浦壓力、鍋爐壓力、萃取用水的溫度，還有沖泡頭與把手的預熱狀態等等，並且要能適當地進行調整。

1）確認幫浦壓力錶上的萃取水壓

　　幫浦能讓自來水的壓力（1~2 巴）上升到 9 巴，若幫浦的壓力太高或太低，都會讓咖啡失去風味，所以要時常透過幫浦的壓力錶來確認才行。幫浦壓力會隨著水壓而改變，機器未運作時，錶上的指針會指向一般時候的壓力；只要啟動，壓力就會加壓到 9 巴。當壓力不符預期時，就調整幫浦壓力的零件：依順時鐘方向轉動，壓力就變高；依逆時鐘方向轉動，壓力就變低。請記得要在機器運作的時候調整壓力。

2）確認鍋爐壓力錶上的蒸氣壓力

　　鍋爐壓力錶顯示著鍋爐內部蒸氣的強弱。蒸氣壓力低，就會難以蒸煮牛奶或打發出泡沫，因此必須讓鍋爐壓力一直維持在 1~1.5 巴。請養成每次開啟咖啡機時，都一併確認鍋爐壓力的習慣。

3）確認熱水溫度

　　熱水溫度的控制並非電子式，而是以機械式控制。基本上有兩個方法能調控水溫，一個是鍋爐裡的熱水受蒸氣壓力影響而出水，另一個是鍋爐內的熱水和注入的冷水混合；兩者都被鍋爐壓力及溫度而左右。第一個直接從鍋爐出水的方法中，當鍋爐的溫度和壓力皆處在正常值時，熱水出口（Hot water dispenser）會流出強烈的熱水水柱，而溫度低時則會流得比較弱。在察覺到熱水溫度偏低時，就需開啟蒸氣閥，以手動的方式降低鍋爐壓力，促使加熱器的運作來加溫。再來，第二個藉由與冷水混合而出水的方法，因為很難以肉眼觀測，所以一定得使用溫度計來測量水溫。

4）確認咖啡萃取用水的溫度

　　萃取用水的溫度與咖啡風味有著密切的關係，因此必須時刻確認溫度。尤其是使用子母鍋爐的機型時，因為該鍋爐的溫度無法設定，當熱水使用得多時，溫度就會降低；使用得少時，溫度就會提高。若溫度較低，就得靠排蒸氣來升溫；若溫度較高，就要藉由沖泡頭放水來降溫。相反地，雙鍋爐具有可視的溫度標示，所以可輕鬆按照想製作的咖啡風味來調整溫度。

義大利傳統萃取的溫度標準

5）確認沖泡頭的預熱狀況

　　沖泡頭的預熱狀態如何，難以用肉眼來辨識，但是在沖泡頭沒有預熱之下製作咖啡，它就會搶走萃取咖啡用水的熱度，造成萃取時的溫度變低。例如，當所有萃取條件都正常，但萃取速度卻很快，就表示沖泡頭的溫度不夠高；或是所有萃取條件都正常，但 Crema 卻很淡，也同樣是因沖泡頭的溫度不夠高所造成。獨立式鍋爐（雙鍋爐）的運作與強制加熱的方式，都能在短時間內完成沖泡頭預熱，但需要間接預熱的機型就需要花點時間。若需要快速提升沖泡頭溫度，可以等鍋爐內的水加熱完畢後，流一些萃取用水來進行預熱。

6）確認沖泡墊圈是否毀損

沖泡墊圈能在萃取咖啡時阻止壓力向外漏，一旦出現破損，加壓在咖啡的壓力就會變低，這樣就做不出品質優良的義式濃縮咖啡。若是在鎖把手的時候感覺不到墊圈的彈性，或是在萃取咖啡時出現漏水的狀況，就表示是時候該更新墊圈了。此外，鎖把手時因鎖不緊而轉過頭時，也是因為墊圈中間出現凹槽所致，也同樣是到了該更換的時候。

已超過該更換時間的墊圈

7）確認把手的溫度

把手的預熱狀態可用手觸摸來確認。等沖泡頭預熱後，即能確認把手。若想一直讓把手保持在高溫，就得在店鋪營運的時間裡都鎖在沖泡頭上。

8）確認鍋爐裡的空氣

子母鍋爐裡熱水就占了 70% 的空間，其餘的空間則都是水蒸氣。說到熱水，每一個沖泡頭都會有一個儲存著萃取咖啡用水的管子（熱交換器，Heat exchanger）。子母鍋爐的溫度調節並非由溫度偵測器控制，而是由壓力開關所控制。若鍋爐中充滿大量空氣，加熱器還同時運作，那麼空氣就會膨脹而觸發壓力開關。只要空氣受熱並開啟壓力開關，就不會再幫水加熱，這時鍋爐壓力錶上的值會變成 1~1.5 巴，這麼一來，熱水的溫度以及咖啡萃取用水的溫度都會降低。當用溫度計測量萃取用水，發現溫度變低，又看見鍋爐壓力錶顯示在 1~1.5 巴時，就必須開啟蒸氣閥來確認裡面的空氣含量。在開啟蒸氣閥後，假如壓力錶的值落在正常範圍，就代表沒有空氣；但假如有空氣，壓力錶就會立即降至 0，隨即加熱器會被啟動，而重新幫水加熱。

摘要：確認義式濃縮咖啡機的狀態

1. 確認幫浦壓力錶上的萃取水壓
① 啟動萃取按鈕。
② 確認幫浦壓力錶是否為 9 巴。
③ 觀察沖泡頭流下來的水流，確認是否為充足水量的正常狀態。

2. 確認鍋爐壓力錶上的蒸氣壓力
① 開啟蒸氣閥。
② 確認鍋爐壓力錶是否為 1~1.5 巴。
③ 透過蒸氣管的蒸氣強度來確認是否為符合實際壓力的正常狀態。
④ 關閉蒸氣閥。

3. 確認熱水溫度
① 啟動熱水鈕或開啟熱水閥，讓熱水流出。
② 利用溫度計確認溫度是否在正常範圍內。

4. 確認咖啡萃取用水的溫度
1）確認子母鍋爐的溫度
　① 啟動萃取按鈕。
　② 確認從沖泡頭流下的水的狀態。
2）確認雙鍋爐的溫度
　① 切換至溫度標示畫面。
　② 確認顯示於螢幕上的溫度。

5. 確認沖泡頭的預熱狀況
① 將咖啡粉裝進把手裡。
② 將把手鎖在沖泡頭上。
③ 啟動萃取按鈕。
④ 確認萃取出來的咖啡狀態。

6. 確認沖泡墊圈是否毀損
① 藉由鎖把手來確認沖泡墊圈是否還有彈性。
② 在鎖把手的同時，要確認鎖好後的角度。
③ 萃取咖啡來確認沖泡頭是否有漏水的現象。

更換墊圈

7. 確認把手的溫度
① 在把手中填入咖啡粉。
② 將把手裝上沖泡頭。
③ 啟動萃取按鈕。
④ 等咖啡萃取出來後確認溫度，可以透過溫度計來測量，或是直接飲用。

8. 確認鍋爐裡的空氣
① 確認鍋爐壓力錶是否為 1.5 巴。
② 開啟蒸氣閥，除去空氣。
③ 這時鍋爐壓力錶的值會降為「0」。

TIP
· 當水壓有變動時，會造成幫浦壓力的改變而不依原先設定的壓力運作，因此必須時常檢查並注意。
· 使用溫度計來測量溫度時，考慮到測量誤差，最好是以大量的熱水來測量。
· 使用子母鍋爐時必須考量到熱水和萃取用水的溫度會一直出現變動。

7 | 機器的清潔狀況展現了咖啡師的勤奮程度

咖啡師除了得將咖啡機和磨豆機等設備保持乾淨、好好保養，為了能萃取出高品質的咖啡，還要熟悉各個零件應使用哪種方式來清潔。

1）檢查咖啡機的汙染程度

①沖泡頭的汙染：沖泡頭是萃取咖啡的地方，會有咖啡的油性成分流過、咖啡渣的殘留。因此就算只是萃取一杯咖啡而已，也會導致機器汙染，所以務必每天檢查、好好清潔。

②把手的汙染：把手是萃取咖啡時咖啡液最後流過的部件。把手便於拆卸，必須經常清洗。

把手的清洗前後

2）清理排水裝置

從咖啡機流出但不需要而被丟掉的水，會經盛水盤流到排水桶。盛水盤要分開一片一片清理。至於排水桶和排水管要分開是滿困難的，所以每天咖啡店打烊後，都要把排水桶和排水管內的咖啡渣清乾淨，以免咖啡渣硬掉造成堵塞。

3）沖泡頭的拆卸清潔

清洗沖泡頭的方式分為自動清潔和拆卸清潔。拆卸清潔因為可用肉眼確認汙染程度，所以能清洗得更乾淨。

4）使用專用清潔劑來清潔沖泡頭

咖啡機專用清潔劑是由植物萃取物所製成的，對人體無害。若是使用半自動咖啡機，可以每天用它本身的自動清洗功能來清潔，這時候使用清潔錠為佳。若使用的是不具自動清洗功能的咖啡機，就要拆下沖泡頭，並搭配用水稀釋過的清潔劑來清洗。

5）使用專用清潔劑來清潔把手

使用咖啡機專用清潔劑來清潔把手的方式有兩種：第一種是將把手拆卸後浸泡在用水稀釋的清潔劑中，這時導流嘴也可以一起拆下清洗；第二種方式是先將專用清潔劑稀釋成清潔液，然後每天噴灑在把手上來進行清潔。

咖啡機專用清潔劑和把手

6）最後除去殘存的清潔劑

使用清潔劑清洗完畢後，最後一定得把殘留在機器裡的清潔劑去除乾淨。若是有殘存的清潔劑，隔天在萃取咖啡時，就會因為清潔劑的味道而毀了咖啡風味。除去清潔劑的方法就是用大量的水來沖洗。

摘要：清洗義式濃縮咖啡機的機件

1. 檢查咖啡機的汙染程度
① 使用工具將沖泡頭的固定螺絲旋鬆。
② 拆下沖泡頭的分水板和固定器。
③ 確認沖泡頭的汙染程度。
④ 拆下把手上的萃取濾杯。
⑤ 拆下把手上的導流嘴。
⑥ 確認把手的汙染程度。

清潔錠

2. 清理排水裝置
① 拆下盛水盤。
② 清理盛水盤。
③ 用熱水往排水桶裡倒。
④ 用抹布把排水桶擦乾淨。

3. 為清洗咖啡機，拆解沖泡頭各零件
① 將沖泡頭上的固定螺絲旋鬆。
② 拆下沖泡頭的分水板和固定器。

4. 使用專用清潔劑來清潔沖泡頭
1）自動清潔
　　① 拆除把手上的萃取濾杯。
　　② 在把手上裝清潔專用濾杯。
　　③ 將清潔錠放進把手裡。
　　④ 將把手鎖上咖啡機。
　　⑤ 啟動清洗功能來進行清潔。
　　⑥ 自動清洗完畢後，拆下把手。
　　⑦ 啟動萃取按鈕，洗淨把手。
　　⑧ 反覆拆裝把手並清洗約 20~30 回，徹底除去清潔劑。
2）拆卸清潔
　　① 使用工具將沖泡頭的固定螺絲旋鬆。
　　② 拆下沖泡頭的分水板和固定器。
　　③ 準備一個桶子，放入粉狀清潔劑後接水。
　　④ 把拆解好的分水板、固定器以及固定螺絲全放入桶中。
　　⑤ 浸泡 30 分鐘後沖洗乾淨。
　　⑥ 再使用工具把分水板、固定器以及固定螺絲組裝回去。

5. 使用專用清潔劑來清潔把手（拆卸清潔）

① 拆下萃取濾杯。

② 拆下導流嘴。

③ 準備一個桶子，放入咖啡機專用清潔劑後接水。

④ 把拆解的把手統統放入裝清潔液的桶中。

⑤ 浸泡 30 分鐘後沖洗乾淨。

⑥ 組裝。

6. 除去殘存的清潔劑

① 從沖泡頭上拆下把手。

② 從咖啡磨豆機取得咖啡粉並填入把手。

③ 進行填壓。

④ 把手鎖上沖泡頭。

⑤ 啟動萃取按鈕來萃取咖啡。

⑥ 丟棄製作好的咖啡液。

⑦ 丟棄把手中的咖啡渣。

⑧ 清潔沖泡頭。

※ 每天清潔為佳，最少一個禮拜要清一次。

8 | 能預測何時該更換消耗品，才是真正的咖啡師

為了讓咖啡機、磨豆機等裝備能夠維持正常運作，咖啡師必須經常檢查各類裝備的狀況，平常按時填寫工作日誌，並估計各個耗材換新的時間，時間到了就好好保養，而且必須具有能夠親自更換消耗品的能力。不過，一旦超出咖啡師的職務範圍，或是有安全疑慮，就得交由專業人士來處理。

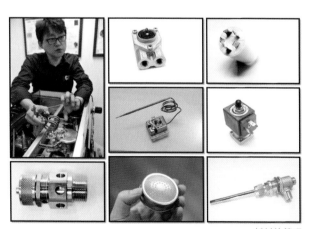

耗材的管理

1）更換沖泡墊圈

沖泡頭的墊圈屬於消耗品，咖啡師要清楚知道更換的時間與方法。若萃取咖啡時會漏水，或是在鎖把手時感受不到墊圈的彈性，皆表示該更換墊圈了。墊圈出現耗損，或是因為中間有破洞，導致鎖把手時的角度過大時，也同樣需要更換。

2）更換蒸氣管

蒸氣管的部分有幾種狀況，可能是螺絲鬆掉，可能是出現磨損，也可能是橡膠圈破掉。所以只要有異常，就一定要處理或更換。若擔心磨損得太快，可用食品級潤滑油塗抹在部件上。

3）更換濾網

沖泡頭的濾網一旦磨損，水便無法均勻地灑落，這麼一來就難以取得品質優良的義式濃縮咖啡。要觀察水流有沒有都集中在一起，也要檢查有沒有破損，若有就得更換。

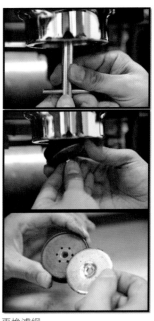

更換濾網

4）更換萃取濾杯（basket，又名粉碗）

把手上的萃取濾杯是咖啡萃取液落至杯子前最終流經的部件。一旦萃取濾杯出現磨損，萃取速度就會變快，導致杯子裡出現咖啡渣，讓咖啡風味偏澀。

5）更換淨水器濾芯

淨水器除了能去除水中的雜質和消毒液的味道，還會殺菌。更換濾芯的時間是由淨水器的使用量來決定的。記下淨水器所標示的使用量，然後再依每天店鋪使用的水量推算出該更換濾芯的時間。

更換淨水器濾芯

摘要：更換義式濃縮咖啡機的耗材

1. 更換沖泡墊圈
① 將分水板的固定螺絲旋鬆。
② 拆下分水板和固定器。
③ 利用錐子小心翼翼取下墊圈，注意別戳到其他處而造成機件的破損。
④ 裝上新的墊圈後，再依序將沖泡頭組裝回來。

2. 更換蒸氣管
① 使用活動板手旋鬆蒸氣管。
② 更換橡膠圈或蒸氣管。
③ 再用活動板手固定蒸氣管。

3. 更換濾網
① 將沖泡頭的固定螺絲旋鬆。
② 拆下濾網。
③ 換成新的濾網，再鎖緊固定螺絲。

4. 更換淨水器濾芯
① 關閉水龍頭。
② 拆下淨水器濾芯。
③ 換上新的濾芯。
④ 開啟水龍頭，讓水流幾分鐘。

※ 注意事項
① 有很多部件都是燙的，請小心操作，避免燙傷。
② 請記住拆解與組裝的順序，也請留意別遺失螺絲。
③ 在更換淨水器濾芯時，務必關閉水龍頭。

專業義式濃縮咖啡機
（High-End Espresso Machine）

1. Victoria Arduino VA388 Black Eagle（黑鷹咖啡機）
   － 製造商：Nuova Simonelli
   － T3 鍋爐：獨立鍋爐再加一個「中間鍋爐」，能在出水的同時進行加熱
   － 具有可依「水和咖啡的沖煮比率（Brew Ratio）」來萃取的設定功能
   － 有輸入總萃取量的功能，機器將自動偵測萃取重量，達到設定量便停止萃取
   － SIS（Soft Infusion System）：
   · 偵測投入的咖啡量，並搭載能在萃取前期以穩定的壓力注入少量水的功能
   · 開始萃取前的預浸功能，能解決因咖啡粉填壓不均與顆粒不均造成的問題
   － 在萃取前期會為了排二氧化碳以及穩定的萃取，而以低壓浸濕咖啡粉餅

2. Spirit
   － 製造商：Kees van der Westen
   － 「鵝頸」沖泡頭：接觸咖啡的水量較多，萃取過程中溫度的維持力佳
   － 蒸氣鍋爐配有熱交換器，避免有低溫水流入各個沖泡頭的獨立鍋爐中
   － 每個沖泡頭都配有迴轉式幫浦，可個別設定壓力變化
   － 使用拉桿而非推桿，可用小量動力來變壓
   － 以秒為單位設定壓力值

3. Opera
   － 製造商：Sanremo
   － 各個沖泡頭有獨立鍋爐與齒輪式幫浦搭載
   － 具有卓越的溫度維持力與變壓功能
   － 具有可依「水和咖啡的沖煮比率（Brew Ratio）」來萃取的設定功能
   － 可儲存六種以上的萃取設定：依咖啡豆的氧化程度做調整

4. Slayer
   － 製造商：Slayer
   － 首次套用變壓機制，由萃取過程中改變壓力來增添咖啡風味
   － 變壓方式不單只是讓流量隨壓力改變，而是調整咖啡接觸水的量
   － 每個沖泡頭都可個別儲存設定
   － 每個沖泡頭都有額外的外接迴轉式幫浦
   － 各個沖泡頭上的獨立鍋爐中還另配有咖啡沖煮鍋爐來調節水

5. MVP Hydra
  — 製造商：Synesso
  — 因為配有強大的幫浦，所以有「怪物」的外號
  — 沖泡頭外接迴轉式幫浦上還有旁路幫浦與水幫浦搭載
  — 具良好的精確性與重現性的變壓功能
  — 可設定欲套用在萃取過程中的四段壓力與時間

6. M100
  — 製造商：La Cimbali
  — 每個沖泡頭皆配有自己的獨立鍋爐與齒輪式幫浦
  — 智慧型鍋爐：萃取後若出現疑似要降溫的狀況，便會在一段時間中阻擋來自外部熱水的流入，並自動維持高溫狀態
  — 萃取後能在極短時間內回到正常溫度，萃取過程中的溫度維持力也十分卓越
  — 像 Hydra 一樣能依萃取階段設定時間和壓力
  — 像 Opera 一樣每個沖泡頭可儲存兩個壓力的設定檔

7. Strada MP
  — 製造商：La Marzocco（利用推桿變壓、雙鍋爐之始祖）
  — 獨特型態的浸出式沖泡頭「鵝頸」：水的移動距離既長又扁，克服了會在萃取過程中嚴重損失溫度的浸出式沖泡頭的缺點
  — 擁有典型推桿構造，推桿越往旁邊推、壓力值越高
  — 獨立鍋爐：具有卓越的溫度維持力與設定溫度功能
  — 機器內另有加熱裝置，即將流入鍋爐的水會在注入鍋爐前先進行一次加熱

☑ 三大檢查重點
  · 鍋爐：確認容量、個數、加熱器性能
  — 有單鍋爐、熱交換鍋爐（子母鍋爐）、雙鍋爐、獨立鍋爐等類型
  · 幫浦：確認可變壓裝置的內部構造和費用
  — 有震動式幫浦、迴轉式幫浦、齒輪式幫浦等類型
  · 沖泡頭：煮咖啡時決定過濾和沖煮比率的要素
  — 有一般式、E61、鵝頸等類型

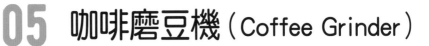

05 咖啡磨豆機（Coffee Grinder）

Barista

為了萃取出好喝的咖啡，針對不同需求，咖啡師必須知道要使用何種粗細程度的咖啡粉並調整使用量。而為了做到這一點，要理解咖啡磨豆機的運作原理，也要不間斷地研究「研磨度」和「使用量」對一杯咖啡風味的影響。除了熟練使用方式之外，還要進行磨豆機清潔、保養的管理，別讓殘留的粉給咖啡香氣帶來壞影響。

1 | 對咖啡師而言，磨豆機是比咖啡機更重要的存在

若想要盡可能展現出一杯咖啡的風味和香氣，將咖啡粉的粗細調整成適當大小這點算是極其重要。對於咖啡師來說，研磨咖啡豆是能萃取出好咖啡的重要關鍵。

英文「Grinder」在字典上的意義是「研磨機」。咖啡豆經過烘焙之後要進行研磨，此時能使用的工具十分多元，最早使用的是「臼」類型。臼就是農耕時能把穀物搗得細碎的工具，用來研磨咖啡豆也很有效果。中世紀以後，則出現大大小小的手搖磨豆機（hand mill），並廣泛地作為咖啡豆研磨使用。

磨豆機有很多種類型，其中包含手動式與電動式（刀片式、磨盤式）。土耳其和非洲等地到現在還是會用臼來研磨咖啡，中東地區也常用磨盤式電動磨豆機。常被稱作手搖磨豆機的手動式磨豆機，則是家庭中常見的工具，通常用來煮手沖咖啡。

手搖磨豆機

手搖磨豆機的價格相對來說算便宜，但研磨程度容易不均，速度也慢。一般咖啡專賣店都會使用能快速將咖啡研磨成所需粗細的電動式磨豆機。

1）不同類型的磨豆機會帶來不同作用力

　　咖啡豆研磨時會受到的應力有「壓應力（Compressive stress：就像是從兩側擠壓的力）」與「剪應力（Shearing stress：如同用剪刀剪來截斷的力）」。咖啡生豆本身是彈性體，一旦受力達極限，就會出現龜裂而爆開、變碎塊。

　　研磨的第一個階段就是破壞豆子，使其出現龜裂後變成碎塊；第二個階段則是把這些碎塊再粉碎成所需的大小。以研磨的作用力來說，切削（Cutting）效果比磨碎（Trituration）來得好。磨碎的方式會產熱，還會造成香氣成分的散失，亦容易留下燒焦味。

　　市售磨豆機有不同的刀盤種類，各有不同的研磨形式，大致分類如下。

（1）**螺旋刀片式磨豆機**：原理是由兩件式刀片以高速旋轉的方式施予生豆衝擊力，以此來研磨成需要的顆粒大小。無法事先設定研磨的粗細度，而是以調整刀盤的旋轉時間來決定研磨程度。

螺旋刀片式磨豆機

（2）**鋸齒磨盤式磨豆機**：這是讓生豆通過隔一段固定距離的旋轉刀盤，以此來研磨的方式。依刀盤的樣式又可分成兩種。

①平刀（Flat）：此種刀盤常被電動式磨豆機採用，轉速為 1400~1600rpm（每分鐘所旋轉的次數）。成雙的刀盤通常都呈水平狀，其旋轉數頗高，可以均勻地研磨。不過，會因摩擦而產生大量熱能，以致造成較多的香氣損失。平刀磨豆機可再細分成研磨式和切削式。

平刀

- 研磨（Grind）式：為臼型的切削方式，由水平刀盤上凸起的鋸子來搗碎。主要拿來研磨手沖用咖啡豆。

- 切削（Cutting）式：將生豆進行切割，是研磨度最均勻的方法。常拿來用作營業用途，有分為手沖咖啡用與義式濃縮咖啡用。

②錐刀（Conical）：由固定住的刀刃和會旋轉的錐形刀刃組合來進行研磨，這是為了能如齒輪般咬合、旋轉來研磨咖啡豆而研究出來的樣式。轉速為 400~600rpm（每分鐘所旋轉的次數）且摩擦熱低，雖然旋轉速度比平刀型來的低，但能在相同時間下研磨更多的咖啡，但研磨出來的顆粒不像平刀型那樣細碎。有分為手沖咖啡用與義式濃縮咖啡用。

錐刀

※會影響研磨咖啡生豆的要素有密度、烘焙程度與水分含量。像是由高海拔地區栽種的中性咖啡，其密度較高，即使烘焙過也不太會膨脹，導致研磨需要較長的時間。而經過高強度烘焙的咖啡豆，因為組織都膨脹起來，所以容易研磨。

2）磨豆機性能的好壞就看能否均勻地研磨

　　磨刀盤通常是兩件式的，由上盤和下盤構成。上盤可調整位置，下盤則扮演在旋轉過程中研磨咖啡豆的角色，兩者的間距大小決定了研磨的粗細度。常見的商用磨刀盤的直徑為 64mm 及 75mm。若咖啡使用量較少，可使用 64mm 的，使用量較多則可使用 75mm 的。磨刀盤的品質會決定能把咖啡豆研磨得多均勻，因此必須隨時檢查其磨損程度，以確保取得顆粒均勻的咖啡粉。

64mm 及 75mm 的平刀

　　64mm 刀盤在研磨大約 800kg 咖啡生豆後就可以更換了。磨刀盤一旦出現磨損，就難以將生豆磨得細碎，還會因為摩擦熱的增加，導致咖啡的香氣成分散失。可藉由咖啡豆磨碎後的顆粒大小、萃取狀態、咖啡風味等，來評估磨刀盤的磨損程度。另外，把刀盤從磨豆機上拆下後用指甲去頂，要是指甲上有刀痕，就代表刀還很鋒利；如果沒有留下刀痕，就可以判斷刀已經鈍了。只要磨刀盤鈍了就要立即更換。更換時，下盤和上盤必須一併更換。對於磨豆機來說，最重要的是刀盤精確無誤的角度。

　　磨刀盤是藉由高速轉動來研磨咖啡豆的機件，隨著使用的時間，不可避免地會產生熱能。熱能的產生，與轉速或研磨的量有關，進一步來說，關乎於磨刀盤的樣式或大小。因此，在選擇刀盤大小的時候，必須按照實際狀況挑選。當然，不同機型多少都有些差異，但在研磨等量咖啡豆的情況下，通常刀盤越大，研磨面積就越大，此時所產生的熱能也就越少。假如磨刀盤的大小、樣式與一天咖啡豆使用量等條件不合，就會產生熱能，熱能會傳導到研磨後的咖啡上，結果在萃取咖啡時溫度會變高，以致咖啡的風味不佳。

　　如果一天平均會消耗掉 2kg 以上的咖啡豆，最好選購裝有 75mm 刀盤的磨豆機產品。使用磨豆機以後，若想讓刀盤降溫，必須讓它休息兩倍時間，意思是只要研磨 1 分鐘就要冷卻 2 分鐘，刀盤的冷卻時間會比產熱時間還長。此外，由於磨刀盤會直接接觸咖啡豆，碎渣和油可能會積在又深又鋒利的刀盤溝槽裡，因此需要經常清理。

2 | 電動磨豆機內部的主要構造

　　除了刀盤（Blade），接下來介紹電動磨豆機的其他重要構造：馬達（Grinder motor）、儲豆槽（Hopper）、分量器（Doser）。

電動磨豆機的構造

①**儲豆槽**（Hopper）：裝咖啡豆的桶子，可容納約 2kg。

②**咖啡豆投入口**（Bean Hooper Door）：往內推，投入口就會關上；往外拉就會開啟而能放入咖啡豆。

③**刻度轉盤**（Grinder disc）：磨豆機刻度上顯示的數字越大，表示研磨過後的咖啡顆粒越粗大。

④**撥粉桿**：用來調節由分量器內掉到把手上的咖啡粉量。若順時鐘撥動，量就減少；若逆時鐘撥動，量就增加。

⑤**分量器**（Doser）：存放磨好的咖啡的地方。有些產品有設計算好計量的分隔空間。

⑥**出粉控制桿**：安置在分量器的控制桿，往前拉就能排出磨好的咖啡。

⑦**開關**：把開關指向 1 就會啟動，指向 0 就會關閉（標示可能不是 1 / 0，而是 On / Off）。

1）分量器

　　分量器是存放磨好的咖啡粉的地方，總共分出六個空間，一個空間可裝入 3.5~8g 的咖啡粉。轉動彈簧、把上面的盤上下撥動，就能調整內部盛裝的量。若將撥粉桿順時鐘轉動，量就會變少；若逆時鐘轉動，量就會變多。

　　把分量器的出粉控制桿往前拉，葉片就會順時鐘轉動，而讓磨好的咖啡粉掉到下面。控制桿拉得太緩慢，量就會不一樣，因此，在拉控制桿的時候，要維持固定的速度，才不會出現量不同的狀況。若在快速往前拉後放手，彈簧就會回彈、回到原位。但要是操作過度，彈簧就容易損壞。

分出六個空間的分量器

　　微小咖啡顆粒與夾帶著的油，都可能沾黏在分量器的內壁上，這些卡在分量器的咖啡粉一旦酸敗，不只是會散發難聞的味道，還會占據計量的咖啡量。為了義式濃縮咖啡的品質，需要隨時清理分量器，建議在清完磨刀盤之後再清理分量器為佳。

2）馬達

拆解安裝在馬達上的刀盤

　　在研磨咖啡豆的時候，馬達扮演讓下方磨刀盤轉動的角色。隨著磨刀盤大小，有不同的馬達與其功率，一般來說，使用直徑 64mm 刀盤時，會使用功率為 0.4 馬力（hp）的馬達；使用直徑 75mm 刀盤時，會使用功率約 0.6 馬力（hp）的馬達。1hp 約消耗 746W 的電力，而轉速大概是 800~1200rpm（rpm 代表 1 分鐘內馬達旋轉的次數）。

　　馬達是磨刀盤轉動的動力，決定轉速的是頻率（赫茲，Hz）。世界上使用最多的頻率是 60Hz 和 50Hz。若原本的磨豆機馬達為 50Hz，

換上 60Hz 以後，轉速就會更快。雖然馬達轉速變快，咖啡能更快被研磨，但相反地，刀盤的熱能也會跟著變高。

馬達裡有電容器（Condenser）。電容器會在磨豆機的開關啟動的瞬間，將擁有的一切電能用在馬達的轉動上並放電，然後在馬達轉動的同時，電容器會再次充電。只要電容器沒有確實充、放電，馬達就不會運轉。當電容器損壞時，磨豆機就不會研磨咖啡，只會聽見「嗡」的聲響；但如果是馬達損壞，磨豆機就完全不會動。

3）儲豆槽

儲豆槽由桶子、桶蓋以及咖啡豆投入控制桿構成，咖啡專賣店通常會使用可裝 2kg 的。桶蓋的作用在於阻隔，當磨豆機運轉時，儲豆槽會與其它部件連通，這時就由桶蓋盡可能隔絕濕氣和空氣的接觸。儲豆槽裡會殘留許多的咖啡油，所以在清理時要多花點心思。要是咖啡油殘留在上面、放置超過一個禮拜以上，除了視覺上不好看之外，也會毀掉咖啡風味。

儲豆槽

電動磨豆機的使用方法
① 啟動磨豆機的開關，先確認馬達是否正常運作。
② 將咖啡豆放入儲豆槽。
③ 啟動磨豆機的電源開關，進行研磨。
④ 確認掉進分量器的咖啡顆粒。
⑤ 將出粉控制桿往前拉，讓磨好的咖啡裝入把手的濾杯。
⑥ 調整撥粉桿，微調裝入把手的濾杯中的咖啡量。

3 | 電動磨豆機的基本操作與設定方法

電動磨豆機的操作基本上簡單易懂，只要按下按鈕，就能將咖啡豆研磨出所需的量，然後裝入把手的濾杯裡即完成。但這也代表，研磨這件事與咖啡師技術熟不熟練完全無關，因為只要按下按鈕，就會有咖啡粉出來並裝填好需要的量。以秒為單位來設定磨豆機馬達轉動的時間，這樣每次都能研磨出固定量的咖啡粉。而為了研磨出所需的量，建議事前都使用碼表和秤來設定一杯或兩杯份量按鈕的參數。

電動磨豆機

1）啟動電動磨豆機

①將咖啡豆放進儲豆槽。
②開啟磨豆機的電源開關。
③按下「手指圖示按鈕」，在研磨咖啡豆的同時確認顆粒大小。
④直到顆粒達到適當大小時，就按下停止鈕。

2）設定電動磨豆機

①長按 3 秒選單（menu）鍵後，會跳出設定通知的標示，隨即原本的數字會消失並秀出「－－－－」，這表示此時為設定模式。
②出現「－－－－」後，按下一杯或兩杯的圖樣鈕，接著按下（＋）、（－），以 0.5 秒為單位設定所需時間。
③再長按一次 3 秒選單鍵，這樣就能把新的參數儲存下來。
④按下一杯或兩杯份量的圖樣鈕，便開始研磨咖啡豆。
⑤用秤測量把手濾杯內所填入的咖啡粉是否

電動磨豆機儀表板

為所需份量。

⑥透過預備萃取確認咖啡粉的粗細是否恰當。

⑦持續調整研磨時間，直到粗細變得恰當為止。

※時間視窗：由四位數表示所設定的時間。進入設定模式時會變「－－－－」。

※（＋）、（－）是欲將設定值往上或往下調整時使用的按鈕。

※手指圖示按鈕：沒有設定值，按壓多長時間，咖啡豆就會研磨多久的按鈕。

※一杯份量圖樣鈕：把手濾杯的一杯份量，通常會設成 7~8g。

※一杯份量圖樣鈕：把手濾杯的兩杯份量，通常會設成 14~16g。

4 | 理解烘豆過程的成分變化，才能分配適合的研磨度

能夠看出咖啡豆烘焙的程度，然後用磨豆機來調整顆粒大小，這也是咖啡師必須具備的能力。接下來說明須依烘豆程度調整咖啡粉粗細後再萃取的原因，請確實理解並熟悉烘豆的原理與過程。

1）咖啡生豆在烘焙時會出現什麼現象？

咖啡生豆（Green bean）受熱後，會出現各式各樣的化學性與物理性反應，產生 700~800 種的香氣成分。生豆中的一部分水分和成分會揮發到空氣中，豆子就會因而變輕，然後內部組織裡會產生水蒸氣、二氧化碳、一氧化碳等各種氣體，讓豆子膨脹，如此造就出增大的體積以及變軟的組織。多虧這些物理性變化，用水就能輕易將咖啡成分萃取出來。

在日本是以「焙煎」這個詞來指稱咖啡生豆烘焙。焙的意思是「用微火加熱使東西乾燥」，煎的意思是「熬煮」、「燉煮」。但有許多人認為焙煎一詞不正確，因為沒有好好將咖啡烘焙的現象表達出來，認為用「咖啡烘焙」、「烘豆」來表達會更恰當。

2）「脫水－烘焙－冷卻」三階段

①**脫水（Drying）**：咖啡生豆在吸熱的同時，水分會轉換成水蒸氣而增加內能，因為有了前述現象，熱將擴散到生豆的每個角落。當生豆內部的溫度

超過水的沸點（100℃）時，生豆的表面開始逐漸轉為黃色，此時香氣會從原本的青草香逐漸變成烤麵包香。在這個階段裡，生豆會失去 70~80% 的水分。

②烘焙（Roasting）：等生豆變黃色後，就是要正式進入烘焙階段。通常生豆的溫度達攝氏 150 度時，會大量地發生梅納反應（褐變反應），生豆會開始透出褐色，還會漸漸變深。當生豆的溫度越來越接近攝氏 180 度，除了梅納反應，還會同時快速產生醣類的焦糖化，凸顯咖啡獨有的香氣。由於生豆內展開的多樣化學反應與氣體的生成，生豆會發生第一爆，接著繼續加熱，直到溫度來到攝氏 210 度時，生豆的細胞壁會出現龜裂、漏出油性成分，此時會發生第二爆。在烘焙的時候，若沒有妥善調整溫度和烘焙的時間，以致太過度時，生豆的組織就會焦掉。烘焙得剛剛好時，重量會減輕 12~25%，體積則會增加 50~80%。

③冷卻（Cooling）：咖啡豆烘到適當程度後還有一件該做的事，那就是不要再讓咖啡豆被烘焙。為此，當烘好的豆子從烘豆機排出的時候，就要盡可能趕快讓豆子冷卻。如果烘好的豆子量太多，可以灑些水，這被稱作「焠火（quenching）」。灑水的冷卻效果比供給冷空氣顯著，但務必小心操作，只要稍

冷卻烘好的豆子

不留神把水留在豆子上，就可能造成急速酸敗或腐敗。

3）咖啡成分在烘焙過程中會形成何種變化？

①蛋白質：為了產生在烘焙過程中製造多種香氣成分的梅納反應（maillard reaction），蛋白質是不可或缺的。蛋白質（胺基酸）會與碳水化合物（羧基）結合，製造含有多樣香氣的棕色物質。

②碳水化合物：單醣類在歷經梅納反應和焦糖化反應之後，會轉變為棕色物質。碳水化合物在經過連續的熱反應後，會進入單醣類與各樣型態的原子

結合的狀態。當溫度超過攝氏 180 度時，單醣會降解。而這就是為什麼烘豆超過一個範圍之後甜味反而變少的原因。

③**脂肪及揮發性成分**：在大約攝氏 170 度時會產生咖啡獨有的揮發性油脂，在攝氏 220 度左右時會生成濃厚的揮發性咖啡香氣。溫度若過高，香氣的品質就會降低。烘焙結束後，咖啡豆的油性成分只會剩下 8~15%，然後也只有一部分的咖啡油會被萃取出來成為飲品。

④**酸**：生豆會在烘焙過程中生成各種型態的酸。為數眾多的揮發性酸中，大概只有 0.5% 能被人所感知到。根據研究報告顯示，當生豆的溫度達攝氏 160 度時，會大量生成酸，酸會逐漸遞增直到生豆的溫度達攝氏 190 度，且在即將發生第二爆時急遽遞減。烘焙過程中，會出現綠原酸（chlorogenic acid）的降解作用而生成物質，這會直接和間接地影響最終的咖啡風味和香氣。綠原酸除了帶來酸味之外，有時還會帶來一部分的澀味。

⑤**咖啡因與其他生物鹼**：咖啡因會在烘焙的過程中昇華，烘得越深，咖啡因含量就會越少。

咖啡豆烘焙前後

5│需根據烘焙程度而調整研磨粗細的原因

咖啡生豆烘得越深，組織越容易碎，所以縱使是相同磨豆機、一致的研磨度，烘得越深的豆子，就會被研磨得越細。由於咖啡豆的烘焙程度會影響研磨的粗細，因此咖啡師在磨豆前需觀察咖啡豆被烘到哪種程度。以下介紹幾種烘焙程度的用詞與定義。（詳細內容參考 P.204）

①**城市烘焙**：當豆子正要滲出油的時候就出豆，特徵是酸味變得比較少，帶著苦味和甜甜的香氣，亦被稱作「德國（german）式烘焙」。從它的風味和香氣的表現來看，被廣泛地視作「標準」，在手沖咖啡領域十分受歡迎。在試喝時若發現苦味薄弱但酸味很強，那就要把研磨度再調細一點。

②**深度烘焙**：出豆時間為豆子表面正要浮上整層油的時候，在此階段，酸味幾乎消失，苦味和濃厚的咖啡風味皆達高峰。常用來製作冰咖啡飲品。歐式咖啡的喝法會加上鮮奶油一同啜飲。這階段的豆子是能沖煮出義式濃縮咖啡的烘焙標準。

③**法式烘焙**：油已流到整顆豆子上，豆子變成黑色。在苦味及濃厚風味之中還有個凸顯的渾厚風味。主要用在製作冰咖啡。從深焙到法式烘焙的狀態只不過幾秒之差而已，咖啡本身品種帶有的固有特徵會遞減，而咖啡醇度反而變得濃厚。如果喝起來苦味太強又酸味很弱，可以磨得再粗一點。

烘焙度的八個階段

極淺（Light）：淺淡的黃褐色，帶酸酸的香氣，濃厚的酸味

淺（Cinnamon）：淺黃褐色，稍微濃厚的酸味，微微的甜味和苦味

中（Medium）：褐色，中間甜味和酸味，微微的苦味，帶甜甜的香氣

中深（High）：淺棕色，有明顯的甜味，微微的苦味和酸味

城市（City）：棕色，濃厚的甜味和苦味，微微的酸味

深（Full-city）：深棕色，中間甜味和苦味，微微的酸味

法式（French）：暗棕色，濃厚的苦味，微微的甜味和酸味

重（Italian）：黑色，超重的苦味，微微的甜味

調整研磨咖啡的粗細

　　濕度與咖啡豆的水分吸收有很大的關係，因此咖啡師必須能依據天氣、室內濕度的改變來調整咖啡粉的粗細。咖啡生豆在經過烘焙之後，含水量會從原本的 9~12% 減少成 0.5~5%，以致烘好的豆子容易吸取空氣中的水分。進一步來說明，豆子被研磨後，與空氣接觸的表面積會增加到 15 倍以上，所以就更容易吸收濕氣。咖啡豆變成咖啡粉以後，一旦吸收水分，就會與油性成分結成團，這時就會妨礙萃取時的水流。在具備相同條件的前提下，當咖啡粉和水接觸的時間越長，就越容易出現成分過度萃取的現象。

　　下雨天，大氣中的含水量高，濕度也就高，這時可將研磨的顆粒調粗一點。相反地，天氣乾燥的時候，就可以把顆粒調細一點。光是一天，也需隨

濕度計的種類

濕度指的是每立方公尺中空氣所含水蒸氣的質量（g），這被稱作「絕對濕度」。在特定場所、特定時間，大氣中的水蒸氣量除以當時氣溫下所含的最大水蒸氣含量（飽和水蒸氣量），再乘上 100，用百分比來呈現則被稱作「相對濕度」。我們常說的濕度，通常都是指相對濕度，當相對濕度為 10% 時，表示極為乾燥；當相對濕度為 90% 時，表示濕氣非常重。

電子濕度計

① 乾濕球（溫）濕度計：利用一般溫度計（乾球）和濕球溫度計（由濕潤的紗布包覆）之間的溫度差來測量濕度。濕度低時，紗布上的水會蒸發，濕球會因蒸發吸熱而降低溫度。

② 毛髮濕度計：利用濕度增加時頭髮長度會變長的現象來製作的濕度計。

③ 電子濕度計：應用濕度造成電容電阻改變的原理來製造的濕度計。

※ 所有電子測量器為了提高準確度，都必須定期校正。濕度計建議每半年到一年校正一次。

時注意濕度來調整顆粒的粗細度。例如，通常早上濕度會比較高，所以把顆粒調得稍微粗一點；到了有太陽的下午，就調到比早上的更細一些；傍晚濕度又會變高，就需要再把豆子的顆粒調粗。

只要掌握住平常好天氣的濕度，就容易抓到研磨的基準。春天、秋天通常會在基準上；到了夏天，因為濕度偏高的日子比較多，就會需要用到除濕機來降低濕度；而冬天偏乾，濕氣相對來得低時，就需要使用加濕器等來提高濕度。若會在室內開空調，也最好考慮濕氣的情況來調整顆粒的粗細。

7 | 需根據新鮮度而調整研磨粗細的原因

咖啡豆經過烘焙後會產生香氣成分，這些成分越沒有被酸化，就代表咖啡越新鮮。烘好的咖啡豆內含二氧化碳，它可說是咖啡新鮮度的重要指標。但隨著時間過去，所含的二氧化碳及一氧化碳等氣體會陸續揮發掉，導致出現所謂的「破口」，這時氧氣會侵占那位置而造成咖啡的氧化。

一般來說，完成烘焙後的 24 小時內，豆子會排放二氧化碳，空氣中的氧氣會和豆子產生反應；72 小時之後，豆子會開始氧化。不過在氧化之前都算是「新鮮咖啡豆」。即使把烘好的豆子包裝起來，豆子也會因內部存在的氧氣而氧化，對烘好的豆子來說，氧氣可說是「致命天敵」。

另外，依坊間說法，相對溼度為 100% 時，豆子過三四天會酸敗；50% 時過七八天會酸敗；0% 時從三四週後才會酸敗。再加上還會受到溫度影響，即每上升攝氏 10 度，會失去二至三倍的香氣成分。而且豆子烘得越深，咖啡豆內部的多孔現象就越嚴重，容易引來氧氣的侵占。目前知道的是一旦咖啡豆被研磨，酸敗的速度就會變五倍快。

但是，咖啡豆烘好後也不能立即使用，若沒有確實「排氣」，這些氣體就會在萃取咖啡時妨礙水的流向。不過，烘焙後也不能放太久，若讓氣體排放得太過度、超出最適時間，多少還是會出現酸敗並造成纖維質硬化，由於連一丁點氣體都沒有留下，以致難以進行成分萃取。

即使是在相同條件之下，仍需先判斷咖啡豆新鮮度，再決定使用量。烘

焙過後會揮發的殘存氣體不少，通常要過三天才會有穩定的萃取。在豆子還有許多氣體的狀況下進行萃取會不順，這時需減少豆子的使用量。還有，距離完成烘焙的時間越久，咖啡油就會越酸敗，酸敗的咖啡油會把顆粒包覆住而妨礙萃取，這時也最好減少豆子使用量，或是將顆粒磨得更細後再使用。

8 | 需根據萃取工具而調整研磨粗細的原因

之所以要研磨（Grinding）咖啡豆，是為了「擴增與水的接觸面積，順利萃取出咖啡成分」。研磨後的咖啡豆直徑 0.1~1mm 不等。粉的大小越平均，延展的空間就越平均，這樣才能在熱水流過時均勻地溶解咖啡成分。

不同萃取方式所使用的咖啡豆顆粒大小之比較

分類	粗細	比較	用途
極細 Extra Fine	約 0.1mm	麵粉	土耳其咖啡壺
細 Fine	約 0.3mm	細鹽	義式濃縮咖啡機 摩卡壺、愛樂壓
微細 Medium-Fine	約 0.5mm	鹽	冷萃 越南滴滴壺
中等 Medium	約 0.6mm	沙子	手沖 虹吸式咖啡壺
微粗 Medium-Coarse	約 0.7mm	粗的沙子	美式濾泡壺 金屬濾網
粗 Coarse	約 0.8mm	海鹽	咖啡滲濾壺
極粗 Extra Coarse	約 0.9mm	胡椒	法式濾壓壺

出處：Ditting 磨豆機

研磨階段可分為：極粗（Extra Coarse）、粗（Coarse）、微粗（Medium-Coarse）、中等（Medium）、微細（Medium-Fine）、細（Fine）、極細（Extra

Fine）。當豆子磨得越細，熱水通過咖啡顆粒的時間就越長，也就越能萃取出既濃厚又豐富風味的咖啡；相反地，當顆粒越粗，熱水就會越快地通過，從頭到尾也就只能嘗到平淡的風味。

如果將咖啡粉磨得太細，就會堵住濾杯孔洞，拉長萃取時間，讓咖啡變得太濃。若是把要用作手沖的咖啡豆拿去義式濃縮咖啡機萃取，咖啡就會太稀，其風味和香氣也都會減半。咖啡豆磨得細，與水的接觸面積就會廣，便會凸顯苦味；反之，咖啡豆磨得粗而讓水快速通過，酸味就會很明顯。

咖啡的濃度也會受咖啡粉量影響，如果填粉量多，濃度就會高；而填粉量少，濃度就會低。還有，咖啡豆的烘焙程度、濕度以及保存長短也都會影響濃度。

研磨度要看使用的工具來調整，手沖與虹吸壺等這類靠自然的水的流動來萃取的咖啡，主要適合中等研磨度的咖啡粉；利用機器的壓力短時間內沖煮的義式濃縮咖啡，則適合使用細研磨度的咖啡粉。

用語整理

目（Mesh）

指的是在測量咖啡粉的粗細時使用的篩孔（sieve），以每一平方英尺（25.4 ㎜²）內帶有的孔數來表示。例如，300 目就是在 25.4 ㎜² 範圍內有 300 個洞孔。藉由目數，可反映出咖啡粉顆粒的大小。目數越大，顆粒越細。

磨豆機研磨出的顆粒大小，會左右最後萃取出的咖啡品質。粗糙的顆粒會讓風味偏淡、Crema 的濃度淡；相反地，顆粒過細，會無法好好萃取出成分。必須根據咖啡豆的特性和狀態來調整使用的咖啡粗細度。

不同的咖啡研磨度

9 | 電動磨豆機的清潔方式

　　咖啡師應該清楚磨豆機的構造，至少在清潔時可以自行拆解和組裝，此外，也應該了解要選用何種清潔劑來清理哪個裝備或工具才恰當。

1）清潔磨刀盤

　　如果磨刀盤上卡咖啡渣加上油垢氧化，就會散發出不好聞的味道，所以磨刀盤最好每天都清潔，而且一個禮拜至少要拆下來清理一次。為了去除油垢，需用清潔劑和水，但因為刀刃的材質是金屬，清完後得盡速將水分擦乾、晾乾。

■利用清潔劑清洗磨豆機的方法
①拆下儲豆槽。
②除去所有咖啡豆。
③放入 5~10 粒的專用清潔劑後開啟電源，讓
　磨刀盤運轉。
④直到清潔劑都磨碎後，把磨刀盤清洗乾淨。
⑤放入豆子研磨。
⑥刷洗步驟結束後，即可放入全新的咖啡豆來
　使用。

拆解磨刀盤

2）清潔儲豆槽

　　儲豆槽裝的是烘好的豆子，由於咖啡豆表面的油很容易留在儲豆槽裡，務必每天清潔，而且一個禮拜至少要用一次清潔劑，這樣才不會因氧化的油造成不好聞的味道。尤其留在儲豆槽旁壁和底部的油垢，沒辦法用抹布擦掉，光用水也洗不乾淨，應使用專用的清潔劑來去除。清洗儲豆槽時，也需一併清洗蓋子，因為蓋子也會沾上氧化的油的味道，而影響咖啡風味。

　　清潔儲豆槽有個需特別注意的重點，那就是「乾燥」。豆子一旦受潮，就會和油性成分結團，造成萃取時的水流不順。再者，水分和靜電也有關係，會影響咖啡顆粒。靜電是研磨時刀刃和咖啡豆發生摩擦而產生的，咖啡顆粒是絕緣體、帶負電荷，而磨豆機的研磨空間、排粉口、外部機體以及其他金

屬壁則帶正電荷，這樣一來，咖啡顆粒都會集中在特定區塊，而無法順利排出。若都放任不管，咖啡顆粒內的脂肪成分會引發不舒服的氣味。

■清潔儲豆槽的方法
①拆下儲豆槽。
②用中性洗滌劑來清洗。
③使用乾淨的水沖洗。
④用乾抹布擦拭後晾乾。

清潔劑的區別

① 第一類／蔬果清潔劑：用來清洗食用的蔬菜、水果等。也會用作清潔咖啡磨豆機。

② 第二類／食器清潔劑：用來清洗餐具、調理工具等器具。

③ 第三類／廚房清潔劑：用來清洗食品的烹飪裝置、加工設備等器材。

※ 註：上述為韓國針對清潔劑的分類。若未依據清潔劑的用途來使用，會因違反食品安全法而受罰。

成分萃取不足與成分過度萃取
Note5 （Under-extraction & Over-extraction）

■ 萃取不足的義式濃縮咖啡

— 25 秒萃取超過 30ml

— 顏色淺、Crema 層薄（A pale color
with a thin layer of crema）

— 咖啡醇厚度薄弱並帶有刺激性酸味
（An acidic flavor with a lack of body）

原因 1. 咖啡粉比之前的粗。

原因 2. 咖啡豆研磨後放置太久。

原因 3. 杯子未溫杯。

原因 4. 萃取壓力比之前的弱。

原因 5. 萃取水溫比之前的低。

原因 6. 填粉量少於 14g。

義式濃縮咖啡的萃取不足（左）&過度萃取（右）

■ 過度萃取的義式濃縮咖啡

— Crema 顏色深黑且帶白點（A dark blotchy color with white spotting）

— 水太慢通過，花 30 秒以上才完成 30ml 萃取（It takes much longer than 30
seconds to deliver 30ml of liquid.）

— 出現緩慢滴落的現象是最嚴重的狀況（In extreme cases an over extracted expresso
will often drip from the portafilter outlets.）

原因 1. 填粉量多於 14g。

原因 2. 咖啡粉過細。

原因 3. 分水板或濾網太髒或堵塞。

原因 4. 萃取壓力過高。

原因 5. 萃取水溫過高。

	萃取不足（Under-extraction）	過度萃取（Over-extraction）
顆粒大小	太粗	太細
填壓強度	比標準弱	比標準強
咖啡豆使用量	比標準少	比標準多
水的溫度	比標準低	比標準高
萃取壓力	比標準低	比標準高
萃取時間	太短	太長
把手的濾杯	孔洞太大	孔洞堵塞
主要風味	酸味	苦味

06 蒸奶（Milk Steaming）

Barista

咖啡師要懂得用義式濃縮咖啡機的蒸氣管，將牛奶打發成細緻綿密的奶泡（Steamed milk）。而且不僅是打發技巧，還要以不超過攝氏 70 度的高溫進行加熱，才能製作出香味與口感絕佳的風味咖啡飲品。奶泡的細緻度也可說是一項衡量咖啡師熟練度的指標。

1｜依據不同的咖啡飲品選用適合的奶鋼

為了能確實加熱並打發牛奶，不僅要懂得依製作的咖啡飲品種類來選用最適合的奶鋼，也必須考慮到欲製作的飲品杯數，選擇最適容量的奶鋼。

奶鋼（Steam pitcher）是由玻璃、塑膠、不鏽鋼等導熱率高、能輕易控溫的材質所製成，尤以不鏽鋼最常見。容量有分很多種，像是 300ml、350ml、600ml、750ml、900ml、1000ml 等。一般來說，300ml 用來製作一杯義式濃縮咖啡的份量，600ml 用來製作兩杯，900ml 用來製作三四杯。

具有不同形狀和材質的奶鋼

1）為避免剩餘，務必測量並使用定量的牛奶

奶鋼是用來裝牛奶後打入空氣並加熱的容器，平常最好放在冰箱冷藏。奶鋼若於常溫下使用，或是打發已經加熱過的牛奶，亦或是在奶鋼裡留著加熱過的牛奶，卻又再加入新的牛奶來使用，這些都會降低咖啡飲品的品質。所以應使用容量剛剛好的奶鋼，避免發生牛奶沒用完、剩餘的情況。

使用時，將冰的新鮮牛奶裝在冰涼的奶鋼裡，再進行打發（Steaming），這樣溫度上升的速度緩慢，能相對游刃有餘地打發出綿密的奶泡。

①選擇要使用的冷藏牛奶

請使用放在攝氏 4~5 度環境下冷藏的新鮮牛奶。如果牛奶放常溫，就會在尚未注入空氣卻提前達到攝氏 37 度，導致難以打發出綿密的泡沫。有時會配合周遭狀況或客人需求，而使用滅菌牛奶、低脂牛奶、零乳糖牛奶等。

②依據欲製作的飲品容器大小和數量來選奶鋼

若牛奶的量太少，就沒辦法完成理想的飲品模樣，而量太多，就會很難加熱或造成浪費。通常製作一杯拿鐵咖啡會使用 300ml 的牛奶，兩杯用 600ml，三四杯則用 900ml。使用低脂牛奶時，因為脂肪和蛋白質的分解速度比普通牛奶來得快，所以得用材質較厚的奶鋼，這樣牛奶加熱的速度才會慢一點，而有利於打發出綿密的泡沫。

③準備好冰涼的奶鋼

在牛奶發泡之前，用來裝牛奶的奶鋼必須放在冷藏保存，使其維持在低溫的狀態，這樣打發奶泡的時候，多少能減緩溫度上升的速度，讓空氣能充分注入牛奶中。

④在奶鋼中倒入適量的牛奶

把牛奶裝到奶鋼的七八分滿為佳；一般都會裝到奶鋼的尖口正下方。

2 | 為打出綿密奶泡，注入空氣時以攝氏 37 度為界限

咖啡師在製作拿鐵咖啡——義式濃縮咖啡加奶泡——時，有一項很難的技術，就是在牛奶中打入空氣（foaming 或 frothing）。19 世紀中期，義式濃縮咖啡機問世之後，咖啡師便開始大量地使用水蒸氣的壓力，細微地將牛奶打發成泡沫並進行加熱。**利用與機器內鍋爐連接的蒸氣閥，讓牛奶的溫度上升至攝氏 65~70 度，同時又打發出如奶霜般綿密的泡沫。** 奶泡越是細緻綿密，就越能完美地與義式濃縮咖啡結合，並散發出濃密卻又滑順的味道。

蒸氣管浸泡在牛奶裡的最適深度

打發時，若蒸氣管浸到牛奶最深處，就會因為吸不到空氣而打不進去，太靠近表面則會產生過多的泡沫。此外，在注入空氣時，周遭的氣味也會一同被吸進牛奶裡，以致影響了飲品品質，所以務必多加留意。

1）運用蒸氣閥將空氣注入牛奶中

蒸氣閥（Steam Valve）是排出或關閉水蒸氣的裝置，而水蒸氣占了鍋爐內部空間的 30% 左右。蒸氣閥大致上分為兩種，一種是長得像門把一樣旋轉式的「蒸氣旋鈕（Knob）」，旋鈕依逆時鐘方向轉時，會拉扯彈簧，藉此開啟閥，開啟的範圍越大，就會噴出越強的蒸氣，也就是説，彈簧決定了蒸氣的強弱。另一種是以上下擺動運作的「蒸氣控制桿（Lever）」，控制桿在向上或向下擺動時，能排放蒸氣。

開啟蒸氣閥後，水蒸氣就會經由蒸氣管（Steam pipe）噴發出來。蒸氣管由一根管子和末端的噴頭所構成，亦被稱為蒸氣棒、蒸奶棒（Wand）。若使用越大的奶鋼，就應使用噴頭上孔洞數越多的蒸氣管，通常 600ml 的奶鋼，會用帶有三孔的噴頭，這容量以上的則會使用有四孔的噴頭。

蒸氣管是會跟牛奶直接接觸的部位，為了避免有殘留物敗壞，需要一直保持乾淨。每次用蒸氣管打發牛奶之後，必須藉由排放蒸氣來清除卡在噴頭

從蒸氣管噴出的水蒸氣

裡的牛奶，並用濕抹布把管子表面殘留的牛奶擦乾淨。一旦牛奶在裡面凝固，不僅會引發衛生問題，還會讓蒸氣變弱。也要另外準備一條專門擦蒸氣閥的乾淨抹布。

為了順利將空氣注入牛奶，先讓蒸氣管末端像滑水一樣接觸牛奶上層，將一半蒸氣管浸入牛奶裡，開啟蒸氣閥後會發出「滋滋」的聲音，以如此既強烈又快速的方式注入空氣。若蒸氣噴頭沒有浸在牛奶裡，牛奶就會被水蒸氣推開，除了到處噴濺，還會形成巨大泡泡。不過，若整個蒸氣噴頭浸在牛奶裡太深，只會讓牛奶的溫度變高，不會有空氣注入，也不會形成泡沫。

注入空氣的步驟要在牛奶的溫度達攝氏 37 度以前完成。只要超過這個溫度，接下來注入的空氣就不會再繼續分解出泡沫，也不會讓奶泡變得更綿密。所以在完成打發、牛奶的溫度達攝氏 37 度之後，就要將蒸氣管伸進牛奶中，在牛奶持續滾動的同時也把溫度提高到攝氏 65~70 度。

3 | 在牛奶發泡時，奶鋼越冰越好的原因

需要製作幾杯拿鐵咖啡，會決定牛奶的量，還會決定該使用的奶鋼。而裝牛奶的奶鋼，其溫度是越低越好。

- **奶鋼容量需剛好的原因：**當使用的奶鋼太大時，會讓牛奶深度變淺，可能導致蒸氣管在底部過度加熱；而情況相反時，熱牛奶則可能在蒸煮的過程中溢出，造成操作人員燒燙傷。

- **牛奶裝進奶鋼的適當量：**奶鋼有個被稱作「尖口」的部位，是用來倒牛奶的凸出設計。一般會將牛奶裝到尖口的正下方位置。

- **奶鋼要保持冰涼的原因：**注入空氣、打發牛奶的步驟，必須控制在牛奶溫度達到攝氏 37 度前為止。因此，奶鋼和牛奶越冰，就越能從容地完成發泡步驟。

1）牛奶發泡步驟

　　英文 Milk steaming（蒸奶）的直譯是「用水蒸氣加熱牛奶」，不過，在使用這個詞彙時會包含到牛奶發泡階段。

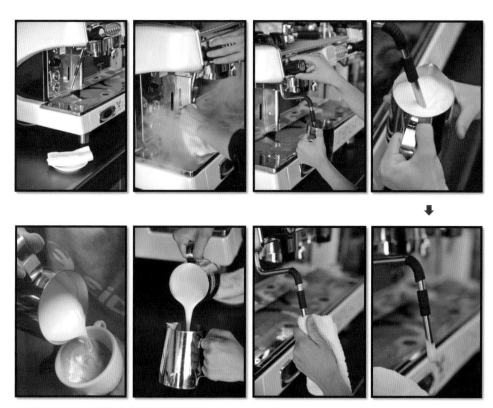

牛奶發泡步驟（依順時鐘方向從左上至左下）

①開啟蒸氣閥，藉此除去蒸氣管中的水分後再關閉。

②將蒸氣噴頭置於奶鋼正中央的位置。此時的蒸氣噴頭要整個浸在牛奶裡，但如果放得太深，牛奶的溫度就會上升得太快，放置的深度約離牛奶液面1~2cm 即可。

③將蒸氣管垂直擺放，盡可能讓牛奶液面與蒸氣噴頭呈垂直。從噴頭的孔中噴出來的蒸氣強度都是一樣的，要是蒸氣管傾斜或者液面歪斜，就會因為蒸氣到奶鋼的壁面距離不同，導致牛奶無法均勻受熱。此外，若蒸氣過度在靠近杯壁的某個位置加熱，會造成牛奶迅速升溫。

④開啟蒸氣閥後開始加熱、打發。

- 加熱後牛奶的溫度：加熱後牛奶的溫度應為攝氏 65~70 度，盡量不超過此範圍。一旦超過攝氏 70 度，牛奶就會形成一層薄膜，慢慢開始會散發出腥味，還會破壞營養素。在蒸奶時，請熟悉用手去感知奶鋼的底部和杯壁溫度，然後在達適當溫度時停下。當然最好使用溫度計測量。

- 加熱時握奶鋼的方法：一手握住奶鋼的把手，另一手的掌心貼於表面確認溫度。這個時候抓著蒸氣把手或桿子都是無意義的動作。掌心貼於表面的這個動作，還有能穩穩地固定奶鋼的作用。

⑤當牛奶的溫度達到目標值時，就調整旋鈕或控制桿，停止蒸氣的排放。

⑥牛奶發泡完成後，讓蒸氣往滴水盤方向排出，清除蒸氣管內多餘牛奶液。若一結束打發就關閉閥，會因為氣壓差造成多餘的牛奶吸回蒸氣管內部。而為避免排放時牛奶向四處噴濺，此時需先用濕抹布包住噴頭後再操作。

⑦擦掉蒸氣管表面與蒸氣噴頭上的牛奶。為此要讓蒸奶專用濕抹布保持在乾淨的狀態。

⑧再準備另一個奶鋼，把奶泡均分為二，這樣就能製作出同樣風味的咖啡飲品。這裡使用的第二個奶鋼，必須先用熱水沖過，牛奶的溫度才不會驟降。

⑨將打發時使用的奶鋼清洗乾淨後冷藏放置。若其中有牛奶殘留，或放在比較溫熱的地方，一來會有衛生疑慮，二來會降低咖啡飲品的品質。

在各種咖啡飲品上加入奶泡

2）卡布奇諾的奶泡

①若以 150~180ml 容量的杯子提供卡布奇諾，就在 600ml 奶鋼中倒入 200ml 的牛奶。

②將蒸氣噴頭浸入牛奶、與液面呈垂直。

③蒸氣閥轉到底，隨即會發出滋滋作響聲與尖銳聲，高壓的蒸氣會將牛奶表面與周遭的空氣一併注入牛奶中，使其逐漸變得細緻。牛奶表面、蒸氣噴頭兩者之間的距離，是決定泡沫綿密程度的重要關鍵。

④持續打發牛奶，直到牛奶達奶鋼的七八分滿為止。

義大利的正統卡布奇諾

⑤將蒸氣噴頭擺放在能引起牛奶轉圈（旋轉）的位置上，這時除了會消除粗大的氣泡，還能均勻地提高牛奶整體溫度。蒸氣噴頭要是放在太深的位置，就只會有底部的牛奶轉圈，而難以製作出均一的奶泡。此外，也不可以讓蒸氣噴頭太靠近奶鋼的杯壁或底部，因為當蒸氣過度地在這些位置上加熱時，會造成牛奶溫度迅速上升。請讓蒸氣噴頭浸在牛奶裡、好好進行轉圈，生成均勻的奶泡。

⑥當溫度差不多時，就可以轉蒸氣把手、關閉閥，然後放下奶鋼、離開蒸氣噴頭。

⑦在平面上輕敲奶鋼底部一兩下，藉此消除表面粗大的氣泡。

3）拿鐵咖啡的奶泡

• 若以 200~250ml 容量的杯子提供拿鐵咖啡，就在 600ml 奶鋼中倒入大約 200ml 的牛奶後開始打發。

• 為客人提供拿鐵咖啡和卡布奇諾時，經常都會使用同樣的杯子，不過義大利的正統卡布奇諾的份量會比拿鐵咖啡少。

• 使用於拿鐵咖啡的泡沫量要比卡布奇諾的少一些。

4）冰飲系列用的奶泡

- 使用義式濃縮咖啡機：牛奶發泡步驟要更快結束，得趕在牛奶溫度升過高之前注入充分的空氣。

- 使用奶泡器或法式濾壓壺：奶泡器上的鐵網越密越好。在使用法式濾壓壺時，握著把手、反覆上下來回按壓，打發到出現稍微卡卡的感覺為止。

用法式濾壓壺打發牛奶

4 | 脂肪和蛋白質會影響奶泡的生成

蒸煮後的牛奶甜度更高

牛奶中含有的脂肪與蛋白質皆與泡沫的形成有關。若將生乳靜置，脂肪球就會浮到上層，在表面形成薄油層，而為了不讓這現象出現在鮮乳上，鮮乳廠會進行均質化，讓脂肪球變小來防止油分層；上述的現象是消費者觀察不到的。

1）脂肪

牛奶的表面張力比水低，當蒸煮溫度超過攝氏 30 度時，表面張力會變更低，而生成氣泡。這些氣泡會與脂肪結合並維持一段時間。

①**牛奶沒有好好發泡的情形**：因為脂肪球的大小本來就不均，導致氣泡大小也不均。與大脂肪球結合的氣泡會浮出液面，看起來氣泡很粗大。

②**牛奶充分發泡的情形**：以均一的大小分散的脂肪球，紛紛與氣泡結合，進而形成均勻且細緻的泡沫層。這種型態的泡沫能相對持續更長的時間。

2）蛋白質

在蒸煮牛奶的過程中，水分會蒸發，蛋白質成分會濃縮，也會讓甜味更濃。不過，溫度若太高，牛奶表面的蛋白質便會凝固，散發不好聞的味道。

①**在適當溫度下蒸煮牛奶的情形**：牛奶的溫度到攝氏 70 度之前都具有香醇的口感。藉由蒸氣噴頭浸入適當深度後讓牛奶轉圈的過程，脂肪和蛋白質會均勻混合，形成質地好的奶泡。

②**過度蒸煮牛奶的情形**：蒸氣噴頭若放在太深的位置，奶鋼底部的溫度會迅速上升，造成接觸那區域的牛奶也會急速升溫，並且出現蛋白質和脂肪的結塊、散發出不好聞的腥味。

5｜使用牛奶的第一步是確認新鮮度

咖啡師最容易忽略在將牛奶拿出冰箱的瞬間應該檢查牛奶的狀態。因為冰箱可能會在夜裡停止運作，冰箱內的其他氣味也可能造成牛奶的汙染，所以每次都需藉由聞味道和觀察外觀來確認牛奶的新鮮度、檢查有沒有壞掉。此外，明確了解牛奶的種類與成分，並能依照客人的需求使用相對應的牛奶，這也是咖啡師該具備的能力。

1）牛奶種類

①**鮮乳**：指最常飲用的白牛奶。

②**加工乳**：在鮮乳中添加其他成分的加工產品。

- 強化牛奶：於牛奶中添加礦物質或維生素成分的產品。如：高鈣強化牛奶、維生素 D 強化牛奶等。

- 調味乳：於牛奶或乳製品中添加果汁、色素或香料等能改善風味的產品。如：香蕉牛奶、巧克力牛奶等。

- 特別牛奶：為了健康飲食或者特別目的而生產的產品。

  − 低脂牛奶：去除乳脂肪的牛奶。
  − 零乳糖牛奶（低乳糖牛奶）：利用乳糖酶分解乳糖的牛奶，專為體內缺乏乳糖酶的乳糖不耐症（Lactose intolerance）者所設計生產。
  − 殺菌牛奶：因消除了微生物而有效期限較長的牛奶。

2）牛奶成分

牛奶是品質優良的食品，除了不含維生素 C 和鐵質之外，各項營養成分都十分均勻。

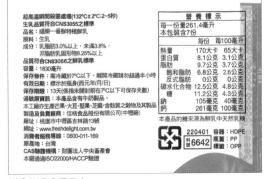

鮮乳的成分標示表

①水分：占牛奶約 88% 的比例。

②蛋白質（protein）：牛奶中蛋白質占約 3%。其中 82% 為酪蛋白（Casein），其餘為乳清蛋白（Whey protein）。過度地蒸煮牛奶時表面所生成的薄膜就是乳清蛋白。

③脂肪（Milk fat）：牛奶中乳脂肪大約含 3.5%。低脂牛奶的脂肪含量為 1% 左右。

④碳水化合物（乳糖，Lactose）：乳糖在牛奶中占了 4.6%。

⑤維生素：除了維生素 C，所有種類的維生素幾乎都有。

⑥礦物質：牛奶中含有多種礦物質，尤其鈣含量高，在長高與新陳代謝方面扮演重要角色。

⑦其他：牛奶中帶有四十多種的酵素。

6│被嘉許的咖啡師如何清潔蒸氣管？

　　牛奶蒸煮過後要清理蒸氣管內部與表面上的牛奶，有時還需要拆下蒸氣管與噴頭，清理得乾乾淨淨。若在每次打好奶泡後就立刻清潔，便能大大減少衛生問題，也能延長機器的壽命。

①結束牛奶發泡後，開啟蒸氣閥，去除跑進蒸氣管裡的牛奶。必須準備一條專門擦拭蒸氣管的濕抹布，因為蒸氣噴頭在排牛奶時可能會噴濺到周遭，所以先用濕抹布輕輕包住後再進行。

②徹底清除蒸氣管內的牛奶之後，立刻用乾淨的濕抹布將蒸氣管和噴頭上沾到的牛奶擦掉。牛奶易遭微生物的汙染，若放置不管，可能會引發衛生問題。

③一手抓著蒸氣管，一手把噴頭依逆時鐘方向旋開並拆下。

④蒸氣管的內部用細長的刷子來清潔。

⑤噴頭也要用像牙縫刷一樣的細刷子來清理。但要注意的是，若用金屬製的器具來清理，可能會讓噴頭的孔變大。

⑥咖啡店打烊後，在奶鋼裡裝入熱水來浸泡蒸氣管也是不錯的方法。

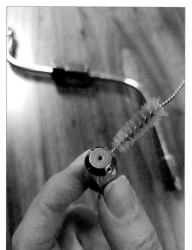

清潔蒸氣管噴頭

Note 6

卡布奇諾（Cappuccino）

■ 卡布奇諾製作公式

— 以義式濃縮咖啡配上奶泡的義大利咖啡飲品

（an Italian coffee drink topped with foamed milk）

— 比例：牛奶液與奶泡 125ml ＋義式濃縮咖啡 1 份

— 作法：用 100ml 牛奶打出 125ml 發泡牛奶後混入 1 份濃縮咖啡中

— 一杯的量＝ 150~180ml

— 使用的牛奶量和「拿鐵咖啡」相同，但泡沫要更多。

traditionally a cappuccino has more foam and less milk compared to the latte (aka "Caffè Latte")

☞ 義大利國際濃縮咖啡研究所（NIIE）於 2007 年提出正統卡布奇諾的標準：

「務必在 25ml 的義式濃縮咖啡中混 125ml 的牛奶液與奶泡，用陶瓷杯裝好後提供。卡布奇諾的泡沫會比液體多，啜飲時要能在短短幾秒內喝完。一喝完，杯子裡要剩下一點牛奶，人的嘴巴上則要留下小鬍子形狀的奶泡。」

☞ 世界咖啡師大賽（WBC，World Barista Championship）中規定的製成條件：

「正統卡布奇諾的份量為 5~6oz（150~180ml），要在 1 份（30ml）義式濃縮咖啡中混入奶泡，而奶泡層的厚度大約要 1cm。不能添加砂糖、辛香料或其他粉狀物。」

■ 蒸奶 Milk steaming

— 打發 Foaming：於攝氏 37 度前完成牛奶發泡

— 蒸煮 Steaming：於攝氏 65~70 度時完成蒸煮

— 奶鋼 Steam pitcher 1：置於冷藏備用

— 奶鋼 Steam pitcher 2：需經熱水處理，並盡可能讓溫度接近攝氏 60 度

— 適合的牛奶：含蛋白質 3.2%、脂肪 3.5%（以攝氏 4 度冷藏保存）

■ 拿鐵咖啡術語 Caffè Latte Terminology

* 馥列白　　　　　　　* 瑪奇朵拿鐵　　　　　* 瑪奇朵
（Flat White）　　　（Latte macchiato）　（Macchiato）

* 咖啡拉花　　　　　　* 咖啡歐蕾　　　　　　* 布雷衛
（Latte Art）　　　　（Café au lait）　　　（Breve）

* 溫和奇里奧　　　　　* 法拉沛咖啡　　　　　* 瑪奇朵咖啡
（Chiaro）　　　　　（Coffee Frappe）　　（Caffè macchiato）

07 風味咖啡飲品 (Espresso Variation)

只要在義式濃縮咖啡的作法上給予些許變化，就能品嘗到不同風味。或者也可以添加牛奶、鮮奶油、巧克力、焦糖等各種材料，讓各個飲品都具有迥然不同的味道與口感。像這樣以義式濃縮咖啡作為基底，在風味上做出變化的飲品，稱作「義式濃縮咖啡的變化（Espresso Variation）」，這裡用音樂術語中的變奏曲（Variation）一詞來命名。

1 | 改變義式濃縮咖啡的萃取時間，風味就會改變

以下介紹改變義式濃縮咖啡的萃取時間與份量後製作出來的品項。

① **義式濃縮咖啡**（Espresso）：於 60~90ml 的杯中裝萃取 25~30ml 的義式濃縮咖啡後提供。

② **瑞斯雀朵**（Ristretto）：比義式濃縮咖啡花更少時間萃取出 15~20ml 的咖啡液，並裝入濃縮咖啡杯後提供。特色是具有濃郁又滑順的口感。

③ **朗戈**（Lungo）：萃取的量比義式濃縮咖啡多，大約 35~45ml。滑順的口感中夾帶著苦味為其特徵。

④ **雙倍**（Doppio）：英文稱作 Double，就是萃取兩份的意思，所以可以是雙倍濃縮咖啡、雙倍瑞斯雀朵，亦可以是雙倍朗戈。提供時，除了雙倍朗戈之外，濃縮咖啡、瑞斯雀朵以及雙倍，皆直接用濃縮咖啡杯來裝。

從左至右依序為朗戈、義式濃縮咖啡、瑞斯雀朵

2 | 各種以義式濃縮咖啡為基底的咖啡飲品

接著要介紹在義式濃縮咖啡中加入各樣材料後製作的品項。

1）美式咖啡（americano）

此為降低濃縮咖啡濃度的咖啡。先將濃縮咖啡與水以 1：4 的比例調配，然後試喝看看，再依照喜好來調整濃度。不論濃縮咖啡是用哪種咖啡豆沖煮出來的，若有固定比例的調配經驗後，就能只憑美式咖啡的味道，評估出咖啡豆的狀況。

美式咖啡

①萃取 25ml 的濃縮咖啡液，裝在 180~270ml 的杯子。

②將 100ml 的熱水倒入濃縮咖啡液中。

③先試喝，再按照喜好來加水調整濃度。

※亦可萃取瑞斯雀朵、朗戈、雙倍作為基底，用它們製作出各種濃度的美式咖啡。

用語整理

long black：一種以濃縮咖啡為基底加熱水調製而成的咖啡，與一般熟知的美式咖啡相似，但製作方法不同。long black 是先將熱水裝在杯子裡，然後直接用杯子去接萃取濃縮咖啡，如此沖煮出來的 Crema 維持得比較久。不過，因為有些人在製作美式咖啡時，也常會在杯中裝水以後才加濃縮咖啡，所以若撇開製作方法，可以將它理解成是澳洲和紐西蘭對美式咖啡的稱呼。而在這兩個國家所説的「short black」則是指濃縮咖啡。

2）卡布奇諾（cappuccino）

在濃縮咖啡中融入打成綿密泡沫又熱呼呼的牛奶。在義大利的正統卡布奇諾是以 25ml 義式濃縮咖啡配 100ml 牛奶，比例為 1：4。牛奶必須先裝進奶鋼裡，利用咖啡機的蒸氣噴頭來打發（foaming）和蒸煮（steaming），

這麼一來，包含泡沫的牛奶量會是 125ml。因此，最後完成的一杯量大約是 150ml。義大利傳統卡布奇諾的製作方法如下：

①準備兩個容量約 180~200ml 的陶瓷杯。
②填入 14g 咖啡粉，25 秒當中在兩個杯子內接下萃取的 25ml（含 Crema）濃縮咖啡。
③趁濃縮咖啡萃取的時間，將 200ml 牛奶裝進奶鋼打發、蒸煮。
④準備另一個奶鋼，把發泡的牛奶對半分，再分別倒進杯子裡。
⑤以濃縮咖啡、牛奶及奶泡的比例 1：4：1，完成卡布奇諾的製作。

3）拿鐵咖啡（Caffè Latte）

此為在濃縮咖啡中加入打成綿密泡沫的牛奶的飲品。通常拿鐵咖啡的奶泡較細緻，卡布奇諾的奶泡則較粗大又多，而且還會撒肉桂粉。雖說透過這些差異能將兩者做出區隔，但看義大利的正統卡布奇諾時，其實跟一般說的拿鐵咖啡十分類似，幾乎無法分辨。

1971 年，星巴克（Starbucks）在西雅圖開店，那時將拿鐵咖啡當作招牌品項，深受大眾喜愛。後來，卡布奇諾和拿鐵咖啡因為不同的泡沫狀態才逐漸各走各路。而且在歐洲和美國的精品咖啡店，常會用陶瓷杯裝卡布奇諾，用玻璃杯裝拿鐵咖啡，意味著兩種飲品正在創造截然不同的文化。

韓國常見的拿鐵咖啡製作方法如下：

①準備容量約 180~270ml 的杯子。濃縮咖啡、牛奶、奶泡的比例為 1：5：1。
②將 170ml 冰牛奶倒入奶鋼備用。
③開始萃取濃縮咖啡，並用 270ml 杯子來接。
④將備好的牛奶蒸煮、打發。
⑤在萃取好的濃縮咖啡中倒入牛奶和奶泡，完成拿鐵咖啡。

※只要運用糖漿，就能調製出不同風味的拿鐵。先在杯中加 10~25ml 香草（或焦糖）糖漿後，再萃取濃縮咖啡。其餘步驟同拿鐵咖啡的製作方法。

▶ 卡布奇諾 vs 拿鐵咖啡

卡布奇諾和拿鐵咖啡的製作方法眾說紛紜，許多國家或地區都不同，沒有一個標準。不過，在濃縮咖啡起源國的義大利，就有制訂規則，在感到混亂時至少能依此當作基準。2007 年義大利國際濃縮咖啡研究所（NIIE）對正統卡布奇諾定下的規定是，「使用 100ml 牛奶，打出 25ml 泡

卡布奇諾與拿鐵咖啡

沫，把這 125ml 的牛奶液與奶泡倒進 25ml 濃縮咖啡，並裝在容量約 150ml 的杯子裡。此時最好使用陶瓷杯。」

就義大利的拿鐵咖啡來說，牛奶蒸煮完就加，無需打發；但看各國各地的拿鐵咖啡，絕大部分的奶泡量都比卡布奇諾少，液狀牛奶量則比較多。總之，多數人認定，拿鐵咖啡是杯以濃縮咖啡為底、帶有柔順口感的飲品。

談到卡布奇諾與拿鐵咖啡，就不能不提到「馥列白（Flat White）」。這款咖啡飲品使用與卡布奇諾、拿鐵咖啡相同的濃縮咖啡量（25ml），不過一杯馥列白大約是 120ml，這代表加入較少的牛奶量，因此也凸顯了濃縮咖啡的味道。有許多咖啡專賣店在提供卡布奇諾和拿鐵咖啡時，都是提供 8oz（237ml）左右的份量，在提供馥列白時則會裝在 5.5oz（163ml）的杯子裡。

紐西蘭和澳洲一直在為馥列白的起源爭執，目前只對 1980 年代初次登場這點有共識。馥列白隨著時間進化，濃縮咖啡的香氣變得更濃烈，同時牛奶口感也變得更濃密，趨近黏稠的程度，於是後來在製作馥列白時，固定都會使用比濃縮咖啡濃度更高的兩杯瑞斯雀朵。

還有另一個區分關鍵字是「陶瓷杯（Ceramic cup）」。卡布奇諾用陶瓷杯，拿鐵咖啡用玻璃杯，馥列白用陶瓷杯，這都是不成文的習俗。不過在有些地方，會在玻璃杯中先裝微泡沫牛奶，再倒入兩杯瑞斯雀朵，以此稱之為馥列白並提供給顧客。深棕色的濃縮咖啡液猶如煙霧一般在牛奶之間擴散開來，雖然看著優美，但比起馥列白，稱呼它為瑪琪雅朵（或譯：瑪奇朵）拿鐵更恰當。馥列白在澳洲會用陶製的馬克杯（200ml）裝，在紐西蘭則會用鬱金香形狀的玻璃杯（165ml）來裝。

4）馥列白（Flat White）

在牛奶發泡的階段中幾乎不打發奶泡，就那樣倒進裝有濃縮咖啡的杯子裡。為了呈現僅有薄薄一層的泡沫，在韓國主要都會用玻璃杯來裝。

馥列白由澳洲或紐西蘭製造並流行到整個世界，不知不覺也有 30 年的時間。馥列代表的意思是「平凡」，白則代表「白色的牛奶」。在濃縮咖啡中融入用蒸氣蒸煮過的牛奶，這樣的製作方法跟卡布奇諾或拿鐵咖啡極為相似。如果根據名字去想像它的樣子，一定不是像卡布奇諾一樣杯子上膨一塊飽滿的泡沫，而是平坦的拿鐵咖啡。

馥列白

在紐西蘭威靈頓，有個跟馥列白起源相關而且相當有意思的故事。據說，有一位咖啡師要製作卡布奇諾，但打出來的奶泡卻一點都不細緻綿密，就這樣一直沒把飲料送到客人手中，不過直接丟掉又覺得可惜，所以就自己喝掉了。結果那杯喝起來能將濃縮咖啡的味道大大凸顯出來，口感也十分有魅力，於是他便重現那杯咖啡，還分給許多客人品嘗，沒想到獲得好評。若用一句話來說，這故事就是「失敗的卡布奇諾，成就了馥列白的誕生」。

馥列白沒什麼奶泡這點跟拿鐵咖啡相似，那馥列白到底哪裡不一樣？面對這兩種品項，在美國、英國、澳洲等國也都同樣感到困惑，曾經還針對「什麼才是真正的馥列白」議題進行全世界網路投票，那時獲得數千名網友的關注和參與。

為了將馥列白在卡布奇諾、拿鐵咖啡與瑪琪雅朵之間做出區隔，大致會以下述幾項特徵作為區分。

第一，口感柔軟（Velvety）。在濃縮咖啡中融入牛奶的口感，必須像天鵝絨一樣柔軟，同時也得帶有濃密感。為此，咖啡師要熟練牛奶發泡和蒸煮的技術。要將牛奶用超過攝氏 100 度且強烈噴射的蒸氣來打發得細微綿密，本來就不是件容易的事。

牛奶必須趁加熱至攝氏 37 度以前完成打發，超過此溫度，就不能再注入空氣，然後直到溫度達攝氏 65~70 度為止都要持續蒸煮牛奶。如果超過攝氏 37 度時還注入空氣，泡沫就會變得粗大；再者，如果牛奶超過攝氏 70 度，成分中的乳脂肪和乳蛋白會變性，以致散發出腥味等不好聞的味道。

柔軟的奶泡適合拿來做咖啡拉花，往往都會在濃縮咖啡上畫一些圖案，但馥列白沒有一定要做咖啡拉花。最有代表性的就是星巴克的馥列白，就跟瑪琪雅朵拿鐵一樣，上面只有小圓形狀而已。

第二，微泡沫（Microfoam）。為了讓奶泡帶有柔軟感，牛奶溫度達攝氏 37 度以前要細膩地打發，形成細小的微泡沫。牛奶以及裝牛奶的奶鋼都應放在冰箱冷藏保存，即使將溫度保持在攝氏 4 度，但一旦用蒸氣打發，牛奶升溫至攝氏 37 度也不過是 5~7 秒的事。

若奶泡不是微泡沫，就不太能與濃縮咖啡融合，奶泡還會像卡布奇諾一樣膨起來，這樣就稱不上是「上面平平的馥列白」了。製作馥列白時，泡沫要極度細微，不會浮在最上層，濃縮咖啡和牛奶會混合，奶泡也會均勻地擴散在溶液裡。這麼一來，在啜飲時，咖啡和牛奶的搭配會很和諧，能同時嘗到兩種風味。假如一下感覺到奶泡和牛奶，一下感覺到濃縮咖啡液，那麼就享受不到整個嘴巴被包覆住的馥列白魅力口感了。

5）瑪琪雅朵（Caffè Macchiato）

瑪琪雅朵是在濃縮咖啡中擺上奶泡的飲品，通常會用濃縮咖啡杯（Demitasse）來裝。製作方法如下：

①在 300ml 容量的奶鋼中倒入 100ml 牛奶。
②萃取濃縮咖啡，並用濃縮咖啡杯來接。
③利用蒸氣製作奶泡。
④用湯匙舀奶泡並鋪在濃縮咖啡上。在鋪奶泡時要集中在正中央，讓奶泡形成一個圓形。

瑪琪雅朵

※一杯瑪琪雅朵內含有 30ml 濃縮咖啡、30ml 牛奶與 30ml 奶泡，風味和香氣比卡布奇諾都濃郁。

6）瑪琪雅朵拿鐵（Latte Macchiato）

在製作時提高了牛奶濃度，具有視覺效果的飲品。通常會使用有握把的 240ml 玻璃杯來呈現層次感（Layer）。製作方法如下：

① 杯中裝 20ml 糖漿。
② 將 100ml 左右的牛奶蒸煮打發。
③ 先把大約 100ml 的牛奶與奶泡倒入杯中。
④ 把糖漿、牛奶和奶泡攪拌均勻。
⑤ 再倒入剩下的牛奶和奶泡。
⑥ 萃取單份濃縮咖啡，並用尖嘴型小鋼杯（bell creamer）來接。

瑪琪雅朵拿鐵

⑦ 在杯中緩緩地倒入濃縮咖啡來堆疊層次。讓濃縮咖啡、牛奶與奶泡以 1：1：1 的比例形成層次。

※ 應用延伸品項：只要換成不同風味（例如焦糖、香草、榛果）的糖漿，就能製作出不同風味的瑪琪雅朵拿鐵。如果客人對糖漿有客製需求，可以把糖漿倒在小杯子裡，讓客人自行按喜好調整濃度。

7）焦糖瑪琪雅朵（Caramel Caffè Macchiato）

此為在濃縮咖啡中加入牛奶、奶泡、焦糖醬，能聞到焦糖香並享受甜味的飲品。通常會使用 200~250ml 的杯子，用一般咖啡杯、馬克杯或是玻璃杯都可以。奶泡的厚度約 1~1.5cm，在奶泡上淋一點焦糖醬，可以在綿密奶泡中品嘗到焦糖的香甜感。至於濃縮咖啡的萃取量，可以使用義式濃縮咖啡、瑞斯雀朵、朗戈或者雙倍，這樣便可製作出不同風味。這裡使用的濃縮咖啡含 Crema 量為 30ml。

焦糖瑪琪雅朵

焦糖瑪琪雅朵的製作方法如下：

①在容量約 350~600ml 的奶鋼裡裝 90~120ml 冰牛奶。
②在備好的杯子裡加入 15~20ml 焦糖醬。
③萃取 30~40ml 濃縮咖啡，並用尖嘴型小鋼杯來接。
④利用蒸氣將牛奶打發成綿密的奶泡。
⑤在杯裡倒入萃取好的濃縮咖啡，並用吧叉匙攪拌均勻。如果是用玻璃杯
　裝，就不需攪拌，以呈現分層的焦糖醬、濃縮咖啡以及牛奶。
⑥用湯匙隔絕奶鋼裡的奶泡，將牛奶液倒入杯中，但預留最上層 1~1.5cm。
⑦用湯匙舀泡沫並沿著杯緣鋪放，覆蓋住整個液面。
⑧最後淋上焦糖醬。

8）摩卡咖啡（Caffè Mocha）

在濃縮咖啡裡加入了牛奶、巧克力、鮮奶油，是能嘗到巧克力甜味和鮮奶油柔順口感的飲品。通常會使用 200~250ml 的杯子，用一般咖啡杯、馬克杯、玻璃杯都很適合。若沒有要放鮮奶油，可以用綿密的奶泡來取代；若要放鮮奶油，就將牛奶打發成拿鐵咖啡程度的細緻奶泡。巧克力用了巧克力醬和巧克力粉，也可以將生巧克力融化後使用。製作方法如下：

摩卡咖啡

①在容量約 350~600ml 的奶鋼裡裝 90~120ml 冰牛奶。
②在備好的杯子裡加入 15~20ml 巧克力粉。
③萃取 30~40ml 濃縮咖啡，並用尖嘴型小鋼杯來接。
④利用蒸氣將牛奶蒸煮、打發。
⑤在杯裡倒入濃縮咖啡，並用吧叉匙攪拌均勻、混合巧克力粉。
⑥杯中倒入已發泡的牛奶，但預留最上層 1~1.5cm。
⑦使用奶油槍擠出打發鮮奶油，並沿著杯壁由外而內以圓形堆疊。
⑧最後淋上巧克力醬。

9）康寶藍咖啡（Caffè Con Panna）

　　在濃縮咖啡裡添加鮮奶油，是能同時嘗到濃縮咖啡的苦味和鮮奶油甜味的飲品。通常會使用 60~90ml 的濃縮咖啡杯，使用雙倍杯也可以。製作方法如下：

①準備小湯匙和杯墊。

②萃取 30ml（含 Crema）濃縮咖啡，並用杯子來接。

③使用奶油槍擠出打發鮮奶油，並沿著杯壁由外而內以圓形堆疊。

※考慮到鮮奶油的量，濃縮咖啡也可以只萃取 20~25ml。啜飲時，用小湯匙舀濃縮咖啡和打發鮮奶油一起喝。

康寶藍咖啡

10）維也納咖啡（Caffè Vienna）

　　在濃縮咖啡裡加入熱水、糖漿（砂糖），也添加鮮奶油，是能嘗到甜味和柔順口感的飲品。通常會使用 180~250ml 的杯子，用咖啡杯、馬克杯或玻璃杯都可以。濃縮咖啡和熱水的比例為 1：3 左右，亦可用牛奶取代熱水。製作方法如下：

①在備好的杯子裡加入 10~20ml 糖漿（或 5g 砂糖）。

②萃取雙份濃縮咖啡（50~60ml），並用杯子來接。

③在杯中注入熱水，但預留最上層 1.5~2cm。

④使用奶油槍擠出打發鮮奶油，並沿著杯壁由外而內以圓形堆疊。

維也納咖啡

11）卡魯哇咖啡（Kahlua Coffee）

在濃縮咖啡裡加入冰塊、牛奶和卡魯哇，是一款咖啡雞尾酒，可同時品嘗到酒味和甜味。通常會使用容量約 250~300ml 的玻璃杯。卡魯哇以甘蔗為原料製成，是在調製雞尾酒時常見的利口酒（liqueur），帶有濃郁的甜味，酒精濃度高達 20%。濃縮咖啡和卡魯哇的比例可依喜好調整，比如 2：1、3：1 或者 4：1。製作方法如下：

卡魯哇咖啡

①萃取雙份濃縮咖啡（50~60ml），並用尖嘴型小鋼杯來接。

②在備好的杯子裡倒入 30~40ml 卡魯哇。

③加入滿滿的冰塊。

④將 100ml 牛奶倒進杯子。

⑤最後倒入濃縮咖啡。

※將萃取好的濃縮咖啡由冰塊上方倒入杯中，藉此形成層次（gradation）。要是倒在牛奶上，就不太會形成層次。

12）冰濃縮咖啡（Iced Espresso）

把冰塊加進濃縮咖啡裡製成的冰飲。以下為製作時需要的幾項工具。

用雪克杯製作冰濃縮咖啡

①**三節式雪克杯**（Standard shaker）：能讓冰塊和液體混合，同時還能達到冰鎮效果的工具。由杯帽（Cap）、隔冰器（Strainer）、杯身（Body）三個部分組成。基本上為不鏽鋼材質。

②**波士頓雪克杯**（Boston shaker）：由下杯（或稱 tin 杯，Mixing tin）與上杯（或稱玻璃攪拌杯，Mixing glass）組成，本身不具隔冰器。

③**隔冰器**（Strainer）：搭配波士頓雪克杯使用的濾網工具，避免冰塊或碎冰也一起倒出來。使用時，先把彈簧的部分放入 tin 杯內後再使用。

④**吧叉匙**（Bar spoon）：用以攪拌混合的工具。一端是湯匙，另一端是叉子。

⑤**香檳杯**（Champagne glass）：用來裝冰濃縮咖啡的杯子。

冰濃縮咖啡的製作
① 萃取雙份濃縮咖啡（雙倍）。
② 在雪克杯中放入 10~20ml 原味糖漿。
　（若不先加，糖會因為搖晃時產生的泡沫而不易溶解。）
③ 在雪克杯中倒入雙倍濃縮咖啡。
④ 在雪克杯中裝 6~7 顆冰塊。
⑤ 以食指壓住雪克杯的杯帽，其餘手指抓住雪克杯的杯身，用力來回搖晃 15~20 次。如果沒有雪克杯，就用吧叉匙充分攪拌均勻。
⑥ 打開雪克杯的杯帽，並將飲品倒入杯中。
⑦ 再放 1~2 顆冰塊，以維持冰涼的溫度。

13）冰美式咖啡（Iced Americano）

把冰塊加進美式咖啡裡而製成的冰飲。製作方法如下：

冰美式咖啡

①在 450ml（15oz）咖啡杯中裝滿冰塊。如果是 14oz 外帶杯，可容納約 12~14 顆冰塊。
②在杯中注入 120g 冰水。
③萃取雙份濃縮咖啡，並用尖嘴型小鋼杯來接。
④將萃取好的濃縮咖啡倒入裝冰水的杯中。如果想要咖啡濃一點，就把兩杯都加進去；如果想要咖啡淡一點，加一杯即可。

14）冰拿鐵咖啡（Iced Caffè Latte）

把拿鐵咖啡製成冰涼的飲品，製作時只要把冰美式咖啡中的水換成冰牛奶即可。製作方法如下：

①在 450ml（15oz）咖啡杯中裝滿冰塊。如果是 14oz 外帶杯，可容納約 12~14 顆冰塊。
②在杯中注入 120g 冰牛奶。
③萃取雙份濃縮咖啡，並用尖嘴型小鋼杯來接。
④將萃取好的濃縮咖啡倒入裝牛奶的杯中。如果想要咖啡濃一點，就把兩杯都加進去；如果想要咖啡淡一點，加一杯即可。

15）冰卡布奇諾（Iced Cappuccino）

這款飲品可以比冰拿鐵咖啡，嘗到更飽滿的奶泡以及更濃郁的濃縮咖啡。製作方法如下：

冰卡布奇諾

①在 450ml（15oz）咖啡杯中裝滿冰塊。如果是 14oz 外帶杯，可容納約 12~14 顆冰塊。
②將 70g 冰牛奶倒進奶泡器（法式濾壓壺）。
③加入 10ml 簡易糖漿，為牛奶去腥、提高甜度。
④萃取兩杯濃縮咖啡，並用尖嘴型小鋼杯來接。
⑤牛奶打發成細緻泡沫後，置於冷凍庫約 30 秒，使其安定。
⑥在裝有冰塊的杯子裡倒入 90g 冰牛奶、一杯濃縮咖啡。
⑦將冷凍庫內的奶泡器取出，挑除最上層的粗大泡沫。
⑧將 50ml 細緻奶泡放入裝有濃縮咖啡的杯子裡。
⑨將剩下的一杯濃縮咖啡倒在杯子中央。可以分次加，也可以一次加完，分次加可讓成品比較好看。

16）摩卡咖啡冰沙（Blended Caffè Mocha）

把摩卡咖啡製成冰涼的飲品，可依喜好在最上面放打發鮮奶油和巧克力裝飾，增加美觀。製作方法如下：

①在攪拌器中放入 12~14 顆冰塊。
②加入 30ml 巧克力醬或 3 匙巧克力粉。
③加入萃取好的雙份濃縮咖啡。
④加入 150ml 冰牛奶。
⑤蓋好蓋子後，啟動攪拌器，將材料混勻、冰塊磨碎。
⑥在 450ml 玻璃杯或透明塑膠杯的杯壁上，用巧克力醬裝飾。
⑦將攪拌器內的飲品倒進杯子即完成。

※ 若再加一球香草冰淇淋並減少冰塊量，味道就會更甜更濃。

17）冰焦糖拿鐵咖啡（Iced Caramel Caffè Latte）

　　在濃縮咖啡裡加入冰塊、牛奶、焦糖糖漿，能嘗到焦糖香氣和甜味。製作方法如下：

冰焦糖拿鐵咖啡

①準備容量約 300~450ml 的杯子。
②加入 20~30ml 焦糖糖漿。每個品牌的濃度和甜度不同，先確認味道後再決定使用量。
③在杯中裝滿冰塊。
④加入 100ml 冰牛奶。
⑤用吧叉匙將糖漿和牛奶攪拌均勻。
⑥用尖嘴型小鋼杯接萃取的雙份濃縮咖啡後倒入杯中。濃縮咖啡含 Crema 的量以 30ml 為標準。

※濃縮咖啡從冰塊上方慢慢倒入，可以形成分明的層次。若直接倒在牛奶上，則不太能形成層次。
※加入香草、榛果、太妃糖、夏威夷豆等風味糖漿，就能做出各種冰拿鐵咖啡。

18）冰焦糖瑪琪雅朵（Iced Caramel Caffè Macchiato）

　　在濃縮咖啡裡加入冰塊、牛奶、奶泡以及焦糖醬。杯子要準備容量約 300~450ml 的大小，使用 20~25ml 的焦糖醬，以及 30ml（含 Crema）的濃縮咖啡。鋪在上面的奶泡厚度需為 1~1.5cm，最後要淋焦糖醬，因此必須將牛奶打發出細緻的奶泡。製作方法如下：

①萃取雙份濃縮咖啡，並用尖嘴型小鋼杯來接。
②趁濃縮咖啡萃取的時間，先將 90~120ml 冰牛奶倒進奶鋼備用。
③在備好的咖啡杯中加入 20ml 焦糖醬。
④倒入萃取好的濃縮咖啡，用吧叉匙攪拌均勻。
⑤填入冰塊，預留杯子最上層 1.5~2cm。
⑥杯中再加入 80~90ml 的冰牛奶。
⑦將牛奶打發出綿密的泡沫。
⑧用湯匙舀奶泡並沿著杯緣鋪放，讓整個液面被覆蓋住。
⑨最後淋上焦糖醬，增加美觀。

19）冰摩卡咖啡（Iced Caffè Mocha）

在濃縮咖啡裡加入冰塊、牛奶、巧克力、打發鮮奶油，是個帶有巧克力甜味與鮮奶油柔順口感的極具魅力的飲品。準備容量約 300~450ml 的杯子。使用 20~25ml 的巧克力醬，但實際加的量要依照濃縮咖啡量來調整，也可用巧克力粉取代巧克力醬。一杯含 Crema 的濃縮咖啡量要 30ml。打發鮮奶油可由奶油槍製作，亦可用厚度為 1~1.5cm 的細緻奶泡取代打發鮮奶油。製作方法如下：

①萃取雙份濃縮咖啡，並用尖嘴型小鋼杯來接。
②趁濃縮咖啡萃取的時間，先在備好的杯中加入 20ml 巧克力醬。
③倒入萃取好的濃縮咖啡後用吧叉匙攪拌均勻。
④填入冰塊，預留杯子最上層 1.5~2cm。
⑤在杯中加入 80~90ml 冰牛奶。
⑥使用奶油槍擠出打發鮮奶油，並沿著杯壁由外而內以圓形堆疊。
⑦最後淋上巧克力醬。

20）冰康寶藍咖啡（Iced Caffè Con Panna）

在濃縮咖啡裡添入冰塊和打發鮮奶油，是一款能品嘗到苦中帶甜的飲品。準備容量約 150~250ml 的玻璃杯或馬克杯。一杯含 Crema 的濃縮咖啡量要 30ml。製作方法如下：

①萃取雙份濃縮咖啡，並用尖嘴型小鋼杯來接。
②在備好的杯中放入 5~8 顆冰塊。
③在杯中加入濃縮咖啡並攪拌均勻。
④使用奶油槍擠出打發鮮奶油，並沿著杯壁由外而內以圓形堆疊。

21）冰維也納咖啡（Iced Caffè Vienna）

　　在濃縮咖啡裡添入冰塊、冰水、糖漿、鮮奶油，是能嘗到甜味和柔順口感的飲品。通常會使用容量約 250~300ml 的咖啡杯、馬克杯或玻璃杯。濃縮咖啡和冰水的比例為 1：3。用牛奶取代冰水也可以。製作方法如下：

①萃取雙份濃縮咖啡（50~60ml），並用尖嘴型小鋼杯來接。
②在備好的杯中裝滿冰塊並倒入 60~90ml 冰水。
③在杯中加入濃縮咖啡。
④在杯中加入 15~20ml 糖漿並攪拌均勻。
⑤使用奶油槍擠出打發鮮奶油，並沿著杯壁由外而內以圓形堆疊。

22）阿芙佳朵（Affogato）

　　阿芙佳朵是由冰淇淋搭配杯底的濃縮咖啡一起舀著吃的咖啡飲品。通常會使用容量約 200~250ml 的玻璃杯。傳統上會用味道濃郁的義式冰淇淋（gelato）。製作方法如下：

①用阿芙佳朵專用濃縮咖啡杯（玻璃杯）裝萃取好的 30~40ml 雙倍瑞斯雀朵。
②將挖好的冰淇淋放入杯中。
③在冰淇淋上淋喜歡的醬（焦糖、巧克力等），或者放入堅果。

※讓冰淇淋勺呈微溫狀態，能輕鬆挖起冰淇淋。

阿芙佳朵

調製咖啡飲品的佐料

1. 風味糖漿（syrup）

糖漿不像醬那樣濃稠，具強烈的香氣和甜味，除了可以添加在咖啡飲品裡，也可以添加在氣泡飲、果汁、莫吉托（mojito）、剉冰、冰茶等。市面上有販售香草、焦糖、榛果、太妃糖、杏仁、楓糖、紅茶、草莓、奇異果、檸檬、蘋果、水蜜桃、西瓜、藍莓、葡萄柚、覆盆子、櫻桃等等各種風味糖漿。

在選購飲品佐料時，務必看清楚成分和有效期限後購買。

2. 簡易糖漿（Simple syrup）

因為砂糖難溶於冰飲，所以會事先將砂糖融化、製成原味糖漿後使用，大致分為兩種方法。

1）使用火的方法

① 砂糖和冰水以 1：1 的比例放入湯鍋。

② 以小火加熱，用木製湯匙攪拌至砂糖完全溶解為止。

③ 繼續加熱 3~5 分鐘，去除過程中形成的膜，不再出現膜時即可熄火。

④ 完全冷卻後，裝進密封容器，置於冷藏保存。

2）不使用火的方法

① 前一天將砂糖和冰水以 2：1 的比例加入適當的容器，充分混合後靜置一天。

② 隔天糖漿便完成，可立即使用。

3. 醬（Sauce）

相較於糖漿，質地更加黏稠，會在製作咖啡飲品、奶昔、拿鐵飲料等時加入。每個製造商都有各自訂定的水果含量和成分（濃縮液、果汁及果肉等），有的產品需要冷藏保存或有效期限較短，這些都要注意。醬的種類跟糖漿一樣多元。

4. 粉（Powder）

各式風味的粉末狀材料，可完全融在液體中，主要在製作咖啡飲品、奶昔、剉冰、拿鐵飲料等時使用。有巧克力、焦糖、薄荷巧克力、香草、藍莓、綠茶、檸檬、水蜜桃、芒果、草莓、香蕉、地瓜、五穀、紅茶、優格等各種風味。十分容易受潮，必須密封保存。

5. 鮮奶油（Whipping cream）

鮮奶油大致分為由乳脂肪構成的動物性鮮奶油，以及由棕櫚油、食用油、椰子油等植物性油脂萃取而成的植物性鮮奶油。一般來說，鮮奶油由 38% 脂肪與 62% 水所組成。若是使用無糖鮮奶油，需添加糖漿才會有充足的甜味。

奶油槍（Cream whipper）

奶油槍由上蓋、鋁軸心、橡膠圈、橡膠墊片、活塞、噴管、噴頭（一字形、鬱金香形）、氣瓶等構成，而瓶身為不銹鋼鋁製，內部加塗層。容量有分 250ml、500ml 與 1000ml 等。

奶油槍與零件

1）製作打發鮮奶油
　　① 把活塞裝在奶油槍的上蓋。
　　② 手抓著活塞裝上噴管。
　　③ 依照飲品需求安裝噴頭（一字形或鬱金香形）。
　　④ 冰鮮奶油裝到奶油槍的七分滿。若使用無糖鮮奶油，就再加約 30ml 糖漿。
　　⑤ 將上蓋往右旋、鎖緊。
　　⑥ 氣瓶對準奶油槍口套上並迅速轉緊。使力轉，要聽見瓶中傳出「嘶」的聲音才行。
　　⑦ 奶油槍倒置，用力上下搖，搖到沒有聲音為止。
　　⑧ 打發鮮奶油製作完成後，務必冷藏保存。

2）奶油槍的清潔
　　① 將奶油槍內的打發鮮奶油全部擠出。
　　② 拆下奶油槍上的氣瓶。
　　③ 打開奶油槍的上蓋。為避免鮮奶油因為剩餘氣體而亂噴，先緩慢洩壓後再開蓋。
　　④ 使用洗滌劑和水把奶油槍瓶身洗淨。
　　⑤ 拆下奶油槍上蓋內鋁軸心、橡膠圈、橡膠墊片、活塞、噴管、噴頭後洗淨，尤其要避免活塞上卡鮮奶油。
　　⑥ 清潔後，拭去上蓋各零件的水分，全乾了以後再組裝起來。

Note 7

義式濃縮咖啡（Espresso）

義式濃縮咖啡萃取公式 Espresso's formula

- 一杯的咖啡粉量 Dose by weight 7±0.5 g
- 填壓強度 Tamping pressure 12~20 kg
- 萃取水溫 Exit temp of water 攝氏 92~95 度
- 啜飲時適當的溫度 Temp of the drink 攝氏 65±3 度
- 萃取壓力 Entry water pressure 9±1 bar
- 萃取時間 Brew time 25±5 sec
- 咖啡因含量 Caffeine ≥100mg/cup
- 一杯的萃取量 Result（including foam）25±2.5 ml

義式濃縮咖啡的變化飲品 Espresso variation

濃縮咖啡 Espresso：14g ／ 25 秒／ 25ml
瑞斯雀朵 Ristretto：14g ／ 18~20 秒／ 20ml
朗戈 Lungo：14g ／ 30 秒／ 35~40ml
雙倍 Doppio：Espresso ＋ Espresso ／ Ristretto ＋ Ristretto
美式咖啡 Americano：Espresso 1（25ml）＋ Water 4（100ml）
Short black：澳洲的濃縮咖啡
Long black：澳洲的美式咖啡
Cubano：加了砂糖的濃縮咖啡
Romano：配薄檸檬片一起喝的濃縮咖啡
Guillermo：加了萊姆的濃縮咖啡
Caffè crema：瑞士的濃縮咖啡

用無底把手萃取義式濃縮咖啡

義式濃縮咖啡術語 Espresso Terminology

* 把手（Portafilter）
* 無底把手（Naked portafilter）
* 心（Heart）
* 分布（Distribute）
* 布粉動作（Stockfleths move）
* 通道效應（Channeling）
* 粉餅（Puck）

* 濾杯、粉碗（Filterbasket）
* 黃金泡沫（Crema）
* 填粉量（Dose）
* 輕敲（Tapping）
* 四方填壓法（Staub tamp）
* 濃縮咖啡杯（Demitasse）

* 導流嘴（Spout）
* 主體（Body）
* 填粉（Dosing）
* 抹平（Leveling）
* 填壓（Tamping）
* 份（Shot）

08 咖啡拉花（Latte Art）

咖啡師沒有一定要會咖啡拉花，但不管有沒有具備拉花能力，它也是一項可判斷咖啡師專業程度的指標。這是因為做好一杯咖啡拉花，必須正確熟記所有相關知識和技術，像是操作義式濃縮咖啡機和磨豆機、萃取濃縮咖啡的方法、牛奶發泡的技巧、掌控 Crema 的特性、理解濃縮咖啡與牛奶間的密度差等等。不過，咖啡拉花縱使再漂亮，重點依然是要讓一杯飲品的風味完全展現在客人面前，所以只有炫麗外觀可是不行。

1 | 眾說紛紜的咖啡拉花起源

最早開始在咖啡中加入牛奶（拿鐵）來啜飲的時間，靠著流傳至今的紀錄，大約是 17 世紀中期。那時，咖啡陸續在義大利、法國、英國等歐洲各國變得大眾化，各地的咖啡店生意興隆。據推測，差不多就是在這時，誕生了各種風味咖啡飲品；根據一項 1685 年的紀錄，法國有個名叫 Sieur Monin 的內科醫生，他對罹患功能性腸胃障礙以及對咖啡有顧慮的患者提出「配牛奶喝」的建議。

咖啡拉花是一項能充分展現咖啡師熟練程度的指標。

茶開始搭配牛奶來喝，也差不多是同時期的事。在 16 世紀，紅茶由中國傳入歐洲，當時沒有人會把牛奶加進茶裡，但到了 17 世紀，紅茶成為英國的大眾飲品，過沒多久，在紅茶中加入牛奶的文化便成為流行。關於起源還有個說法是，1655 年中國皇帝受邀參與英國晚宴時，因為紅茶太澀的關係，就把牛奶加進去一起喝了。

自咖啡與牛奶相遇，已經過了三百多年，兩者變得十分契合，造就出像是卡布奇諾、拿鐵咖啡、瑪琪雅朵、瑪琪雅朵拿鐵、西貢咖啡、咖啡冰沙、摩卡奇諾等各種咖啡飲品。而且不僅有咖啡結合牛奶的風味饗宴，還創造出所謂「咖啡拉花」的全新領域。在以深色咖啡盛接牛奶的剎那，咖啡拉花就此誕生，猶如光與影般命中注定。

白色牛奶在黑得像夜間大海的咖啡液中，瞬間擴散開來的模樣，很難抑制人對於藝術的感動。但是因為牛奶的比重大於咖啡，這煙霧一下就沉於「深淵大海」，想透過牛奶在咖啡中呈現的初心就隨之消失……在人們萌生想用牛奶在咖啡上作畫的念頭後，過了約 270 年，米蘭的 Achille Gaggia 開發出運用活塞原理的拉霸式濃縮咖啡機，他讓萃取壓力提高到 9 氣壓（bar），此時咖啡就擁有了 Crema。

Crema 是由帶著氣體的微小泡沫所形成，可提供讓牛奶浮在咖啡上的浮力。而且也多虧咖啡機的蒸氣，能使牛奶帶著含空氣的細緻泡沫，使比重變得比咖啡還要小。這才終於得以實現把咖啡當畫紙，用牛奶來畫愛心、葉子、鬱金香等圖形的想法了。

是誰開始以義式濃縮咖啡為基底做咖啡拉花的，壓根無人知曉。有一主張是，最早是從 1980 年代中期的美國西雅圖開始；但更多來自世界各地的主張是，在看到奶泡倒入咖啡後出現的花紋，就自然而然有所體悟並發展了咖啡拉花。

2 | 為了完美咖啡拉花所需的三步驟

製作咖啡拉花一點也不簡單。**牛奶成分中的脂肪在泡沫的生成和安定上扮演著重要角色**。脂肪含量是 8% 還是 2% 很重要，因為脂肪含量不僅會影響是否能打出綿密的泡沫，也會影響牛奶與咖啡香的契合度。還有，用蒸氣讓牛奶發泡時，應在溫度超過攝氏 40 度前完成，否則會導致咖啡的蛋白質變性。

進階版心型咖啡拉花

心型咖啡拉花步驟（依順時鐘方向從左上到左下）

　　製作咖啡拉花時，**沖煮濃縮咖啡（Brewing）、牛奶發泡（Foaming）、注入（Pouring）這三步驟都要正確且恰當，才能達到「咖啡拉花的藝術」。**若只在意色澤鮮明與否，或執著在咖啡豆一定要烘得黑黑的，那麼風味就容易失衡。就算在濃縮咖啡上畫出再怎麼好看的圖案，只要不好喝就毫無意義。喝到一杯味道不正常的拿鐵咖啡時，感受就像被詐欺般，而且咖啡芬芳濃郁的味道能使人激發靈感，不應該為了絢麗的咖啡拉花而失去咖啡應有的風味。

　　混合咖啡豆之間的協奏、萃取時咖啡的油脂與固體物質、牛奶乳脂（Butterfat），以及發泡牛奶與空氣結合的物理化學變化……透過這些交織而成的風味饗宴，才是我們真正該從拿鐵咖啡中追求的價值。外觀看似到位，但嘗起來卻平淡無奇、全是奶味，這樣的咖啡便不是合格的咖啡。

　　咖啡拉花真的很不容易，濃縮咖啡要萃取得好，奶泡也要打得綿密，Crema還要夠多夠安定。尤其咖啡豆經過烘焙，成分中的蛋白質與碳水化合物會發生變化，烘豆後若能確實表現其功能，萃取時就會生成好的泡沫，Crema也才會持久。因此，必須計較咖啡豆的新鮮度，萃取壓力（8~9巴）、合宜的研磨度、填入把手的咖啡粉量以及萃取時間等等，讓各個環節都符合條件。

3 | 評鑑咖啡拉花完成度的六大指標

評斷咖啡拉花是否成功，會先從外觀條件開始，針對濃縮咖啡和牛奶的對比、圖案的位置以及對稱性部分等等做評價。同時，咖啡拉花也必須具備拿鐵咖啡本該有的風味條件，因此就算拉花的成品再怎麼出色，如果咖啡的味道不好，便沒有意義。以下是評鑑咖啡拉花的六大指標。

符合六大指標的咖啡拉花

①**顏色對比**（Color Contrast）：濃縮咖啡和白色奶泡的對比越明顯，圖案就越鮮明、好看。

②**位置**（Position）：拉花的圖案要在杯子正中央，位置不能歪斜。杯耳與拉花的對稱線一定要呈垂直。

③**對稱**（Symmetric）：圖案最好左右完全對稱。

④**量**（Volume）：不能多到溢出杯子，但液面高度也不能比杯緣低，否則會看起來毫無生氣。拉花的高度差不多滿到比杯緣高出 0.5~1cm 為佳。

⑤**閃亮**（Shiny）：當奶泡越細緻、越綿密時，所形成的拉花就越會反光，呈現閃閃發亮的感覺。

⑥**風味**（Flavor）：濃縮咖啡和牛奶的比例要恰當，牛奶也以適當溫度來發泡，如此讓一杯拿鐵咖啡備齊該擁有的風味全貌。

咖啡拉花的注意事項

- 徹底做好牛奶的衛生管理。
- 蒸氣專用抹布必須保持乾淨。
- 咖啡機的蒸氣管必須保持乾淨。
- 記得要為待使用的杯子做溫杯。
- 待使用的杯子一定要全乾。
- 牛奶發泡以後，要持續加熱到溫度達攝氏 65~70 度。

4 | 了解奶泡的種類後再開始咖啡拉花

1）中性奶泡（Semi Foam）

將 100ml 牛奶打發成約 125ml 奶泡的程度。最常用來製作咖啡拉花，也是用來製作義大利正統卡布奇諾的奶泡。

2）濕性奶泡（Wet Foam）

這狀態的泡沫也經常用來製作咖啡拉花。馥列白中的細薄奶泡就是屬於濕性發泡。這樣的奶泡外觀，給人的感覺不太算泡沫，反而綿密得像鮮奶油一般。

3）乾性奶泡（Dry Foam）

由於生成了很多泡沫，看起來很蓬鬆，密度低且帶有乾燥感，跟卡布奇諾和拿鐵咖啡不搭，不過最近有越來越常使用在冰飲的趨勢。製成的奶泡量會是牛奶使用量的 2 倍。

適合用作咖啡拉花的奶泡

5 | 基本的拉花方式—「雕花」與「直接注入」

雕花

直接注入

1）雕花法（Etching）

雕花是透過像針一樣尖尖的工具來畫圖案的技術。和直接注入法比起來，雕花表現的方法更多元，能呈現更細微的圖案。

2）直接注入法（Free pouring）

直接注入法是將牛奶注入濃縮咖啡中，以某種固定規律畫出圖案的技術。在倒牛奶時，利用高度的調整或左右擺動的方式推擠細緻的奶泡，藉此創造圖案。

① 往中央集中倒入

此為咖啡拉花直接注入法中最基礎的技法。在把打發好的牛奶注入濃縮咖啡的同時，讓圖案於杯裡正中央形成。當 Crema 和奶泡的密度相等時，圖案或許會在液面成形，或許會沉下去，而圖案是浮在上面還是沉下去，就得看牛奶注入時的高度和速度。

─ 調整注入高度（Top-down）

藉由改變奶泡注入時的高度與速度，就能調整要呈現的圖案大小。當圖案因為奶泡的狀態而變得太大時，就要提高注入的高度，讓注入的牛奶柱變細，這樣就會沉下去、不會形成圖案。如果想讓圖案變大一點，就要降低注入時的高度，並加速注入的速度。

─ 左右擺動（Roll from side to side）

若在倒牛奶時，讓裝有奶泡的奶鋼左右來回擺動，就能做出波紋的圖案。此時，往中央集中並調整大小的操作方法同「調整注入高度」。

彗星咖啡拉花（直接注入＆雕花法）

彗星咖啡拉花步驟（依順時鐘方向從左上到左下）

1）彗星拉花

①先用奶泡做一個實心圓。

②用醬在圓的外圍畫一個同心圓。

③使用雕花筆，以圓心為中心，往外畫一條直線。

④每隔 90 度就畫一條直線，畫出上下左右共四條。

⑤在直線之間由外而內畫直線。

2）花朵拉花 1

①先用奶泡在中央做一個實心圓。

②用醬在圓的外圍畫兩個同心圓。

③使用雕花筆，由中央往外畫線，上下左右各一條。

④在直線之間都由中央往外畫線。

⑤在所有直線之間都由外往中央畫線。

3）花朵拉花 2

①用奶泡在中央做一個實心圓。

②用醬在圓的外圍畫兩個同心圓。

③使用雕花筆，由外往中央畫八條線。

④使用雕花筆，在外圍的醬上畫一整圈的螺旋，完成圖案繪畫。

4) 蝴蝶拉花

①奶泡用左右擺動的方式在中央做一個大實心圓。

②雕花筆上沾牛奶，做出兩個觸角。

③使用雕花筆，由 Crema 的部分至內畫三條線。

④再由內而外畫兩條線，完成蝴蝶圖案。

⑤最後用雕花筆沾一點 Crema，點在前翅上。

- 在雕花時，務必選用不會太快融化的醬，常見的如巧克力醬、焦糖醬。
- 準備幾個不同粗細的雕花筆搭配使用，效果會更好。

7 | 直接注入法讓圖案如同魔術般浮在咖啡上

1) 愛心拉花

①奶鋼和杯子舉高，盡可能靠近眼睛。一般都會說要把手肘抬到幾乎與肩同高，但只要能在直接注入時充分用眼睛確認，不管哪個高度都可以。

②稍微搖晃奶鋼，確認牛奶和泡沫的密度。

③另一隻手拿杯子，差不多傾斜 45 度，確保奶鋼的尖嘴有空間擺放。

④先將牛奶注入至濃縮咖啡的最深處，然後將奶鋼抬高、稍微遠離杯子。

⑤此時繼續注入牛奶，注意奶泡還不能清楚呈現於液面上。

⑥接著把奶鋼高度降低並持續注入牛奶。為了圖案能在正確位置上成形，讓杯耳與奶鋼的尖嘴呈 90 度。

⑦奶泡會逐漸浮在液面上，可以慢慢把傾斜的杯子擺正，同時也要加快注入牛奶的速度。圖案會因這手法而變大。

⑧杯子擺正，把奶鋼抬高到 45 度角的同時持續注入牛奶。

⑨此時注入牛奶的地方會出現內凹的形狀，即完成愛心圖案。

- 擺動的次數和速度會影響圖案的呈現。
- 注入牛奶時，開始擺動的時間點以及過程中是否曾停頓，都將改變圖案的呈現。

2）千層心拉花

①同「愛心拉花」的步驟 1~5。

②降低奶鋼高度，一邊左右擺動奶鋼一邊注入牛奶。

③當奶泡浮出液面時，就立刻把杯子擺正，同時要繼續邊左右擺動邊注入牛奶，直到圖案呈最適大小為止。

④杯子擺正後，把奶鋼拉高到 45 度角的同時持續注入牛奶。

⑤此時會隨著牛奶的注入呈現內凹的形狀，即完成千層愛心圖案。

戀人圖案咖啡拉花（千層心拉花＆雕花法）

戀人圖案咖啡拉花（依順時鐘方向從左上到左下）

3）雙層鬱金香拉花

　　在直接注入的過程中，稍微停下後再繼續倒牛奶的動作，是用其他圖案去推擠先前已成形的圖案，這稱之為「停止的技術」。用這樣的方式就可延伸出多種規律，藉此完成五花八門的咖啡拉花。

①同「愛心拉花」的步驟 1~5。

②左右擺動奶鋼，直到奶泡浮出液面時，就停止注入牛奶。

③再從停止位置的後面 1cm 地方繼續倒，開始製作另一顆愛心。

④杯子擺正後，讓奶鋼傾斜到 45 度角，繼續注入牛奶。

⑤停止之前呈現的是葉片；後面接著注入牛奶時就會形成花的圖案。

4）三層鬱金香拉花

三層鬱金香拉花以及葉子拉花

①同「愛心拉花」的步驟 1~5。

②一邊左右擺動、一邊注入牛奶，直到奶泡浮出液面時，就停止注入牛奶。

③從停止位置的後面 0.5cm 地方繼續倒，短暫注入後再停一次。

④然後再從停止位置的後面 0.5cm 地方繼續注入牛奶，並把奶鋼拉高到 45
　度角來作收尾。

⑤第一次和第二次停止之前呈現的是葉片，但經最後的操作後就會形成花的
　圖案。

5）葉子拉花

　　葉子圖案會需要使用往後拉（Go-back pouring）的技術。往後拉的動作
是指一邊擺動奶鋼一邊後退，注入到後來需抬高來往前推進。

①同「愛心拉花」的步驟 1~5。

②慢慢降低奶鋼高度，同時左右擺動並注入牛奶。此時，為了確保有後退的
　空間，圖案必須在奶鋼正進行的前側成形。

③一邊左右擺動、一邊後退，並將杯子擺正。

④為了在後退的同時形成鋸齒狀，要好好調整圖案間的間隔。

⑤當奶鋼退到杯緣處時，就將奶鋼往垂直方向拉高約 10cm。

⑥接著保持拉高的奶鋼，在鋸齒狀圖案正中央流下細條的牛奶並往前收尾。

6）其他拉花欣賞

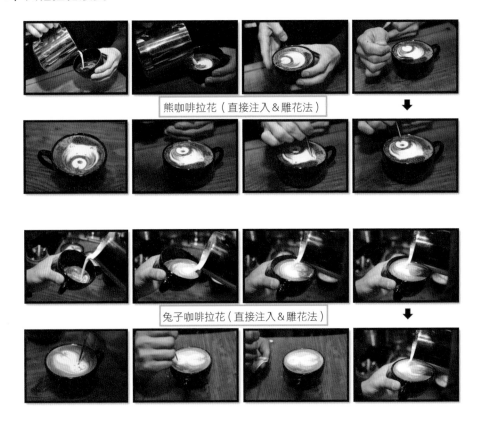

熊咖啡拉花（直接注入＆雕花法）

兔子咖啡拉花（直接注入＆雕花法）

Note 8

咖啡拉花的科學

- **擺動（Handling）**
  － 拿著奶鋼的手腕不出力，以左右晃動的方式來做出一層一層牛奶紋的動作。

- **奶鋼在直接注入時的高度**
  － 太高時：因為高低落差的關係，牛奶會反衝回濃縮咖啡之上，反而降低能區隔紋路和背景的界線，圖案會變得不清楚。
  － 太低時：奶泡會不規則地浮出液面，降低能區隔紋路和背景的界線，圖案會變得不清楚。

- **Crema 的穩定性（Stabilization）**
  － crema（咖啡脂層）就宛如拉花的圖畫紙，在把發泡牛奶倒進濃縮咖啡時，通常會晃動杯子，好讓 Crema 和牛奶能充分混合，這動作就被稱作「穩定化」，目的是打造出牛奶繪圖的絕佳環境。不過，以 Crema 的穩定性來說，比起注入牛奶的階段，更重要的是要花心思在萃取濃縮咖啡的階段中，盡可能形成有密度的 Crema。
  － 若 Crema 的氣體不過多，也有好的黏性，那麼在做咖啡拉花時，就不需特別在注入的同時進行穩定化的步驟。在繪製圖案前，只要用牛奶填充杯子至適當高度即可。

- **牛奶的種類、發泡時間與泡沫型態**
  － 牛奶的加熱時間一旦過長，就會因為蛋白質變性而散發異味，也會失去對健康有益的菌。
  － 過度發泡的牛奶會因梅納反應（Maillard reaction）引起的脫水和酸化，而降低風味。
  － 牛奶的蛋白質含量是決定牛奶發泡時間的要素。
  － 使用未除去脂肪、蛋白質比例低的全脂牛奶（Whole Milk）時，能生成像鮮奶油一樣厚醇的泡沫。
  － 使用除去脂肪、蛋白質比例高的脫脂牛奶（Skim Milk）時，能生成空氣含量多的粗大泡沫。
  － 脂肪一多，泡沫就無法長久維持。
  － 以全脂牛奶打發的泡沫不會維持得像脫脂牛奶的一樣久。
  － 脫脂牛奶在高溫時更容易生成泡沫。
  － 像杏仁奶之類的非乳製品奶類，具有較低的蛋白質含量，會生成重量輕的泡沫。

- **牛奶的三大殺菌方式**
  ① 低溫長時間殺菌法（Low Temperature Long Time，LTLT）：殺菌溫度控制在攝氏 63~65 度，保持 30 分鐘。
    - 巴氏殺菌法。
    - 可清除有害的病原菌，保留牛奶原本的香氣，也因為蛋白質變性機率低，能品嘗到牛奶的香醇風味。
  ② 標準高溫短時間殺菌法（High Temperature Short Time，HTST）：殺菌溫度控制在攝氏 72~75 度，保持 15~25 秒。
    - 丹麥式殺菌法。
    - 品質變化極小化，大量生產。
  ③ 超高溫短時間殺菌法（Ultra High Temperature，UHT）：殺菌溫度控制在攝氏 130~150 度，保持 1~2 秒。
    - 以高溫在瞬間加熱，把牛奶中的微生物完全除滅。
    - 延長有效期限，會因蛋白質變性而有一點特殊味道。

- **奶泡形成的原理**
  ① 蒸氣管會噴出強烈的蒸氣。
  ② 噴水蒸氣的能量會讓周遭的空氣被帶進牛奶中。
  ③ 被帶進牛奶裡的空氣會被脂肪成分抓住、再也無法離開。
  ④ 隨著牛奶逐漸升溫，蛋白質的構造就會降解而出現極性。
  ⑤ 依據蛋白質的親水性－親油性的特性，蛋白質能包圍脂肪與空氣，進而形成細緻的泡沫。所以才會需要在注入空氣後，邊升溫邊混合。

09 手沖咖啡（Hand Drip）

在許多萃取咖啡的方式中，「手沖咖啡」這名稱引起過不少爭議，主要爭執點在於，「手沖咖啡是日文說法，因此並不恰當」。提出這類意見的人們表示，不應該叫手沖，要叫沖煮（Brewing）才正確。不過，先撇除正確性不談，我們能確定的是，「手沖咖啡」一詞一直以來都被廣泛使用。而且，把手沖稱作沖煮也不完全正確，因為沖煮原意是指「將咖啡萃取出來」，是所有萃取方法的通稱。

1｜萃取咖啡時不能有重力之外的其他作用力

　　由於義式濃縮咖啡的萃取法占了咖啡萃取中頗大的比重，因此我們現在將萃取方式大致分為義式濃縮咖啡和沖煮。正因如此，對於「手沖咖啡屬於沖煮的一種」這說法，並未受到多大的反對，反而都自然而然地接受了，然後就在這前提之下，定義出「手沖咖啡就是讓水通過咖啡粉，不能有除了重力外的其他壓力或力量來進行萃取」。

手沖咖啡只受重力影響，不會有其他作用力。

　　手沖咖啡的風味會受到各式各樣因素影響。在相同的萃取條件下，**水的溫度低時，會有強烈的酸澀味；水的溫度高時，就會凸顯苦味和刺激的味道。** 在設定水的溫度時，應考慮烘焙程度來決定。**如果豆子偏輕焙，適合水溫為攝氏 89~92 度；偏中焙，適合水溫為攝氏 85~88 度；偏重焙，適合水溫為攝氏 80~84 度。**

　　此外，萃取用水以及萃取好的咖啡液，兩者的溫度會相差到攝氏 15~18 度，所以務必把這一點考慮進去，再來設定萃取時使用的水溫。在萃取階段

中，為了盡可能維持高溫，會把濾杯放在玻璃壺上並倒入熱水來預熱，接著再用預熱過玻璃壺的水來預熱杯子（溫杯）。

萃取的時間長短也會影響咖啡風味。在同樣條件下，若萃取時間比標準的長，就會導致成分過度萃取。一般來說，兩杯的份量要花 3 分鐘萃取，五杯的份量要花 5 分鐘萃取。萃取時間較短的咖啡，嘗起來淡而無味；但時間太長，就會有明顯的苦澀味。

2 | 悶蒸和注水能改變多少咖啡風味？

用手沖壺倒水時，為避免水流晃動，需用一隻手扶著桌子來穩住身體。與此同時，**手沖壺得以固定的速度和方向移動，藉此製造一致的水柱。**另要注意拿著手沖壺操作時，不可觸碰到玻璃壺或濾杯。

手沖咖啡的萃取步驟如下。

1）悶蒸（Blooming）

第一階段先倒熱水來悶蒸咖啡粉。這一步是為了讓所有粉末都處於同樣的萃取出發點。同步悶蒸，就是均勻地澆濕所有粉末，好讓咖啡成分能更順利地被萃取出來。水有個特性，那就是只要出現水流的路徑，便會不斷往那條路徑走。

悶蒸

2）注水（Pouring）

以正中央為起點開始注水後，往外畫螺旋狀，最後再依原路折返回起點。有各式的注水方法，不過，咖啡粉比例、水溫及接觸時間只要都搭配好，那麼注水方法並不會帶來太多風味的變化。但有一點需特別留意，就是在注水時，水柱盡量不去碰濾杯與咖啡粉的接觸面，粉末最邊緣的地方跟濾杯是

貼在一起的，很容易沒萃取出咖啡成分，就直接流入玻璃壺裡。

咖啡粉量取決於欲沖煮幾人份的咖啡。**咖啡粉和水以固定的 1：15 比例來調整為佳**。請以下方列舉為基準，在實際萃取後，邊試喝邊微調參數。

注水

- 1 人份：10g 咖啡，注 150ml 水
- 2 人份：20g 咖啡，注 300ml 水
- 3 人份：30g 咖啡，注 450ml 水

3 | 了解濾杯的物理性構造後再推測風味

濾杯（dripper）是用來放濾紙後再裝咖啡粉的器皿。濾杯有不同形態和構造，就算是萃取同一種咖啡，風味也會隨著使用的濾杯而改變。**濾杯內的紋路多樣，條狀凸出的設計又稱「肋骨」，其形狀和長度都會影響水流和排氣，進而造就出不同風味。**材質也有分塑膠、銅或陶瓷，在保溫效果、價格還有便利性等方面各有優缺點。此外，依照要萃取的咖啡量，分成一二人份、三四人份、五六人份等。

較知名的濾杯品牌有 Melitta、Kalita、Kono、Hario 這幾種。

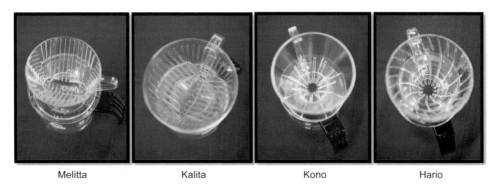

| Melitta | Kalita | Kono | Hario |

孔洞數量、肋骨長度、外型等皆不同的濾杯

①Melitta：濾杯底部中央有一個濾孔，孔徑約為 3mm。濾杯本身呈梯形，內部有直線凸起的肋骨。與水的接觸時間長，咖啡的醇厚度（Body）就會偏沉重，而時間一旦過長，苦澀感會很強烈。

② Kalita：有三個濾孔，孔徑約為 5mm。肋骨比 Melitta 的長，甚至延伸到濾杯上端。萃取速度跟 Melitta 比起來相對快，口感會比較溫和。

③ Kono：濾孔比 Melitta 和 Kalita 都大（孔徑約 15mm）。水滴漏得極快，必須從注水的步驟來控制萃取速度。但也因為如此，風味的呈現比 Melitta 和 Kalita 自由。

④ Hario：肋骨呈螺旋形凸起。濾孔比 Kono 大一點，孔徑約為 18mm。

1）創造咖啡濾紙的德國「Melitta」

在咖啡萃取史中，利用濾紙過濾咖啡萃取液之後再喝的「過濾法（filtration）」，起源於 1908 年德國的梅琳達・本茨（Melitta Bentz）女士。本茨女士是位出了名的咖啡愛好者，不過她的腸胃並不好，她經常思考著該如何讓咖啡喝起來變得更

Melitta

甘醇。據說某次她看到小朋友在寫字時，為了不讓墨水暈開而多墊一張紙來寫，藉此獲得靈感，她先在黃銅器皿上打孔，在上面放紙，然後把咖啡萃取液倒在紙上過濾並飲用。結果，喝下後感覺腸胃比之前舒服多了，原來是濾紙把脂肪酸——帶給腸胃虛弱者不適的原因——吸收掉的緣故。

2）仿造 Melitta 的日本「Kalita」

在 Melitta 問世後約五十年，也就是 1950 年，日本開發了 Kalita 濾杯。其構造相似於 Melitta。在名稱上帶有「出自 Melitta」或「仿造 Melitta」的意思，據傳是從「Kara Melitta（偽 Melitta）」衍伸的。不過 Kalita 主張，其名稱是由德文的咖啡

Kalita

（Kaffee）與英文的過濾（Filter）兩個詞彙組合而成。

3）圓錐形濾杯的元祖—「Kono」與「Hario」

Kono 濾杯是圓錐形，在形狀上跟側面為梯形的 Melitta 或 Kalita 有著顯著差異。雖然有一個濾孔，但孔徑大到塞得下小拇指。Kono 是由「珈琲 syphon 株式會社」的創辦人河野彬於 1925 年所命名的。從 Kono 的開發時間點會發現，他們比 Kalita 早了二十年以上。

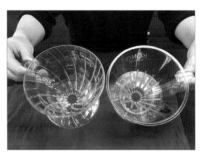

Hario（左）與 Kono

Hario 濾杯和 Kono 很類似，都是圓錐形。濾孔足以塞下一根大拇指，比 Kono 的還大。內部有凸起的肋骨，從底部到上端都有會令人聯想到旋風形狀的曲線，這樣的構造就不會讓濾紙緊貼在杯壁上，而且因為有氣流的關係，會加速萃取的進行。帶有「玻璃之王」之意的 Hario，是一家於 1921 年在東京創立的玻璃製造公司，他們從 1964 年開始用玻璃製造出許多跟咖啡相關的用品。其中，呈圓錐形、角度皆為 60 度，而被稱作「V60」的 Hario 濾杯，是直到 2004 年才上市的知名產品。

濾杯的材質

· 塑膠濾杯：價格低廉，保溫效果低。
· 陶瓷濾杯：保溫效果佳，但因為熱導率低，一定需要預熱。
· 銅濾杯：保溫效果及熱導率佳，但價格昂貴，使用過後一定要晾乾。
· 絨濾布：不會像紙一樣吸附油脂成分，所以醇厚感佳，口感也滑順。

4 | 手沖使用的所有工具都需預熱

1）手沖壺

　　手沖咖啡使用的所有工具都必須經過預熱，才有辦法將最多的香氣都攬進一杯咖啡裡。當萃取用水的溫度遇到工具時，冷卻速度越快，就會越快喪失香氣。咖啡粉遇水之後，中間造成的任何物理變化，都會改變咖啡風味，所以手沖咖啡用的熱水壺跟一般煮水壺是不一樣的。若想要讓可溶性成分確實被溶解，就得均勻地浸濕咖啡粉表面，所以我們會使用排水口細長，容易控制水柱大小的手沖壺。因為手沖壺的排水口呈 S 型，猶如鶴的脖子，所以又被稱作「鶴嘴」。手沖壺有不鏽鋼、銅、琺瑯等各種材質，可供挑選。

為保留咖啡的香氣，要先預熱玻璃壺及濾杯。

2）玻璃壺

　　玻璃壺（Coffee Server）會置於濾杯下方，是承接萃取好的咖啡液的容器。通常由抗高溫的強化玻璃製成，就能方便以小火加熱來保溫。容量與造型多元，從 1~2 人份（300cc）的到 12 人份（1200cc）的都有。

3）計量匙

　　要提供一杯咖啡，一般會需要 10g 咖啡豆來萃取出 150ml。但數字並非固定不變，譬如使用 10g 咖啡豆萃取出 200ml，那麼風味會很淡，而用相同的咖啡豆萃取出 100ml，就會很濃，所以應依照個人喜好來決定。重點是咖啡師在每次用同樣方法萃取咖啡時，都要能萃取出一模一樣的咖啡，這樣才能更精準掌握咖啡豆劑量和萃取量對風味的影響。

4）濾紙

選擇濾紙時，應先確認濾紙與濾杯的款式和尺寸是否吻合，然後經摺疊後再使用。由於濾紙本身沒有使用黏著劑，其接縫處是壓製而成的，但這接縫處在遇水後就會分開，造成漏粉，所以需要摺過再使用。要是使用了黏著劑，它就會在萃取過程中汙染咖啡香氣。

摺手沖用濾紙。

①**摺梯形／扇形濾紙**（如 Melitta）：摺被壓製的部分（壓痕處）。先摺底部，再把側邊部分摺向另一面。

②**摺錐形濾紙**（如 Hario）：Kono 和 Hario 的底部像漏斗一樣越往下就越窄，所以把漏斗形濾紙上側邊的壓痕處摺起來即可。

▶ 煮水

①在煮水壺中倒入弱硬水或純淨水。

②將水煮到 100℃沸騰後，冷卻至欲萃取的溫度。

③水煮沸後，開蓋靜置約 30 秒，溫度就會是攝氏 94~95 度。可以一邊測量溫度，一邊熟悉溫度冷卻程度。

水太燙時的冷卻方法。

預熱濾杯和玻璃壺
①把濾杯放在玻璃壺上。
②手沖壺中裝入沸水。
③等待溫度到達所需的萃取溫度（攝氏 88~90 度）。
④在濾杯內注水，再讓水流到玻璃壺，預熱兩個器皿。

5｜不管用哪種濾杯都能萃取出一致風味的原因

　　隨著使用的濾杯類型不同，應改變咖啡粉的粗細度和注水方式。不過，為了掌握濾杯的物理性結構會如何改變萃取樣貌和風味結果，最好以一模一樣的方式萃取來比較。不管使用哪種濾杯，請用固定的咖啡粉研磨度，並讓粉水比（咖啡粉和水的比例）維持 1：15；而萃取時間也以 3 分至 3 分 30 秒為準。在這樣的狀況下，就能了解不同濾杯間產生的風味變化，這就是學習手沖的第一步。上手之後就能進入下個階段，也是接下來要說的內容。

為了達到萃取的一致性，必須使用能測量重量、溫度、時間的工具。

　　不僅是義式濃縮咖啡，咖啡師必須訓練自己連手沖咖啡也能正確沖煮，為了做到這點，必須懂得將咖啡豆研磨成適當大小，也要懂得調整粉水比、水的溫度以及萃取時間等等。

　　一杯咖啡的風味會隨著上述各個條件而改變。咖啡豆被研磨之後，與水的接觸面積就會變廣，這時能更容易萃取出其中的成分。看是使用哪種濾杯，就得選擇與之相符的咖啡粉粗細大小。而研磨得越粗，萃取時間就要拉長一點。使用義式濃縮咖啡機時，大概需要 25~30 秒的萃取時間，但若用手沖來萃取咖啡，就得花上 3 分鐘左右。不過，使用研磨得細小的咖啡粉時，要是不小心萃取太久，可能會帶出很強的苦澀味。

咖啡粉的粗細越是平均，就越能萃取出可溶性成分，也越能減少生澀及苦味的產生。如果顆粒過細或者不平均，就會在水通過咖啡層時，造成所需時間變長、萃取速度變慢，而凸顯苦味。另外，預先磨好的咖啡豆，會逐漸散失香氣成分，因此最好在要開始萃取之前再研磨。

　　水會滲透到咖啡的顆粒之間，但與水的接觸時間太長，就會造成「成分過度萃取」，結果就會得到帶厚重苦澀味的咖啡。若咖啡粉比較粗，與水的接觸時間卻很短，則會變成「成分萃取不足」，得到平淡又無味的咖啡。

6 | 水能萃取咖啡成分的原理

　　咖啡成分的萃取由以下兩個階段構成，**一個是將咖啡顆粒表面的成分沖刷下來的「沖刷（Washing）階段」，另一個是讓可溶性物質從顆粒內部移動到表面的「擴散（Diffusion）階段」**。沖刷作用會在接觸到熱水的剎那發生，擴散作用則會在一段時間過後才發生。

當熱水在沖刷咖啡粉表面的物質時，同時氣體也會溢散出來。

　　用水萃取咖啡成分的相關用語在不同國家或團體都有不同的說法，比如說浸泡、過濾、沖、熬、加壓等等。

1）日本
－沖刷：將表面的成分沖刷下來的過程。
－擴散：在接觸熱水的同時，成分由內向外移動的過程。
－溶解：溶解成分的過程。

2）歐洲
－過濾：讓水流過，最後留住其餘物質的分離過程。
－滲透：從固體中抽取出想要的成分的過程。

3）美國

－浸潤：藉由注水排出咖啡顆粒之間存在的氣體。

－萃取：抽取水溶性的香氣物質。

－水解：會從溶於水中的水溶性小粒子中，分解出非水溶性的碳水化合物。

手沖咖啡的基本重點

· **粉水比**　咖啡粉：水＝ 1：15（20g：300ml）

· **沖煮時間**　3~4 分鐘（會隨容量改變）

· **沖煮步驟**

① 咖啡濾紙置於咖啡濾杯上，用熱水澆濕濾紙和濾杯來預熱。同時也要預熱杯子。

② 研磨 20g 咖啡後，放在濾紙上。電子秤歸零。

③ 注入 40ml（顯示重量：40g）水，充分浸濕所有咖啡粉，然後悶蒸 30 秒。

④ 分三個階段注水；用畫螺旋的方式倒水。

　第一段注水：140ml（顯示重量：180g）

　第二段注水：80ml（顯示重量：260g）

　第三段注水：40ml（顯示重量：300g）

⑤ 經過 3 分鐘就結束整個沖煮過程。

· **在不同容量下萃取咖啡的方法**

幾人份	1		2		3		4	
咖啡粉 (g)	10		20		30		40	
水（g）	150		300		450		600	
	水量	重量	水量	重量	水量	重量	水量	重量
第一段注水（g）	70	90	140	180	210	270	280	360
第二段注水（g）	40	130	80	260	120	390	160	520
第三段注水（g）	20	150	40	300	60	450	80	600
目標沖煮時間	3 分		3 分 15 秒		3 分 30 秒		4 分	

手沖咖啡的萃取變數

在萃取咖啡時，最重要的關鍵是「一致性（Consistency）」和「再現性（Reproducibility）」。為了達成這兩個目標，在每次萃取時都必須測量重量、時間、溫度等條件。請養成每次都進行測量的習慣，熟悉之後，也許就能慢慢擺脫測量工具。當哪天不再需要測量，就能萃取出一杯好咖啡的時候，便能用「享受著手感的滋味」來表達你的開心。

別靠手藝和感覺，而是要靠測量工具。

不過，以手沖方式萃取出的咖啡，並不是要享受「手感」的味道。每次都以相同萃取條件，鑑賞使用的咖啡豆有哪些風味差異，才是真正的價值。也就是說，咖啡的風味並不是靠手感，而是靠使用的是哪一種咖啡豆，進而煮出不同風味的咖啡。不論手再巧，若使用品質不好的咖啡豆，也無法讓風味變好。假如有人說自己可以做到這點，那麼一定是在騙人。

縱使使用同一種咖啡豆，也能靠時間的長短造就出不同變化，而為了察覺出細微的風味差異，就得保持相同的萃取方式。先對這個方法熟悉了，再改變一些萃取參數，就能在同一種咖啡中感受多采多姿的面貌。接下來提到的都是會影響萃取的或大或小的變數。要是非得要享受「手感的滋味」，先把以下這幾個因素考慮進來再說吧！

· 手沖壺的形狀

手沖咖啡用的煮水壺被設計成能倒出穩定且固定的水柱。出水的管子（出水孔）由壺身底部延伸出來，呈一個彎曲的 S 型，這樣的構造大幅降低了水會「嘩啦啦」一次倒出的狀況。不僅如此，也降低在提著手沖壺繞圈注水時，水柱搖晃的機率。為了能輕盈地發揮咖啡師的手藝，手沖壺被設計得很輕巧，厚度也很薄，因此一般不會直接用手沖壺去加熱，而是先用其他工具將水煮沸後再倒進手沖壺使用。

多樣型態和材質的手沖壺

· **注水方式**

若要解釋日式的注水，那就是「只靠重力來完成」，一定要慢慢地讓水垂直落下，否則水柱出現其他幅度，以致重力以外的力量在咖啡粉上作用，這樣的萃取就不純粹了。光從這觀點來比較，西式的注水法（Pour over）絕不被日式注水容許。Pour over 就是想怎麼倒就怎麼倒，水柱分岔也沒關係。這派的人認為，分岔的力量對咖啡萃取帶來的影響微乎其微。只要咖啡粉和水的比例（Brewing Ratio）、顆粒的粗細（流速）、溫度以及萃取時間皆符合標準值，也不在注水時故意弄得太誇張，就不會出現太大的變數。然而，不論是哪種注水方式，都要避免手沖壺舉得太高，否則會導致咖啡粉層被翻動，或是粉噴濺到濾紙上緣。

· **水和咖啡粉的接觸時間**

有個主張認為：用日式注水會帶有「沉重的風味」，Pour over 則會帶有「輕薄的風味」，從各種層面來看，這個論點都需要修正。如果所有萃取條件都一致，只差在倒水方式不同，那並不會造成多大的風味變化。沉重感和輕薄感只不過是相對性的。假如咖啡豆與研磨度條件都相同，當水和粉末接觸得越久時，沉重感才會比較明顯。在萃取水溫、萃取時間皆相同的狀況下，比起說注水方式會影響風味是偏沉重還是輕薄，水離開咖啡粉層的速度才是造成影響的主因。總結來說，咖啡粉的粗細就是影響一杯咖啡香氣最大的關鍵。

· **濾杯和流速**

在其餘條件皆相同的情況下，水滴漏的速度越快，就會沖出又淡又輕薄的咖啡；滴漏速度越慢，則會沖出又濃又沉重的咖啡。可以改變流速，正是濾杯特有的特徵。

Aroma Melitta（左）和 Kalita（右）有互不相同的肋骨結構。

Hario（左）的肋骨呈螺旋狀，Kono（右）的肋骨呈直線形。

肋骨（Rib）結構讓濾紙和濾杯內壁之間有空氣流通的空間。肋骨的數量越多、高度越高，水通過咖啡粉層的速度就會越快。如果少了肋骨，咖啡的萃取速度就會明顯慢很多。還有，底部濾孔的數量與大小等，也會影響滴漏的速度。雖然影響程度十分輕微，但不同的濾杯材質也會造成不同的流速。一般來說，從慢到快依序為：陶瓷、金屬、塑膠。

· **悶蒸**（Bloom）

手沖第一次注水時，會進行讓咖啡粉整體浸濕的「悶蒸」。1g 咖啡粉能吸收約 2g 的水，所以需注入比使用的咖啡粉多 2 倍的水。如果先用水均勻地浸濕粉末整體後再進行萃取，第一個優點是，咖啡粉都能均勻地被萃取；第二個優點是，每一次都能在初始狀態相同的狀況下萃取咖啡，因此可提高一致性，這一點和「預熱」的目的是一樣的。同時，經過悶蒸之後，咖啡粉之間的氣體會逐漸蒸散到空氣中，這樣每一次都能在差不多的程度上降低氣體對萃取的影響。這終究是為了實現「萃取一致性」而採取的措施。

有人主張，咖啡若不經悶蒸過程，最後就會變成「淡咖啡」，這說法是錯的。咖啡是淡還是濃，比起悶蒸與否，更取決於咖啡粉粗細、水的溫度以及萃取時間等等。因此，必須擁有以下認知：悶蒸是讓咖啡粉以相同的初始狀態下進行萃取，並充分將咖啡粉之間的氣體排出，以此創造出一致性。

· **沖洗**（Rinsing）

指的是均勻地用熱水浸濕安置在濾杯上的濾紙。目的是讓濾紙服貼在濾杯內面，同時除去可能存在的紙味，也能起到預熱濾杯和玻璃壺的作用。藉由事先浸濕濾紙的步驟，能防止咖啡成分和水突然一起被吸走——被吸進紙裡——的現象發生。

· **濾器的材質**

濾器也會影響咖啡的萃取程度。選用不同材質的濾器，咖啡的油脂成分吸附量以及吸水程度就會不一樣，進而影響風味。吸附的油脂成分越多，風味就越純淨；吸收得越少，醇厚度就越強，觸感也越粗糙。

絨製濾布（Flannel）

— 最多可重複使用 100 次，所以保養管理十分重要。

— 布上可能會因為滲入咖啡渣或其他氣味而降低咖啡香味。

— 使用後應洗淨，裝入淨水中貯存；貯存過程中應經常更換淨水。

— 亦可把布擰乾後，密封置於冰箱保存。

濾紙（Paper）

— 由 1908 年德國梅琳達 ‧ 本茨（Melitta Bentz）女士發明。

— 白色濾紙有經過漂白，棕色濾紙則未漂白。

— 使用前檢查是否有異味。

※ 摺濾紙的原因：接縫處是壓製的，未經黏著劑處理，為防止鬆動所以要摺濾紙。

圓錐金屬濾網（Cone）

— 不鏽鋼或鈦等金屬材質製成的圓錐形濾器。

— 半永久性，但價格相對昂貴。

— 完成萃取後，去渣與清洗較為不便。

圓錐金屬濾網

By-pass 手法又稱為「兌水」。

‧ 兌水（By-pass）

「By-pass」是先萃取咖啡再加熱水稀釋，這個手法稱為「兌水」。當咖啡粉層較厚，或使用研磨刻度較細的咖啡時，為了避免萃取過度，就能使用 By-pass 的技巧。另外，By-pass 方便拿來應用在製作摻牛奶的咖啡飲品。

‧ 攪拌（Stirring）

手沖咖啡時用攪拌棒混合水和咖啡粉，有助於改善萃取的一致性和再現性。這個攪拌動作能充分浸溼粉末，防止咖啡粉在悶蒸過程中浮於水上或像麵包一樣膨脹，而無法與水進行充分的接觸，導致每次萃取都不一致。此外，攪拌也能讓附著在濾紙上的粉末落下一起參與萃取，同時還能讓沉澱到底部、阻礙萃取的小分子散落在整個溶液中，使萃取更加順暢。

- 聽說注水的形狀會改變風味？

「注水時，風味會隨著畫螺旋形或畫 8 字形而改變」，主張此說法的人可說是過於誇張或是過度敏感了。倒水的形狀之所以重要，並非因為風味會隨之產生變化，而是為了保持一致性。如果每次都以不同的形狀來倒，就無法累積咖啡萃取的數據，也就是無法得知咖啡風貌了。只有採取完全相同的萃取方法，才有辦法辨別咖啡豆的特性。

讓注水具有一致性的「The Gabi Master B 韓國咖啡大師手沖滴滴杯二代」。

- 不同濾杯的結構會帶來不同的風味

不同的濾杯有不同的物理結構，像是濾孔的數量和大小、肋骨的數量和長度、傾斜角等都不一樣。許多人主張，濾杯不一樣，注水方式或粉末粗細也都要不一樣。不過仔細想想就會發現：這些努力都是「徒勞無功」。根據濾杯的樣子來改變萃取條件，可說是一種魯莽行為，因為這等於在消除濾杯結構本身具有的特質。只有採用相同的萃取條件，才能享受濾杯的物理結構帶來的風味特性。而且長得不一樣的濾杯都有各自的用處，比如，需要沖煮大量咖啡時，比起 Melitta，更應該選擇滴水效果卓越的 Hario；還有，在手邊只有酸味明顯的咖啡豆的情況下，若想沖煮出酸味較低的咖啡，比起 Kono，更應該選擇 Kalita。

具有不同構造和材質的濾杯

10 咖啡沖煮法（Coffee Brewing）

1 | 虹吸式咖啡壺（Vacuum pot）

1）誕生

①1840 年蘇格蘭的海洋學家羅伯特・納皮爾（Robert Napier）開發真空過濾容器（Vacuum-filled container）。

②1842 年法國的瓦瑟夫人（Madame Vassieux）構想了上下燒瓶的組合方式，並實際連接起來，成為今日所看到的虹吸式咖啡壺。

③1924 年日本的河野彬以「賽風壺（Syphon）」的名稱進行量產。

2）原理

　　下壺中的水經受熱後會變水蒸氣，水蒸氣會對密閉燒瓶中的水加壓，逐漸變熱的水承受著壓力，藉由導管慢慢往上流，然後水會在上壺中遇到咖啡粉並開始萃取。過了一定的時間後去除熱源，水蒸氣的壓力消失，萃取了咖啡成分的液體就會沿著導管再次向下移動。此時，無水蒸氣的下壺便解除真空狀態，轉而產生水加快向下墜落的壓力。

虹吸式咖啡壺的作用來自於真空壓力，而非虹吸原理。

3）萃取公式

咖啡粉：水＝ 1：12（10g：120ml）

萃取時間＝ 40~60 秒

咖啡粉的粗細度＝中等（Medium）（參照 P.84）

4）萃取步驟

虹吸式咖啡壺（賽風壺）

虹吸式咖啡壺的萃取步驟（依順時鐘方向從左上到左下）

①在下壺中倒入熱水。

②點燃酒精燈，加熱下壺裡的水。

③在上壺底部安裝濾紙。

④在水即將沸騰時，將上壺與下壺連結固定。

⑤待水往上壺流動後，加入咖啡粉開始萃取。

⑥用攪拌棒攪拌咖啡粉，使其均勻接觸水。

⑦去除熱源。

⑧在萃取液回流到下壺時，用攪拌棒攪拌，以防止殘渣黏附在玻璃壁。

5）萃取變數

①使用攪拌棒時帶來的物理力。

②咖啡粉的粗細（要比手沖用的更細）。

③萃取時間（約 1 分鐘內）。

④濾紙的材質（絨製濾布或濾紙）。
⑤上壺內附著的咖啡渣。

6）特徵

①以沸水萃取咖啡成分，會含有豐富的揮發性香氣。
②萃取結束後，可依據濾紙上殘留的咖啡粉形狀來評價萃取過程。
　－越是沒有粉末附著在壁面上、每次咖啡粉都固定堆積而且越是呈圓頂
　　狀，說明萃取的一致性越佳。
③藉由透明容器能觀看整個萃取過程，視覺上令人愉悦。

7）注意事項

①玻璃材質容易碎裂。
②溫度高，注意燙傷。
③使用前先用乾毛巾擦乾導管或壺外的水滴，
　防止加熱過程中玻璃爆裂。
④使用的絨布在萃取結束後，要藉由煮沸除去
　咖啡的油脂成分，再裝在含有乾淨水的密閉
　容器中冷藏保存。

下壺裡的水沸騰後架好上壺。

8）萃取結果評鑑

　　可以用來判斷虹吸式咖啡壺萃取是否順利
的指標之一就是「泡沫狀態」。泡沫是由揮發
性香氣和二氧化碳遇水所產生。水藉由導管湧上去並與咖啡粉混合，而隨著
持續加熱，各種氣體會上升至液體表面，香氣成分大多在與二氧化碳結合後
散去，因此泡沫越少，就代表香味越不足。但這非絕對，因為咖啡豆烘焙程
度、烘焙完放置多久，以及咖啡豆的品種等都會決定泡沫的生成。

9）萃取應用

　　水沸騰並藉著導管往上流動時，溫度約為攝氏 95 度。遇到裝在上壺中
的咖啡粉時，水的溫度約達攝氏 90 度。使用輕焙咖啡豆時，酸味比較明顯，

這時提高水溫可以增加一些苦味；相反地，在萃取重焙咖啡豆時，水溫高，苦味就更為突出。因此一定要考慮風味的均衡度來控制水的溫度。

當沸水藉由導管流至上壺、浸濕咖啡粉時，若加入冷水來降低水溫，可降低萃取力，藉此減少濃郁的風味。或者在下壺中的水沸騰前，連結好上壺，在水溫進一步升高前就開始萃取，這也是一種改變風味的方式，這是因為在水沸騰前就連接好導管與上壺，水往上壺流的速度較慢的關係。此時通常會使用研磨度較粗的豆子，可起到凸顯酸味的效果。

使用攪拌棒的原因？

咖啡豆用磨豆機研磨之後，通常只有 30% 左右的量會大小一致。在上壺裡，摻了水的咖啡粉在浮力作用下，越往上層、粒子就越大，越往下層、粒子就越小，尤其是存在許多微粉時，就可能會堵住濾紙，以致萃取速度更緩慢。這樣一來，咖啡粉和水的接觸時間就會比標準來的長，進而凸顯澀味和雜味。因此，為了能均勻地萃取出咖啡成分，得用攪拌棒攪拌 3~4 回（每回以固定次數），使咖啡粉與水混合均勻。攪拌的動作能使咖啡粉的殘渣因圓周運動而形成圓頂狀。

攪拌是為了達到萃取的一致性。

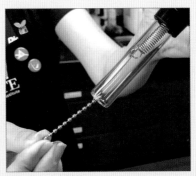

珠串掛鉤的作用是？

如果沒有珠串掛鉤（又稱為突沸鏈），下壺的沸水就會像爆炸一樣湧入導管和上壺，並激烈地與咖啡粉混合，很可能進而造成危險。所以會使用一串空心的鐵珠子，讓其在沸水中延長，加熱時空心鐵珠中就會緩慢地產生氣泡，這樣就不會發生突沸現象。

賽風壺的珠串掛鉤

2 | 摩卡壺（Stove-Top Pot, Moka Pot）

1）誕生

　　摩卡壺是義大利的阿方索‧拜爾拉提（Alfonso Bialetti）於 1933 年的發明，並以「摩卡咖啡壺（Moka Express）」之稱大量生產。而乳牛摩卡壺（Mukka Express）是能在萃取咖啡的同時與泡沫牛奶混合的改良版摩卡壺。加壓摩卡壺（Bialetti Brikka）是在上端的萃取口形成阻抗壓力，進而提高萃取壓力；雖然不像義式咖啡機那樣壓力達到 9 巴，但能形成比摩卡壺更豐富的 Crema。水蒸氣壓力在摩卡壺是 1~2 巴，在加壓摩卡壺可達 4~5 巴。

各種型態的摩卡壺

2）原理

　　在密閉的容器（下壺）內加入熱水煮沸後會形成水蒸氣壓，這種壓力會讓熱水穿過濾杯中的咖啡粉層，並且在向上流動的過程中萃取成分。隨著時間過去，蒸氣壓力會逐漸變小，最後在上壺中留下液體和泡沫。

因蒸氣壓力，才能萃取出濃郁成分。

3）萃取公式

咖啡粉：水＝ 1：10（14g：140ml）

萃取時間＝ 4~5 分鐘

咖啡粉的粗細度＝細（Fine）（參照 P.84）

摩卡壺

摩卡壺的萃取步驟（依順時鐘方向從左上到左下）

4）萃取步驟

①提前將水煮沸。若不事先煮沸，就會把咖啡煮熟而非萃取咖啡，如此一來會產生強烈的苦味和金屬味。

②熱水倒入下壺中，不超過洩壓閥的高點。

③在濾杯中裝咖啡粉，並安裝在下壺。

④把咖啡粉的表層弄平。

⑤將上壺旋緊在下壺上。因為溫度很高，請隔著乾抹布抓住裝有熱水的下壺、安裝上壺，避免燙傷。

⑥把摩卡壺放上爐子，火力不要開太強，開啟壺蓋。剛開始萃取時是細細的流動，後來隨著氣體的「滋滋」聲，液體會湧出來，不過很快就會平靜下來。當萃取液呈黃色時，就蓋上壺蓋，把摩卡壺從爐子上移開。

⑦用乾抹布包覆下壺，浸泡於冷水中，等待萃取停止。這是為了保留良好的風味而採取的步驟。

⑧啜飲時倒少量在小杯子裡。雖然量少，但香味濃郁。

5）特徵

①用火煮的傳統方式，和義式濃縮咖啡一樣都是象徵義大利的萃取法。

②沸水會轉為水蒸氣，以蒸氣壓力萃取咖啡成分，然後再液化。

③壓力越是隨著沸水而增加，便會萃取出越多的咖啡因和香味成分。

④香味不像手沖咖啡，比較像義式濃縮咖啡。

3 | 冷萃（Cold Brew）

Brew 一詞，通常用來指「釀造葡萄酒或啤酒」，但也能用於「以水來沖泡出咖啡或茶的成分」。冷萃（Cold Brew），顧名思義就是「用冷水萃取咖啡成分」。

以冷水萃取的咖啡，分為「冷萃咖啡（Cold brew coffee）」以及「荷蘭咖啡（Dutch coffee）」。前者又稱「冰釀咖啡（Toddy cold brew）」，是以開發者的姓氏來命名；後者又稱「京都冷萃咖啡（Kyoto cold brew）」，是以開發的日本地名來命名。

具有柔和味道的荷蘭咖啡製作方法和特點，也都是咖啡師必須懂得正確執行和說明的技術之一。荷蘭咖啡透過減少脂肪酸的萃取來降低刺激感，亦能減少不易溶於冷水的咖啡因含量。不過，咖啡粉和水的接觸時間，短的話 3 小時，而長的話可達 24 小時，這樣下來一杯咖啡中的咖啡因含量，其實與手沖咖啡並無太大差異。

京都冷萃咖啡

1）荷蘭咖啡（Dutch coffee）

Dutch 作為形容詞，意思是「荷蘭的」；直譯「Dutch coffee」，那就是「荷蘭人的咖啡」。但這說法就跟代表「平均分擔所需費用」的「Go Dutch」一樣荒唐，荷蘭人認為，各自付錢的這種呈現吝嗇的詞，居然用在他們身上來比喻，實在太荒謬了；一樣的道理，以冷水一滴一滴沖泡的咖啡名稱中，竟使用「荷蘭（Dutch）」，這點也同樣令他們詫異。

「荷蘭咖啡（Dutch coffee）」其實是日本人造出來的詞。江戶幕府時代（1603~1867 年），德川家康禁止基督教傳播，這時的荷蘭因為不同於英國、法國，並無宗教色彩，因此享受到較多的實惠。有人主張，大約從 1700 年開始，駐紮在長崎的軍營裡有獨家貿易活動，咖啡就是在那時傳入日本。

當時荷蘭殖民統治著印尼，而爪哇島上有塊咖啡園裡生產生豆，他們用船將生豆運送到阿姆斯特丹。根據日本人的說法，荷蘭船員們制定出一種

能在長途航行、搖搖晃晃的帆船上安全喝咖啡的妙招，他們用大桶填裝咖啡粉，倒入冷水泡一整天後再飲用。不過事實上，荷蘭人卻對此傳聞搖搖頭，說：「不知道荷蘭咖啡。」

　　若要更準確地說明荷蘭咖啡，應為「日式冰滴咖啡（Japanese cool water drip）」。因為冷水會一滴一滴地掉落，所以又稱作點滴式或滴水式。美國人則把這種方式稱為滴漏式（Dripping）。

一滴一滴萃取的荷蘭咖啡

　　讓荷蘭咖啡流行起來的是日本咖啡連鎖店「Holly's Café」，當時的據點在京都，於 1979 年開業，因此也就被稱為「京都咖啡（Kyoto coffee）」。雖然有不少人認為，日本發明了荷蘭咖啡後傳播全世界，並建構出「冷萃咖啡」這一新領域，但此觀點還有待審視之處。

2）冰釀咖啡（Toddy Cold Brew）

冰釀咖啡使用工具

　　畢業於美國康乃爾大學化學系的陶德・辛普森（Todd Simpson），在 1962 年赴瓜地馬拉旅行時，得到啟發而發明了冰釀咖啡。據悉，他到了瓜地馬拉的一個村莊，村民在濃縮咖啡液中倒入熱水，即刻用一杯簡單的咖啡來招待他，此舉令他獲得靈感。回到家後，他就用冷水泡咖啡粉 3~4 小時，製作浸泡式的

咖啡濃縮液，而每次要飲用時就加水來喝。

當萃取咖啡用水很冰涼時，液體裡就可以納入比熱水更多的香味，同時也減少了會讓腸胃疼痛的油（Oils）和脂肪酸（Patty acids）的萃取量。因此，陶德的咖啡口感十分溫和也不傷腸胃，很受人們歡迎，也逐漸廣為人知，而獲得了「陶德的冰釀咖啡」的美譽。

冰釀咖啡和荷蘭咖啡的起源和萃取方式截然不同，但都具有「用冷水萃取咖啡」或稱「冷泡咖啡」的共同點。其歷史雖比速溶咖啡的開發（1901 年）晚半世紀，但仍在進化當中，譬如新興的「氮氣咖啡（Nitro coffee）」，就是在冷萃咖啡中加入氮氣，像黑啤酒一樣飲用。

3）萃取公式

＜荷蘭咖啡＞
咖啡粉：水＝ 1：12（50g：600ml）
萃取時間＝ 3~24 小時
咖啡粉的粗細度＝微細（Medium Fine）（參照 P.84）

＜冰釀咖啡＞
咖啡粉：水＝ 1：4（300g：1.2L）
萃取時間＝ 3~24 小時
咖啡粉的粗細度＝微細（Medium Fine）（參照 P.84）

4）萃取步驟

＜荷蘭咖啡＞
①在濾杯底部墊濾紙並放入咖啡粉，然後進行填壓、整平粉末。
②先注入相當於咖啡粉 2 倍的水來悶蒸。
③接著將濾紙覆蓋於粉末表面，以確保滴入的水能均勻擴散。
④將滴水的速度調整為 2 秒 1 滴（1 分鐘 30~40 滴）。
⑤依咖啡豆的烘焙程度和排氣程度，有時會出現嚴重的膨脹現象，應隨時檢查咖啡粉的浸泡狀況。
⑥滴水的速度有可能會改變，所以要隨時確認。

荷蘭咖啡

↓

荷蘭咖啡萃取步驟（依順時鐘方向從左上到左下）

＜冰釀咖啡＞

①將 300g 咖啡粉裝入布袋再裝入桶子，並注入 1.2L 水。

②可依據最終咖啡風味，適度地更改參數。

③為防止異物進入，請蓋上蓋子，在室溫下進行萃取。（若是放在冰箱中萃取，務必密封嚴實，不讓異味滲入。溫度越低，萃取力越差，以致所需時間越長。）

冰釀咖啡的萃取

TIP

點滴式和浸出式

點滴式是將水一滴一滴地滴入咖啡粉中的滴漏（dripping）方式，因而又有「咖啡的眼淚」之稱。萃取時間短的話是 3~4 小時，長則 10~12 小時。苦味比用熱水萃取時少很多，具有溫和的咖啡風味。而浸出式是將咖啡粉裝在容器中，於室溫下經 10~12 小時萃取和發酵後撈除咖啡渣的浸漬（steeping）方式。一般而言，當咖啡與水的接觸時間越長，咖啡因溶出量就越多，不過用冷水萃取的咖啡因含量，會比用熱水萃取的少。

4 | 法式濾壓壺（French Press）

1）誕生

①濾壓壺的靈感是出自 18 世紀的法
國，當時為了去除咖啡渣，使用了
一種傳統器具，那就是用包覆起司
的布或金屬板，在上方安裝桿子，
來按壓咖啡萃取水。

②法國的邁爾（Mayer）和德爾福格
（Delforge）在 1852 年的差不多時
間點，個別利用布過濾器的方式申
請到專利。

法式濾壓壺

③義大利的安提利歐 · 卡利馬利（Attilio Calimani）使用了金屬和橡膠過濾
器來提高密封度和壓縮力，並於 1929 年申請專利。

④由英國的 Household Articles 公司和丹麥的波頓（Bodum）公司於 1958 年
分別大量生產，他們的產品在歐洲全境大受歡迎，讓公司以銷售法式濾壓
壺為主蓬勃發展。

※亦被稱作咖啡濾壓壺（英文：Coffee plunger，法文：cafetière）、濾壓壺（Press
pot）、柱塞壺（Plunger Pot）。

2）特徵

①將粗粒的咖啡粉浸入水中後，等待 4 分鐘，直到
將活塞柱向下壓濾網前，就幾乎能萃取出咖啡所
具有的香味和色彩。

②需要使用不會產生太多微粉的高質量磨豆機。

3）萃取公式

咖啡粉：水＝ 1：15（10g：150ml）
萃取時間＝ 4 分鐘
咖啡粉的粗細度＝極粗（Extra Coarse）（參照 P.84）

壓下壺中的濾網

4）萃取步驟

①在濾壓壺中放入咖啡粉。

②當煮水壺裡的水沸騰時，就可以直接注水，使咖啡粉都被水浸泡。咖啡越是新鮮，注水後的膨脹力越佳，泡沫也越豐富。由於這模樣跟花兒盛開的樣子相似，所以被稱為「開花（Bloom）」。

③計時 1 分鐘後，攪拌粉末使其均勻地萃取，也藉此停止「開花」。

④到了 4 分鐘時，將與蓋子相連的濾網向下壓，使咖啡粉沉澱。務必小心按壓，防止粉末往四周的水中擴散。這也是為什麼咖啡粉要研磨得比較粗的原因。

　　※4 分鐘法則：根據實際經驗，注水後等待 4 分鐘能引出最佳香味。

⑤把咖啡倒入杯子裡，濾壓壺中剩餘的咖啡倒進另一個瓶子裡。咖啡如果留在壺中，就會繼續萃取，而出現苦澀的味道。

　　※過了 4 分鐘，要壓下濾網前，先用湯勺清除懸浮的咖啡粉，便能享受更柔和的味道，還能減少留在杯子裡的沉澱物。

清除懸浮的粉末

5｜法蘭絨濾布手沖（Flannel Drip, Cloth Brewer）

1）誕生

　　此為利用布來過濾咖啡渣的萃取方法。從歷史上可追溯到 17 世紀的法國，又稱為法蘭絨沖煮（Flannel brewing）或濾布沖煮（Nel brewing）。因為咖啡粉吃水後，整個濾布下垂的樣子相似於襪子，所以也被稱為襪子咖啡（Socks coffee）或者襪子沖煮（Socks brewing）。

日式的法蘭絨濾布手沖咖啡

　　大部分的人認為，這項創意最早是為了不讓法國貴族的牙縫卡咖啡渣而誕生的。據悉，這是美國 18 世紀西部拓荒時代的牛仔非常愛用的方式。1902 年，美國貝克（Beck）憑藉附帶濾布（cloth-filter）的咖啡萃取器取得了專利。20 世紀，手沖咖啡先因為 Melitta 的關係流行起來，後來才出現將咖啡粉裝在布裡並用流動的熱水來萃取咖啡的方式。

2）萃取公式

＜手沖式＞

咖啡粉：水＝ 1：15（20g：300ml）
萃取時間＝ 3 分鐘（根據份量，最長甚至可達 4 分鐘）
咖啡粉的粗細度＝中等（Medium）（參照 P.84）

＜點滴式＞

測量重量和時間來進行萃取的法蘭絨濾布手沖咖啡

咖啡粉：水＝ 1：10（25g：250ml）
萃取時間＝ 8~10 分鐘
咖啡粉的粗細度＝中等（Medium）（參照 P.84）

☞ 「法蘭絨濾布手沖」通常不會測水量，而是靠感覺。一開始接觸時，最好先一一測量來熟悉基準量，有了基礎之後，就可以根據自己想要的味道來改變方法，像是改變水流或是增加萃取時間等。

3）萃取步驟

＜手沖式＞

①在法蘭絨濾布上加入 20g 咖啡粉，並將電子秤歸零。

②加入 40ml 水後悶蒸 30 秒。

③分三次倒水。

- 第一次注水：140ml（秤顯示 180g）
- 第二次注水：80ml（秤顯示 260g）
- 第三次注水：40ml（秤顯示 300g）

④ 3 分鐘後，移除濾布，結束萃取。

　☞ 請試著研究這個萃取方式和用濾紙的萃取結果，兩者咖啡風味有什麼不同之處。

＜點滴式＞

①在法蘭絨濾布上裝入 25g 咖啡粉。

②於正中央每 2~3 秒滴一滴水，直到加到 50ml 的水。

③將水在約新臺幣拾圓硬幣大小的面積上一點一點地滴入，並萃取 40ml 左右。

④接著像使用一般濾杯手沖時一樣，以畫螺旋形來注水，以此萃取其餘的 160ml。這樣便可獲得濃郁的萃取液。

　※水以小水滴的方式滴落，具有較低的萃取一致性，所以一定要一邊萃取一邊測量。如果使用同樣的咖啡豆，卻得到不同的風味，這時應該要能清楚衡量是因為哪些參數的改變而造成的。

點滴式注水

5）特徵

①比起使用濾紙，濾布能萃取更多咖啡脂肪，凸顯了醇厚度。

②咖啡粉末膨脹程度佳，不可溶物質的萃取效果也相對比較好。

6）絨布的保養

①首次開始使用絨布之前，先用熱咖啡液浸泡 10~15 分鐘，以去除異味。

②不使用洗滌劑。

③最好每週 1~2 天在使用前煮過一次。

④如果已經很長一段時間沒使用，就放一匙咖啡粉一起煮。

絨布的保存

⑤裝在含水的密閉容器、浸泡在水中，置於攝氏 5 度以下的環境冷藏保存。

⑥若需長期貯存，就得在完全乾燥的狀態下放進密封袋裡，置於陰涼處。

⑦亦可在浸濕狀態裝入塑膠袋後冷凍保存，等到要使用時自然解凍。若要立即使用，就用溫水幫助絨布解凍。

⑧絨布會隨著使用次數增加而堵塞；若發現萃取量嚴重減少，那就表示要換新絨布。

TIP　**依據份數選用法蘭絨濾布**

①1~2 人份（咖啡粉 15~25g）：布的深度 10cm × 直徑 9.5cm

②3~4 人份（咖啡粉 30~45g）：布的深度 11.5cm × 直徑 11.5cm

6 | 愛樂壓（AeroPress）

愛樂壓的組成

1）誕生

　　愛樂壓是美國愛樂比（Aerobie）公司創辦人暨發明家亞倫・阿德洛（Alan Adler）於 2005 年發明。外型長得像針筒，能利用空氣壓力將咖啡成分萃取出來。

2）特徵

①操作比義式濃縮咖啡機方便，也比摩卡壺的萃取更快。

②脂溶性成分的萃取量少於濃縮咖啡和摩卡壺咖啡。

③僅 1~2 分鐘就能製作出香味濃郁的咖啡。

④因為水和咖啡粉接觸一起的時間不長，所以苦味不強。

⑤水的溫度在攝氏 80~85 度之間，不會很高溫且萃取時間也快，因此咖啡的風味比其他萃取方法更豐富、酸味更少。

⑥因為使用的材質跟製成奶瓶的聚酯和聚丙烯一樣，而被評為裝熱水也很安全的器具。

3）原理

　　愛樂壓由相當於針筒活塞的壓筒（Plunger）、針筒容器一樣的沖煮座（Chamber）以及濾蓋（Filter cap）構成。利用壓筒施加空氣壓，甚至能萃取出不溶於水的咖啡成分。根據不同的按壓力道，作用於萃取的壓力也會不同。方法簡單，有利於一致的萃取。然而萃取的過程其實一點都不單純，因為在咖啡完全被水浸泡的狀態下再加空氣壓，容易產生一些不想要的味道，所以須特別注意。

4）萃取公式（亞倫・阿德洛的製作法）

咖啡粉：水＝ 1：6（15g：90ml）

萃取時間＝ 1 分 30 秒 ~2 分鐘

咖啡粉的粗細度＝細（Fine）（參照 P.84）

5）萃取步驟

▶ 直立沖泡法（Upright Method）

①圓形濾紙放在濾蓋上，用熱水浸溼。

②把濾蓋安裝到沖煮座上，接著利用漏斗加入 15g 咖啡粉。

③注入 90ml 水。

　※請根據咖啡豆的烘焙程度去調整水的溫度，越是深焙的豆子，水溫就要越低，
　　但溫度都得在攝氏 80~85 度的範圍內。

④注水後，攪拌 10 秒鐘。為了保
　持一致性，要定下一個固定的
　攪拌次數。

⑤接著裝上壓筒，並緩慢地按壓
　20~60 秒來進行萃取。

⑥根據個人口味喜好加水喝。
　（By-pass 法）

反轉倒置法（左）和直立沖泡法（右）

▶ 反轉倒置法（Inverted method）

①組裝愛樂壓。把壓筒放入沖煮座內，
　形成裝咖啡粉的空間，讓注入口朝上
　來擺放（壓筒在下、沖煮座在上）。

②在濾蓋內側放濾紙，用水沖洗以消除
　紙的味道。

③把研磨好的咖啡粉倒入愛樂壓中。該
　器具一次只容納得下 15g 咖啡與 90ml
　水來進行萃取。

沖洗濾紙

④使用溫度計，準備攝氏 80~85 度的水，注水到愛樂壓中。要是沒有溫度計，
　就把水煮沸後靜置 1 分鐘左右，方可使用。攪拌 10 秒，使萃取力提升到
　最大值。

⑤將方才已用熱水沖洗、預熱的濾紙（濾蓋）安裝到沖煮座上。

⑥將愛樂壓快速且輕巧的反轉，置於馬克杯上方，然後小心地按壓壓筒。為將壓筒壓至底部的時間控制在 20~60 秒之間，需調整力道和速度。直到聽見壓筒下方發出空氣抽離的「咻」聲，即可結束萃取。

6）注意事項

①萃取完成之後，應盡速將沖煮座與壓筒分離。首先，倒著直立放置，取下濾蓋，沖煮座向下壓至最底，這時咖啡粉會被壓筒推上來，請一定要盡快清除咖啡粉，才能延長壓筒上橡膠的使用壽命。

②咖啡粉的粗細和萃取時間皆可調整，可由咖啡師依據咖啡狀態和飲用者的喜好進行嘗試。發明愛樂壓的亞倫喜歡用和義式濃縮咖啡差不多粗細的咖啡粉。

③可以設定一種標準，像是浸泡 1 分鐘後花 30 秒來萃取，或者是根據研磨度，在 20~60 秒的範圍內調整浸泡時間。但是，按壓壓筒來萃取的時間長度一定要保持 30 秒。

④在反轉倒置法中扶正器具的時候，咖啡粉與水會發生物理性碰撞，在相同條件下會比直立沖泡法所產生的口感更強。要注意的是，若在扶正過程中發生激烈碰撞，就會出現成分過度萃取的現象。

愛樂壓的萃取

7 | 越南滴滴壺（Phin Dripper）

滴滴壺的組成

　　滴滴壺是在萃取越式咖啡時使用的器具名稱，同時也是萃取方法的名稱。加煉乳的冰咖啡是越南的一種特色飲品，據傳這種萃取法源自 19 世紀被法國殖民統治的時期，因為在炎熱的天氣裡，鮮乳容易變質，所以經常以煉乳取代鮮乳使用。越南的冰咖啡除了涼爽，還帶有滑嫩的濃縮牛奶的甜味，以及深焙咖啡的煙燻香。

　　以前在越南，有一陣子流行在夜晚加班時提供咖啡給工作者喝，因為主要使用苦味強烈的羅布斯塔咖啡豆，所以煉乳的甜味猶如解毒劑般受歡迎。此飲品就叫做「越南咖啡」（Caphe；越南語稱 Cà phê），發音上聽起來跟咖啡（coffee）很像。越南咖啡在傳統上是透過名為滴滴壺（Phin）的濾杯置於杯子上、裝入咖啡粉後注水來進行萃取。若沒有此器具，亦可萃取一杯濃縮咖啡後倒入煉乳來啜飲。

1）萃取公式

咖啡粉：水＝ 1：10（10g：100ml）
咖啡粉和水的接觸時間＝ 3 分鐘
咖啡粉的粗細度＝微細（Medium Fine）（參照 P.84）

在滴滴壺中注水

2）萃取步驟

①準備 10g 研磨好的咖啡粉和 20~30g 煉乳。

②將煉乳倒入杯中。可依個人喜好調整用量，
　亦可使用加糖煉乳。

　※可以和煉乳一起加入冰塊。通常會用冰塊裝
　　滿整個杯子，但也要根據萃取出來的咖啡濃
　　淡來調整冰塊量。

③把滴滴壺置於杯子上，用湯匙盛入咖啡粉。

④注入 20 ml 沸水，用計時器開始計時，悶
　蒸 30 秒鐘。

⑤緊接著注入 80 ml 水，進行萃取，直到計
　時器顯示 3 分鐘為止。

⑥萃取好的咖啡和煉乳充分混合後即可飲用。

位於越南大叻市的咖啡農場

TIP　「越南咖啡越苦越好。（Bitter is better.）」若手上沒有來自越南
的咖啡豆，可以找醇厚度強的深焙豆來用。因為經歷了長時間的
烘焙，所以咖啡味道濃重且超級苦，不過只要遇到加糖煉乳，口
感就會變溫和。

8 | 土耳其咖啡壺（Cezve）

　　誕生於衣索比亞的阿拉比卡咖啡，在經過葉門、沙烏地阿拉伯、埃及、伊朗等地後，於 16 世紀時抵達土耳其伊斯坦堡。那時，咖啡不再是只為伊斯蘭修道士的徹夜禱告或冥想而存在的宗教飲料，咖啡漸漸深入到家庭和工作場所，變得大眾化，昇華為能吸引人們談天說地的文化飲料和嗜好飲料。

土耳其銅製咖啡壺

　　當時的土耳其人喜愛的咖啡飲用方式，在過了五百年後的今日，被原封不動地傳承下來。聯合國教科文組織（UNESCO）於 2013 年將「土耳其咖啡文化與傳統（Turkish coffee culture and tradition）」判定為具有人類保存的價值，並且將其列入非物質文化遺產。聯合國教科文組織高度評價土耳其咖啡是最長時間以來受喜愛的咖啡製法。土耳其人在今日也沿用底部較寬、被稱作「Cezve」的工具來萃取咖啡，它沿襲了 16 世紀萃取咖啡的方式。由聯合國教科文組織認可的傳統式土耳其咖啡的製作方法如下。

　　「若想沖煮土耳其咖啡，必須經過非常精巧的幾個階段和細緻的技術。首先，用研缽或食物粉碎機把新鮮烘焙的優質咖啡豆磨成細粉，然後在 Cezve 中加入咖啡粉、冰水，並依個人喜好放入白糖，再置於爐子上慢慢煮，直到表面起泡為止。『咖啡煮沸後離火、使泡沫沉澱』，這步驟反覆三次。接著，Cezve 靜置片刻，讓不溶於水的粉末沉澱，然後再把咖啡液倒入杯中，並且與一杯水和土耳其軟糖（Lokum，散發水果香的果凍外加一層糖粉）一起交給客人。」

　　16 世紀，咖啡屋擴散到土耳其各地小村莊，甚至幾乎每戶家庭都擁有 Cezve，當時咖啡盛行到每天都能沖來喝的程度。這時期是蘇萊曼一世（1520~1566 年在位）統治的鄂圖曼帝國的全盛時期，領土擴張到西亞、埃及、伊拉克，甚至是巴爾幹半島的部分地區以及北非地區。享受 Cezve 咖啡就是鄂圖曼土耳其人的標配。

噴嘴形狀像鳥喙的 Ibrik

　　Cezve 咖啡現在又稱為「Ibrik 咖啡」。但對於土耳其人而言，Cezve 和 Ibrik 完全不一樣，他們認為 Ibrik 是專指噴嘴形狀長得像鳥喙的水瓶。

1）萃取公式

咖啡粉：水＝ 1：10（10g：100ml）
萃取時間＝ 3~4 分鐘
咖啡粉的粗細度＝極細（Extra Fine）（參照 P.84）

2）萃取步驟

①咖啡壺中放入熱水（100ml），開始加熱。
②在燒開的水中加入咖啡粉（10g），可同時放入白糖、小豆蔻、丁香等。
③在咖啡沸騰之前，依同一方向攪拌三次。
④加熱不只是單純在煮咖啡，而是為了要產生泡沫。當將近沸騰而產生大量泡沫時，就將咖啡壺離火，消泡後再放回爐子上，如此反覆操作三次。
⑤讓咖啡粉沉澱 1~2 分鐘，將咖啡液倒入濃縮咖啡杯中。

煮沸後貼附在工具上的咖啡粉會散發特殊的味道。

※濃縮咖啡杯（Demitasse）：指小型咖啡杯。英文名稱是來自法文的 Demi（半）與 Tasse（杯）的複合詞。相當於普通咖啡杯（4oz，120ml）的一半。義大利文的 Demitazza，指的則是裝濃縮咖啡或土耳其咖啡的杯子。

※泡沫消退的步驟，操作次數其實不太重要，只要定下一個次數就行，但通常為了遵循傳統的方法會操作三次。

※若加入白糖或帕內拉紅糖，抑或是小豆蔻、丁香一起沖煮，可以品嘗到更濃郁的香味。

※土耳其人會看著杯底咖啡渣產生的花紋來占卜。

土耳其人有時會用咖啡渣來算命。

9 | 美式濾泡壺（Chemex）

1）誕生

　　這是德國籍化學家彼得・施倫伯姆（Peter
Schlumbohm）於 1941 年發明的器具。外型如
實驗儀器，是用科學的方式來萃取咖啡。粉末
經過熱水的浸泡後，便會通過能變得純淨又產
生豐富香味的濾紙。因著其獨特的形狀，光是
萃取的過程，視覺上就很優雅。它的設計獲得
高度評價，甚至是被紐約現代美術館納為永久
收藏品的第一個商業用咖啡萃取器具。

美式濾泡壺的萃取

2）特徵

　　美式濾泡壺的魅力在於萃取方式為泡製，
「泡製法」能產生更豐富的香味。水和咖啡粉
的接觸時間越長，能感覺到的香味成分就越
多。若是覺得難以分辨咖啡豆的各種細微香
味，那麼可以用美式濾泡壺來萃取，把香味成
分放到最大，這樣便能輕易辨別。美式濾泡壺
的專用濾紙比其他種類的濾紙都來得厚重，因
此萃取結束後不會在杯子上留下沉澱物。

3）萃取公式

咖啡粉：水＝ 1：10（14g：140ml）
萃取時間＝ 3 分鐘（根據份量，最長甚至可達
4 分鐘）
咖啡粉的粗細度＝微粗（Medium Coarse）（參照 P.84）

美式濾泡壺專用濾紙

4）萃取步驟

①濾紙裝在萃取器上，倒熱水來沖洗乾淨，
　同時進行預熱。此時流下來的水要丟掉。

②放入 28g 咖啡粉。

③倒入 56 ml 剛沸騰的水並等待 30 秒。

④將剩餘的 224 ml 水緩慢且均勻地注入。

⑤若已萃取到所需的量，就迅速拿走濾紙。
　但因為還會有萃取液從濾紙上滴落，所
　以挪動時要小心。最後將容器內的萃取
　液倒入杯中，便能享受其豐盛的風味。

美式濾泡壺中的注水方式是所謂「隨意
注水（Pour Over）」的代表。

用語整理

① 萃取（Extraction）：主要利用液態溶劑溶入固相或液相混合物
　中，藉此分離特定成分的方法。在固體中進行萃取，有時也被稱
　作「浸出（或提取）」。

② 浸出（Leaching）：針對固體原料中的目標成分，利用溶劑進行
　溶解，如此將其成分萃取至固體外的方法。

③ 滲出（Exudation）：加入能溶解粉末中特定成分的溶劑來進行
　分離的方法。

④ 溶劑（Solvent）：溶質溶解而形成溶液的物質（＝溶媒）。由
　液體與液體組成的溶液中，量多的一方稱溶劑，量少的一方則稱
　溶質。

⑤ 溶質（Solute）：溶於溶劑、製成溶液的物質。溶質可為氣體、
　液體或固體。

⑥ 溶解（Dissolution）：溶質與溶劑混合均勻的現象。能否溶解，
　與物質的極性有很大關係。當水作為溶劑時，由於水的極性大，
　遇到極性大的溶質就易溶解；相反地，極性小的溶質則不易溶解。

⑦ 溶液（Solution）：含兩種或以上物質混合均勻的混合物。不管
　物質狀態如何，只要物質混合均勻，便可稱為溶液。一般說的溶
　液通常指的是氣態、液態或固態溶質溶於液態溶劑的混合物。

☞ 溶質（砂糖）＋溶劑（水）→溶解（糖溶於水）＝溶液（糖水）

10 | 聰明濾杯（Clever）

　　自 2010 年於臺灣亮相後，相繼出現了各式各樣的產品。此濾杯相似於 **Kalita**。不是用水經過咖啡粉層來萃取成分的過濾法，原理是讓咖啡粉浸濕一段時間的「浸泡法」。濾杯的底部裝有活塞止水閥（Stopper），能於所需時間內止住水的流動，讓咖啡粉浸泡於其中。浸泡階段結束後，再透過安裝好的濾紙過濾咖啡液和殘渣。常被說是結合了法式濾壓壺與手沖咖啡的萃取方法。

聰明濾杯萃取器具

1）萃取公式

咖啡粉：水＝ 1：15（12g：180ml）

萃取時間＝ 3 分鐘

咖啡粉的粗細度＝中等（Medium）（參照 P.84）

2）萃取步驟

①在聰明濾杯上放上濾紙後沖洗熱水，同時也會達到預熱的效果。倒掉沖洗過的水。

②將 12g 咖啡粉放入聰明濾杯後，按下計時器開始計時，同時注入攝氏 88~92 度的 180ml 水。

③可用棍棒攪拌均勻。

④待 3 分鐘後置於玻璃壺上，使咖啡液流出即完成。

　※聰明濾杯底部有個止水閥，當底盤碰到壺口或杯口，會使活塞閥開啟，咖啡液就會向下流出。

攪拌咖啡粉有助於成分的萃取。

按壓底座，咖啡液就會流出來。

11 咖啡產地（Coffee Regions）

　　咖啡樹只能在以赤道為中心，南、北緯 25 度之間的熱帶或亞熱帶地區生長。咖啡樹不耐寒，無法在有冬季的地方生存。咖啡樹生長、栽培的地區被稱為「咖啡帶（Coffee belt）」或「咖啡區（Coffee Zone）」，而各個產地所生產的咖啡都有不同的香味。

THE COFFEE BELT

TROPIC OF CANCER

EQUATOR

TROPIC OF CAPRICORN

1 PAPUA NEW GUINEA　　5 PERU
2 BRAZIL　　　　　　　6 GUATEMALA
3 SUMATRA　　　　　　7 COLOMBIA
4 HONDURAS　　　　　8 ETHIOPIA

1 | 巴西（Brazil）

- 主要產地：巴拉那、莫科卡、聖保羅、塞拉度
- 風味：甘甜柔滑，帶點巧克力味
- 採收季：4~10 月

　　巴西是世界上最大的咖啡生產國，生產量占世界咖啡總量約 30%。1727年，由法蘭西斯科・德・莫羅巴列塔（Francisco de Mello Palheta）從法屬圭亞那引進咖啡種子。有個流傳下來的有趣的故事：當時法國總督禁止咖啡種子運往國外，但總督夫人卻偷偷將咖啡種子給了巴列塔。

巴西主要咖啡產地分布

　　巴西 30% 以上的國土都被咖啡田覆蓋。大約 80% 的咖啡農場分布於海拔500~1100m 處，栽種阿拉比卡種，其餘 20% 則生產羅布斯塔種。巴西的旱季和雨季分明，所以農作物收穫後，可以長時間進行自然乾燥，因此巴西咖啡大多採用日曬的方式處理咖啡豆。

　　巴西咖啡通常具有灰或土的氣味，並以甘甜、柔滑的風味著稱，因此成為構成濃縮咖啡混豆的基礎豆。加入巴西咖啡的混豆，風味會很柔滑，且增加醇厚感與甜味。先撇除波旁種和一些特殊的小型田地（微批次 Microlot：咖啡以小批量收成並處理，通常品質優異）生產的生豆不談，巴西咖啡並不適合喜愛哥倫比亞或中美洲那種帶有明亮酸味的精品咖啡（Specialty coffee）的人。但這並不代表巴西不生產精品咖啡，位於塞拉多地區的 Chapadao de Ferro 和 Serra de Salita，是備受精品咖啡愛好者關注的咖啡產地。

2│哥倫比亞（Colombia）

- 主要產地：金迪奧、桑坦德、考卡、安蒂奧基亞
- 風味：均衡且明亮，帶柑橘、堅果味
- 採收季：全年

哥倫比亞從 1835 年開始種植商業咖啡，有的見解是說，咖啡種子是 1735 年由耶穌會的修士們所引進。哥倫比亞與巴西皆被稱作咖啡大國，雖然主要生產羅布斯塔種的越南有時會在產量上領先哥倫比亞，但從風味好的阿拉比卡種來比較時，哥倫比亞就遙遙領先全世界。其實哥倫比亞會在世界咖啡產業的地位提升，是因為在 2011 年世界咖啡師大賽時，有六位決賽選手選用了哥倫比亞咖

哥倫比亞主要咖啡產地分布

啡。**哥倫比亞的阿拉比卡種咖啡豆，因帶有一貫的均衡、活潑以及良好的醇厚度而大獲好評。**

沿著安地斯山脈的山坡、橫跨約 3219km，有數千座的農場種植哥倫比亞咖啡。由於從南到北都有咖啡園分布，全國一年四季都可收穫咖啡。而這當中，成立於 1927 年的「哥倫比亞咖啡種植者聯合會」（Colombian Coffee Growers Federation，簡稱 FNC），在種植哥倫比亞咖啡方面扮演著極為重要的角色。絕大部分的哥倫比亞咖啡農屬於小農戶，他們往往缺乏提高咖啡品質的動力，也缺乏銷售的天賦。因此，FNC 的活動便側重於說服種植者改善老舊農場環境，並為種植者解決各種商業與金融的困難。

3 | 墨西哥（Mexico）

- 主要產地：瓦哈卡、恰帕斯
- 風味：俐落、柔順，有水果味
- 採收季：11 月~隔年 3 月

　　墨西哥擁有世界排名前十的咖啡豆生產量。18 世紀末，首次於維拉克魯茲（Veracruz）種植咖啡，並從 1870 年代開始出口各樣品質的咖啡。大部分咖啡栽種於南部、中南部地區，這些地區常年氣溫恆定，所以味道可以保持一致。主要種植阿拉比卡種。若說到最佳產地，那就是靠近瓜地馬拉的邊境地區──恰帕斯州索科諾奇科（Soconusco）。

墨西哥 COE 咖啡

墨西哥產的咖啡（波旁種）

　　墨西哥咖啡大致上都是經過深度烘焙後，當作混豆或濃縮咖啡的基礎豆。咖啡在墨西哥生長了幾個世紀，但直到 20 世紀以後，為謀求社會發展，才將其視為經濟商品而擴散出去。在墨西哥革命（1910~1920 年，墨西哥各派系之間的長期流血鬥爭）之下興起了農業革命，勞動階級因而取得土地，並迅速成為了咖啡種植者。如今約有 50 萬戶的小農仰賴咖啡維生。這樣的**小規模農場經營文化，使墨西哥咖啡的味道與香氣極為豐富且多樣。**

　　在維拉克魯茲種植的咖啡與生長在恰帕斯的不同。恰帕斯位處最南端地區，維拉克魯斯的咖啡則生長在 1500m 以上的高山區，因此這裡種植的咖啡比其他地區的更帶有水果味、輕爽的酸味，能微微地感受到甜甜的甘蔗味和桃子味。在瓦哈卡生產的咖啡，則帶著淡淡、不太明顯的酸味。

4 | 瓜地馬拉（Guatemala）

- 主要產地：薇薇特南果、阿卡特南果、奇馬爾特南戈
- 風味：中等醇厚，有著煙燻和辛辣味（散發出燃燒橡樹時令人愉悅的氣味，還帶有辛辣的味道）
- 採收季：10 月～隔年 3 月

咖啡是瓜地馬拉的主要出口產品，其極具魅力的香味，令墨西哥和中美洲周邊產地羨慕不已。1750 年，耶穌會傳教士首次引進咖啡，但在產業上開花結果，卻是 1860 年抵達的德國人的作為。在西南方的阿蒂特蘭（Atitlan）和安地瓜（Antigua），隨處可見種植了優質咖啡的小型農場。

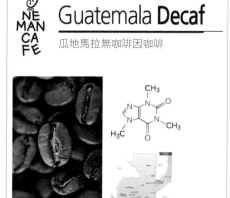

Guatemala Decaf
瓜地馬拉無咖啡因咖啡

風味：苦中帶甜，明顯的杉木香、土味、過熟的李子香
醇厚感／口腔的觸感：帶點柔軟又稍微乾燥的感覺
酸味：與其說輕巧，不如說細膩
餘味：除了巧克力香，還有過熟的水果和土的感覺
烘焙程度（色度）：52／55
產地：安地瓜

瓜地馬拉咖啡成功的主因是地形。**其地形被評為具備了栽培香味濃郁、層次豐富的阿拉比卡種的完美條件。咖啡農場大部分坐落在海拔1500~2500m 處，繁茂的樹木形成遮蔭，還能擋掉來自北邊的寒風。**由於咖啡樹能在遮蔭底下慢慢生長，便提高了種子裡的自然糖分濃度，風味也一起增強；在瓜地馬拉，就有 98% 的咖啡樹生長在遮蔭下。這裡的降雨既充沛又可預測。連續不斷的降雨對於咖啡種植者也是一種祝福。同時，**瓜地馬拉的微氣候（Microclimates）造就出豐富多彩的咖啡香味。**由火山、山、湖水引起的 300 多種微氣候，使瓜地馬拉咖啡的特性變得更加高級。

產自北部的薇薇特南果（Huehuetenango）高原的咖啡散發著強烈的水果酸味，被視為珍貴。其他產地如阿卡特南果（Acatenango）、阿蒂特蘭、基切（Quiche）等地也因咖啡散發的柔和水果酸味而廣受好評。

5 | 巴拿馬（Panama）

> — 主要產地：奇里基、巴魯火山、波奎特
> — 風味：明亮的酸味，花香、水果香
> — 採收季：10 月～隔年 3 月

巴拿馬產的藝妓品種

巴拿馬擁有能生產品質優良咖啡的得天獨厚環境。**當地豐沛的降雨和雲層，足以栽培出數以萬計的咖啡樹。高海拔與火山土壤也使咖啡風味變得複雜而有趣。**多虧奇里基位在高海拔及柔和微氣候的地方，才能製造出最優良的咖啡豆。奇里基的高冷地區大致分為波奎特（Boquete）和坎德拉火山（Volcan-Candela）。波奎特是世界上最有趣的精品咖啡故鄉之一；坎德拉則以「巴拿馬的糧倉」之別稱而廣為人知。在這兩個產區中間，還有一座目前為休息狀態的巴魯（Baru）火山，海拔為 3475m，是巴拿馬的最高處。

因為營養豐富的土壤，使巴拿馬得以生產出最豐富、香味最濃郁的咖啡，受到眾多世界級咖啡評鑑家的好評。但從歷史上來看，巴拿馬咖啡相較於其他中美洲的咖啡生產國，是受到忽視的，而其原因與其說是品質問題，更準確來說是因為形象的關係。近年來，因著對追求高級咖啡充滿熱情的巴拿馬種植者的努力，巴拿馬在精品咖啡市場聲名大噪。

經歷 1996 年世界性的咖啡價格暴跌事件後，七名巴拿馬咖啡種植者一起成立了「巴拿馬精品咖啡協會」（SCAP，Specialty Coffee Association of Panama）。SCAP 致力於改善巴拿馬咖啡的形象，每年舉辦「最佳巴拿馬」（Best of Panama）品評會，鼓勵高級咖啡種植者，同時也向世界宣傳巴拿馬的高級咖啡，吸引了眾多專家的注目。在 2012 年品評會上，班傑明·歐索里奧（Benjamin Osorio）憑藉藝妓（Geisha Aristar）品種獲得了冠軍。

6 | 哥斯大黎加（Costa Rica）

> ─ 主要產地：塔拉珠、聖荷西、西部谷地、中央谷地
> ─ 風味：帶高山莓果的感覺，柑橘類、堅果、淡巧克力
> ─ 採收季：10 月～隔年 3 月

　　在哥斯大黎加，咖啡是構成社會和文化結構的重要媒介，也是國家重點產業。對於每一位國民來說，咖啡本身就是日常。咖啡約莫於 1700 年代末傳入，哥斯大黎加在 1816 年成為中美洲國家中第一個商業生產咖啡的國家。首次種植咖啡的人名為 Father Felix Velarde，當初在距離聖荷西都會區大教堂的

哥斯大黎加的乾處理

一百公尺處開始種植。當地風土具備種植高品質阿拉比卡種的完美條件。國立咖啡研究所（ICAPE，Instituto del cafe de Costa Rica）更是自 1989 年起禁止羅布斯塔種的栽種，從而積累了「阿拉比卡高級咖啡產地」的名聲。

　　豐富的火山土壤使哥斯大黎加咖啡擁有與其他產地不同的魅力。**土壤低酸度暗示著咖啡生長在理想的栽培環境，還帶有乾淨、均衡、柔和的風味。白天炎熱、夜間涼爽的氣候，有助於咖啡能慢慢發酵，帶出更集中的香味。**因著這些完美的栽培條件，哥斯大黎加咖啡才會具有均衡、酸味不強烈的柔和風味。然而，哥斯大黎加所生產的咖啡並非都有一樣的味道。在此地，濕處理（Wet processing）和乾處理（Dry processing）兩種咖啡生豆處理方式均被採用。藉由水來除掉黏液的濕處理，能製作出酸味強、帶來明亮感的咖啡；乾處理的咖啡散發些許的蜂蜜香味。

　　哥斯大黎加最好的種植地是塔拉珠（Tarrazu），高海拔以及特有的微氣候賦予了十分乾淨且高級的香味。**塔拉珠咖啡有好的酸味搭配濃郁的面貌，擁有巧克力、蜂蜜及小豆蔻的香味；與牙買加的藍山咖啡並駕齊驅，同為世界第一。**

7 | 薩爾瓦多（El Salvador）

> — 主要產地：埃爾帕拉伊索、卡卡瓦提克、聖安娜
> — 風味：波旁為經典，帕卡瑪拉則別具一格
> — 採收季：10 月～隔年 3 月

　　咖啡在薩爾瓦多已有 100 多年的歷史，是國家經濟命脈的珍貴資產。然而，薩爾瓦多咖啡在歷史上曾遭逢巨大的傷痛。因為右翼政治集團一味地追求大量生產的關係，許多想生產精品咖啡的小農非常辛苦，在經過民主主義運動與市民戰爭後，這種政治壓力才消失；近年來，薩爾瓦多咖啡正迅速步入高級化。農業人力中有 25% 左右的人（14 萬餘人）從事咖啡栽種。

　　薩爾瓦多具備了能生產精品咖啡的完美條件。**國家限制只能種植阿拉比卡種。在阿拉比卡種之下的品種中，有 80% 左右栽種波旁（Bourbon）特有種，15% 左右是帕卡斯（Pacas），其餘則是象徵薩爾瓦多咖啡的帕卡瑪拉（Pacamara）。**這奇特的帕卡馬拉種是 1958 年由「薩爾瓦多咖啡研究所」（ISIC，Salvadoran Institute for Coffee Research）將波旁和帕卡斯雜交後產生的品種。雖然帕卡瑪拉的均衡美不如波旁，卻充滿著複合的香草和水果感，也帶點莓果、哈密瓜、柑橘的味道，以及些許的巧克力味。

　　薩爾瓦多本身的高海拔及豐富降雨量，讓人很有自信能生產出最高品質的咖啡。在一大片宛如綠色海洋的森林進行遮蔭栽培（Slow-grown shaded coffee）提供了無比完美的條件。**薩爾瓦多咖啡有 90% 以上都是林蔭咖啡（shaded coffee），使咖啡得以慢慢生長，其香氣也就更加濃縮且豐富。**

薩爾瓦多的亞歷山大・曼德斯（Alejandro Mendez）於 2011 年世界咖啡師大賽（WBC）上奪冠。是首位來自咖啡生產國的人登上冠軍寶座，同時也向全世界展示了薩爾瓦多咖啡的優異。

8│秘魯（Peru）

- 主要產地：錢查馬約、諾特、庫斯科
- 風味：酸味溫和，均衡，香氣濃郁且甜美
- 採收季：4~10 月

秘魯於 1700 年代開始種植咖啡，60% 以上都是阿拉比卡原種。**早期作為咖啡生產大國而聲名大噪，直到進入 2000 年代後，以有機咖啡及公平貿易咖啡重新樹立形象。**秘魯國家咖啡委員會（Peruvian National Coffee Board，JNC）成立於 1993 年，委員會帶頭維護種植者的權益，致力讓 11 萬小農參與公平貿易合作社，以獲取應有的價格，同時也幫助種植者透過有機農法生產自然的咖啡。秘魯正積極成為領先世界、生產有機咖啡的國家。

然而，未必被稱作「有機咖啡」或「公平貿易咖啡」的咖啡，其風味就一定好，要在秘魯找到可靠的有機咖啡其實還挺困難的。**秘魯最好的咖啡，帶著微微的酸味，風味活潑且香氣柔和。種植在錢查馬約（Chanchamayo）的咖啡，在咖啡愛好者心目中是數一數二的。**這產地坐落在叢林茂盛的亞馬遜林區中的高地，所以咖啡香味十分濃厚。秘魯出口的咖啡中，有 40% 左右生產自錢查馬約。

秘魯另一個被關注的產地是北方的卡哈馬卡（Cajamarca），這裡的海拔高，能產出帶著猶如天鵝絨般柔軟及些許水果香味的阿拉比卡咖啡。南方的庫斯科（Cuzco）也有生產口感絕佳的咖啡。一般來說，秘魯咖啡都是屬於溫和的，跟在鄰國生長的咖啡很不一樣，像哥倫比亞和巴西的咖啡就帶有尖銳的酸味，而秘魯咖啡的酸味是溫順的。由於口感溫順的關係，秘魯咖啡常被拿去混豆。

9 | 牙買加（Jamaica）

> — 主要產地：聖安德魯、藍山
> — 風味：溫醇、均衡感佳，幾乎沒有苦味
> — 採收季：3~6 月

　　牙買加的咖啡以其柔軟和甜美而聞名，特別是在高海拔地區栽培的「牙買加藍山咖啡」（Jamaican Blue Mountain），風味的均衡感佳，苦味也很輕。1723 年，法國路易十五世向當時殖民的馬丁尼克島送了三棵咖啡樹苗，據傳，二棵在用船運送的途中死亡，只有一棵咖啡樹好不容易才傳入牙買加。約莫 1814 年的牙買加島，從聖安德魯（St. Andrew）到藍山（Blue Mountains）地區就出現了 600 多座咖啡農場。牙買加的氣候為多雨、多霧，土壤肥沃且排水佳，對於咖啡種植來說都是很理想的條件。

　　牙買加的高級咖啡分為「藍山咖啡」及「牙買加咖啡」兩種等級。藍山咖啡的名字本身就是世界級品質的證明，包裝上寫著「Blue Mountain」的咖啡，僅限於從聖托馬斯、聖安德魯和波特蘭的特定地區收穫。這些地區位於島嶼東部，海拔高度為 610~1500m。牙買加咖啡（Jamaican Prime）則來自較低海拔的曼徹斯特（Manchester）、聖凱瑟琳（St. Catherine）、克拉倫登（Clarendon）、聖安娜（St. Ann）、聖伊麗莎白（St. Elizabeth）等區，以好喝的優質咖啡豆（Gourmet bean）聞名。

　　藍山咖啡生長在比巴拿馬或哥斯大黎加咖啡更低的地方，以致其生豆的密度相對較低，因此需要更細緻地進行烘焙。若用標準烘焙（Standard roasting）來烘豆，就會太濃，很難帶出微妙的熱帶風味；只有進行極淺度烘焙（Light roasting），才能獲取既細膩又甜美的香味。香氣（Aroma）、醇厚（Body）、酸味（Acidity）皆恰到好處的均衡感，就是讓藍山咖啡變得特別的要素。尤其，特有的柔和甜美的餘味（Mellow sweet aftertaste），更是有別於其他咖啡的關鍵。

隨著日本的高級化策略，牙買加藍山咖啡會裝在橡木桶中銷售。

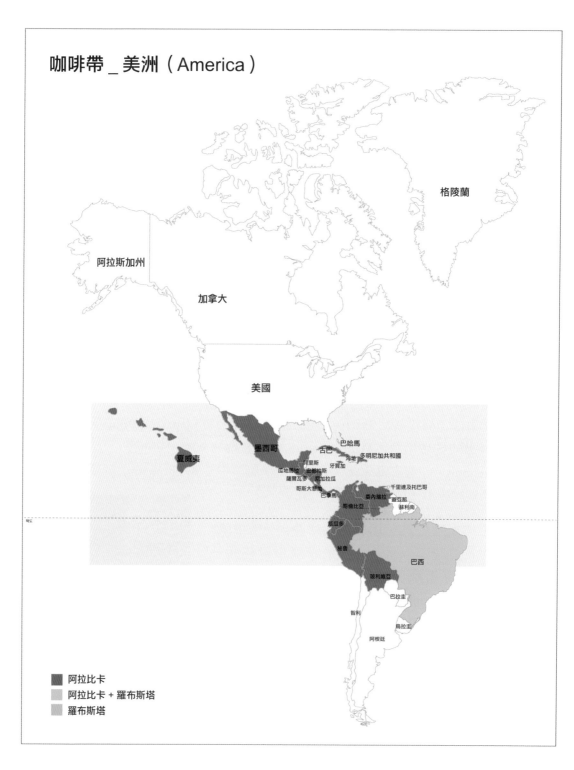

咖啡帶 _ 美洲（America）

格陵蘭

阿拉斯加州

加拿大

美國

巴哈馬

墨西哥

古巴

海地　多明尼加共和國

貝里斯

牙買加

夏威夷

瓜地馬拉　宏都拉斯

薩爾瓦多　尼加拉瓜

哥斯大黎加

巴拿馬

千里達及托巴哥

委內瑞拉

蓋亞那

哥倫比亞

蘇利南

厄瓜多

秘魯

巴西

玻利維亞

巴拉圭

智利

烏拉圭

阿根廷

■ 阿拉比卡
■ 阿拉比卡 + 羅布斯塔
■ 羅布斯塔

184

咖啡帶 _ 非洲（Africa）

突尼斯

摩洛哥

阿爾及利亞

利比亞

西撒哈拉

茅里塔尼亞

馬利

尼日

蘇丹

厄利垂亞

吉布地

塞內加爾

甘比亞

幾內亞比索

幾內亞

布吉納法索

貝南

直德

衣索比亞

獅子山

象牙海岸

多哥

迦納

奈及利亞

中非共和國

南蘇丹

賴比瑞亞

喀麥隆

索馬利亞

赤道幾內亞

加彭

剛果

烏干達

肯亞

剛果民主共和國

盧安達

蒲隆地

坦尚尼亞

葛摩

安哥拉

尚比亞

馬拉威

馬達加斯加

納米比亞

波札那

辛巴威

莫三比克

史瓦帝尼王國

南非共和國

賴索托

- 阿拉比卡
- 阿拉比卡＋羅布斯塔
- 羅布斯塔

10 | 衣索比亞（Ethiopia）

- 主要產地：耶加雪菲、哈拉
- 風味：明亮、柑橘和水果感，帶有莓果般的酸度和豐富的醇厚
- 採收季：10 月～隔年 4 月

衣索比亞主要咖啡產地分布

衣索比亞是咖啡誕生之地。阿拉比卡種是在衣索比亞一個叫咖法（Kaffa）的地區被發現。有傳聞說，約在 9 世紀時，有一位名叫卡爾迪（Kaldi）的牧羊童首次發現了咖啡果實。他發現山羊只要吃下野生的紅色咖啡櫻桃（咖啡果實），就會變得活力充沛、活蹦亂跳。

衣索比亞作為「生產最有趣香味的阿拉比卡咖啡」的地方而打響名聲。尤其從哈拉（Harar）和耶加雪菲（Yirgacheffe）生產的咖啡具有濃郁香味，是襯托衣索比亞咖啡聲譽的寶石般存在。

衣索比亞的土地十分廣闊，不同地區的咖啡品質各不相同。咖啡風味的多樣性也來自咖啡加工的方式。在哈拉、利姆（Limmu）、西達摩（Sidamo）產區，同時使用乾式（日曬法）和溼式（水洗法）兩種處理法。水洗處理的咖啡和日曬處理的咖啡比起來，醇厚感輕，土味（Earthy）與野生味（wild taste）薄弱。**哈拉——衣索比亞東部地區中生產最多咖啡的產區——經常是將整個果實拿去曬乾，或是掛在樹上晾乾，透過這樣的過程，可以得到具有葡萄酒般香味、醇厚感強的咖啡，有時還能散發藍莓的香味。**

但是，不少人認為能被譽為「衣索比亞咖啡（Ethiopian coffee）頂峰」的是耶加雪菲，而且只限以水洗加工法處理過的咖啡豆。輕焙的水洗耶加雪菲咖啡具有活潑的檸檬味，和杏子的風味絕妙地融合在一起。**水洗耶加雪菲咖啡散發茉莉花、柑橘、大吉嶺茶（Black darjeeling tea）等香氣，甜潤細膩，勻稱優雅。**檸檬和香草的香味很好地重疊在一起，餘韻有青葡萄的味道。

11 | 肯亞（Kenya）

- 主要產地：肯亞山（Mt. Kenya）、冽里（Nyeri）、卡西（Kasii）
   艾爾崗山（Mt. Elgon）、納庫魯（Nakuru）、
- 風味：帶著和紅酒一樣的酸味和沉重的醇厚感
- 採收季：3~4 月（副產季：fly crop）、
   10~11 月（主產季：main crop）

肯亞是於 1893 年經由衣索比亞引進咖啡。1963 年底，成功脫離英國並獨立後，將咖啡培育成主要出口產品。經過一連串的研究開發、行銷戰略、支援農戶政策以及技術教育，肯亞成為值得信賴的咖啡生產國，並於世界站穩了地位。

肯亞屬於遼闊的高原地形，備齊了能生產高級咖啡的自然環境，像是恰到好處的土壤、降水量及氣溫等。已成功培育出數十萬座咖啡農場，並由農戶組成單位合作社，也有另外建設的大型咖啡農場。

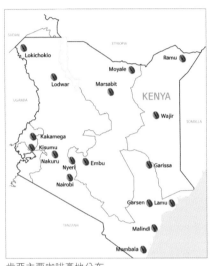

肯亞主要咖啡產地分布

在肯亞，不是單純根據 AA、AB 等諸如此類的等級來定價和銷售，而是全國所有的咖啡都匯集到首都奈洛比，在那裡進行拍賣銷售。遮陰栽培法早已經不太使用，而農藥、除草劑、化學肥料等也幾乎不使用了，僅採用「濕式加工法」來生產阿拉比卡咖啡。**肯亞的咖啡味道既濃烈又清爽，被評為口感具有濃郁風味、強烈酸味與果實甜度，並帶有紅酒和草莓香味。**

12 | 盧安達（Rwanda）

- 主要產地：維龍加山（Virunga Mountain）、
  Kizi Rift Valley、Gashonga
- 風味：明亮，帶有酸味、柑橘味，散發花香
- 採收季：3~7 月

果肉即將被剝離的盧安達咖啡櫻桃

盧安達位於東非，在咖啡的生產上屬於新興國家。1904 年才由德國傳教士引進咖啡樹，但咖啡的栽種並不活躍，是直到進入 1930 年代，國家為了復興經濟才積極推廣咖啡種植，但品質不佳。起初盧安達咖啡以「盧安達普通（Rwanda Ordinary）」與「盧安達標準（Rwanda Standard）」的平凡名字進行交易，未引起特別的注意。咖啡的味道也被評價為有霉味（Musty），還有土和灰塵的味道。在人們心目中幾乎已認定盧安達咖啡屬於低價，到 2000 年為止，盧安達仍沒有生產精品咖啡。不過，2008 年在非洲大陸首次舉辦「卓越杯（COE，Cup of Excellence，或稱超凡一杯）」，出口了 2455 噸的咖啡生豆。

1990 年代，世界上發生許多種族紛爭，在盧安達也因為野蠻的市民戰爭而發生大屠殺。憾事發生後的恢復過程中，盧安達才順利開始栽種精品咖啡。小規模農戶逐漸認知咖啡是可以賺錢的農產品，便致力推動咖啡農場的重建。而精品咖啡的成功證明了盧安達擁有多麼優秀的咖啡栽種環境。

眾所周知，盧安達是一個由 1000 座丘陵組成的國家，大部分種植阿拉比卡種，咖啡樹生長於海拔 1200~2100m 處，眾多火山丘的土壤營養豐富，是生產充沛香味咖啡的理想環境。**盧安達咖啡散發出水果感和莓果香，帶來明朗活潑的感覺，這些酸味同時能與些許的堅果感達到平衡。**

13 | 蒲隆地（Burundi）

- 主要產地：恩戈齊合作社、柯米羅合作社
- 風味：明朗輕快，沉重的觸感和辛辣的香辛料味道，以及與之
  相配的柑橘風味
- 採收季：4~9 月

1930 年代，咖啡樹首次傳入蒲隆地，據説那棵樹現在仍持續生長中。咖啡的生產直接關係到蒲隆地人民的生活。大約有 85 萬戶家庭經營著種植 50~250 棵咖啡樹規模的小農場。根據推算，75% 國民與咖啡生產有直接或間接的關係。

蒲隆地擁有栽培優秀咖啡的自然條件——高海拔、土壤肥沃以及水分豐沛。 蒲隆地從巨大的坦干依喀湖（Lake Tanganyika）所在的 770m 低地帶，一直到賀哈山（Mount Heha）延伸的 2000m 高地，其高度落差極大。地勢高的地區栽種優質的阿拉比卡種咖啡，低勢低的地區則栽種羅布斯塔種。整體而言，於北部地區生長的阿拉比卡咖啡種得較多。

蒲隆地因為混亂的政治鬥爭，以致於很長一段時間都沒有機會提高咖啡品質，但在 2003 年達成和平協議後，全國為提高咖啡品質而不斷努力。如今迎來了各地對蒲隆地的投資浪潮，咖啡市場也充滿了活力。**受到全世界咖啡愛好者矚目的產地是位於北中部的恩戈齊合作社（Sogestal Ngozi）和附近的柯米羅合作社（Sogestal Kirimiro）。**

若要描述蒲隆地咖啡的香味，那就是**伴隨著花香、輕盈活潑的橘子味道。** 這些味道與咖啡的加工方式有關。蒲隆地咖啡生豆會經歷兩次發酵，透過這過程能增加咖啡生豆中的蛋白質和胺基酸成分，使盛裝在一杯咖啡內的酸味更加複雜。

14 | 印尼（Indonesia）

— 主要產地：蘇門答臘的迦佑亞齊（Gayo Aceh）、
　　　　　　爪哇的伊真（Ijen）、蘇拉威西的卡洛西（Kalosi）
— 風味：具有柔和、醇厚度重的口感，及些微的酸味
— 採收季：6~12 月

1696 年，荷蘭人將阿拉比卡種咖啡傳入印尼。同年，印度馬拉巴爾（Malabar）總督向巴達維亞（Batavia，今雅加達）總督贈送一株咖啡樹苗。第一株樹苗栽種失敗，不過於 1699 年贈送的樹苗生長良好，1711 年透過荷蘭東印度公司順利將咖啡出口至歐洲，此後咖啡生產便逐漸躍進，印尼成為了世界性的咖啡產地。

咖啡對印尼的發展起到莫大的作用。至今，種植咖啡已過了三個世紀，**印尼躍升為世界第四大咖啡供應國**。2013 年的出口量約達 44 萬 6 千噸。雖然在印尼種植的咖啡品種大部分是羅布斯塔，但仍持續為了栽種阿拉比卡種的精品咖啡努力當中。2007 年，種植者、加工者、專家、烘豆師和銷售者為了宣傳和提升在印尼生長的阿拉比卡咖啡，成立「印尼精品咖啡協會（Specialty Coffee Association of Indonesia（SCAI）」。

印尼主要咖啡產地分布

印尼由超過 1 萬 8000 座的島嶼組成，生產著多種風味的咖啡。但是蘇門答臘（Sumatra）、爪哇（Java）、蘇拉威西（Sulawesi）及巴布亞（Papua）等幾座大島才具有可種植阿拉比卡的海拔高度。在蘇門答臘的林東（Linton）和曼特寧（Mandheling）能生產出柔和、帶有煙葉（Tobacco）和可可（Cocoa）風味的咖啡；在爪哇的伊真高原（Ijen Plateau）上生長的咖啡有醇厚感和甜味。

15 | 印度（India）

- 主要產地：卡納塔克、喀拉拉、泰米爾納德
- 風味：溫和甜美，有香辛料的感覺
- 採收季：10 月～隔年 2 月

印度咖啡的歷史得從 17 世紀的一位聖賢兼學者的巴巴不丹（Baba Budan）說起。他前往麥加朝聖後，於葉門取得七粒咖啡種子並藏匿在身上帶回。當時阿拉伯商人對咖啡執行嚴格管制，不讓咖啡傳入其他國家，因此巴巴不丹可說是承擔著極大的風險。歸國後，巴巴不丹將咖啡種子種植在卡納塔克邦（Karnataka）邁索爾（Mysore）附近的錢德拉吉里丘陵（Chandragiri Hill）上。多虧巴巴不丹，阿拉伯對咖啡的壟斷得以落幕，咖啡開始在更廣闊的地區種植。之後，隨著英國殖民統治印度，商人的積極開發，讓印度搖身成為了頗大的咖啡出口國。

印度咖啡主要生長在南部地區的卡納塔克邦、喀拉拉邦（Kerala）和泰米爾納德邦（Tami Nadu）。這些地區位處高海拔，林木繁茂、雨季規律，是最適合咖啡生長的環境。再加上因為 **95% 印度咖啡都生長在陰涼處，所以果實成熟得緩慢，致使天然糖**（Natural sugars）**含量高，風味也更豐富。**林蔭咖啡（Shade-grown coffee）可以最大限度地減少對自然的影響，因此在喜愛環保咖啡（Eco-friendly coffee）的人之間相當有人氣。

在風味方面，印度咖啡具有令人愉悅的香辛料風味，味道也甘醇。**印度人一般會將咖啡與胡椒、丁香**（Clove）、**肉桂**（Cinnamon）**及小豆蔻**（Cardamom）**並排種植，而咖啡豆就會在這樣的生長過程中擁有特殊的香味。**還有，因為很多印度咖啡都在無農藥的環境下種植，所以長遠來看，有益於提高土壤品質與保護森林。

如果想享受其他層次的風味，印度風漬咖啡（Monsooned coffee）就很適合。這種咖啡在開放式倉庫存放期間，迎著潮溼的季風，因此具有濃郁的柔和風味。此加工法賦予咖啡深沉的醇厚感和觸感，隨著細微的酸味和強烈的香辛料香氣融合，能喚起豐富的香味，也使餘韻悠長。在甜美可口的一杯咖啡中，宛如能品嘗到肉桂和椰子奶油。

16 | 越南（Vietnam）

- 主要產地：邦美蜀、邊和
- 風味：有苦味和燒焦的味道
- 採收季：12 月～隔年 1 月

位於越南大叻的阿拉比卡咖啡果實

在越南，咖啡屬於新型農作物。咖啡於 1857 年由法國人引進，到了 20 世紀初期才成為主要出口產品。雖然是後起之秀，但卻超越中南美洲巨大的咖啡產地，成為了**世界第二大的咖啡產地**。而且再考慮到越南戰爭以及國內持續到 1986 年的農業集散化（Collectivisation of agriculture），這樣的結果更是令人驚訝。

但對於喜愛精品咖啡的人而言，越南沒有名聲，因為越南生產的咖啡品種大部分是羅布斯塔。羅布斯塔香味不佳，常使用在即溶咖啡或混合咖啡豆。但在進入 2000 年代後，越南開始以大叻等高原為中心，栽種香味好的阿拉比卡種，試圖挽回外界對他們咖啡品質的看法。

越南有個吸引咖啡愛好者關注並被選為特色咖啡的咖啡豆，那就是「**麝香咖啡（Cà phê chồn）**」或稱「**貂鼠咖啡（Weasel Coffee）**」。越南本土的長尾麝香貓以水果為主食，牠們會挑成熟的咖啡果實來吃，而果實的種子部分（也就是咖啡豆）會保持原狀排出。**經過麝香貓消化、排出的咖啡生豆，具有微妙的香味，以及不得而知的柔軟性，苦味也降低到驚人的程度**，因此被視為夢寐以求的珍品。

越南還發展出一種透過名為「滴滴壺（Phin）」的工具來萃取咖啡的方式，並於咖啡中加入加糖煉乳，調製成冰咖啡，甜味與羅布斯塔的苦味相融合，是款受在地人喜愛的飲品。

17 | 夏威夷（Hawaii）

> － 主要產地：可娜、可愛島、摩洛凱島、茂宜島、歐胡島
> － 風味：些許酸味，豐富甜味及醇厚感，有著如茉莉花的清爽尾韻
> － 採收季：10 月～隔年 1 月

　　夏威夷是世界頂級咖啡「可娜（Kona）」咖啡的生產地。可愛島（Kauai）、摩洛凱島（Molokai）、歐胡島（Oahu）及茂宜島（Maui）上也生產咖啡，但只有在可娜地區栽種的咖啡才命名為「可娜（Kona）」。可娜咖啡根據大小和缺點，將等級區分為 Kona Extra Fancy、Kona Fancy 及 Prime。**其味道十分柔和、清爽，香氣很飽滿。**雖然產地海拔低，但因為白天多雲的特殊天氣現象，形成了如高山地區般的氣溫環境，因此咖啡生豆的密度高，甜味也很卓越。被推崇為「美國文藝界林肯」的馬克‧吐溫，對夏威夷可娜咖啡的味道更是讚不絕口。

　　可娜咖啡屬於鐵比卡（Typica）品種，是歷經完全手工的採收、濕式加工法而生產的咖啡。多虧規律雨水、排水良好的火山灰土壤以及適當氣溫，儘管在較低的海拔高度栽種，依然能生產出與高海拔地區一樣的高品質咖啡。可娜咖啡被評為不僅具甜味和酸味，也帶著既清爽又協調的味道和香氣的柔和咖啡。

　　被稱作「Kauai Estate」的可愛島咖啡，則以酸味少、具有沉重的醇厚感而聞名。摩洛凱島的咖啡中，有名的是稱作「Malulani Estate」及「Molokai Muleskinner」的咖啡。

鐵比卡品種的可娜咖啡

18 | 葉門（Yemen）

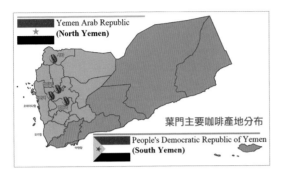

葉門為世界上最早種植咖啡的國家，小鎮摩卡也曾是最大的咖啡貿易港。經由摩卡港出口的咖啡都被稱為「摩卡」。葉門是將在衣索比亞發現的咖啡傳播到全世界的最大功臣。阿拉比卡的品種名稱，就是源自葉門所在的阿拉伯半島。葉門人主要喜歡喝的是，自然乾燥的咖啡果實經挑除種子後整粒搗成粉末，然後把粉末放入熱水中，像紅茶一樣帶有淺淺顏色的咖啡。

葉門咖啡是世界上個性最鮮明的咖啡，比衣索比亞的哈勒爾咖啡味道更濃烈。**生豆形狀小而不規則，加工水準不夠精緻，因此經過烘焙後，咖啡豆的顏色也不盡相同。**葉門咖啡產於高海拔地區，生豆密度大，味道和香氣深沉而濃郁。咖啡品種有傳統的鐵比卡、波旁等原始品種，也有來自不同地區的各式改良品種。在這些咖啡中，較知名的是「馬大利（Matari）」和「依斯瑪利（Ismaili）」咖啡。

─ **馬大利**：產於首都沙那以西的巴尼馬塔爾區，是葉門最好的咖啡。
─ **依斯瑪利**：有明顯巧克力和水果的香味，比馬大利更柔和。
─ **哈拉里**：酸味和果味均濃郁，比馬大利的口感更柔和、更輕盈。
─ **沙那利**：整體風味比其他咖啡弱，口感柔和，味道和香味均衡。

---

19 | 坦尚尼亞（Tanzania）

　　1964 年獨立的坦尚尼亞，於 1893 年開始種植咖啡，多由小農產出。阿拉比卡種和羅布斯塔種都有種植，大部分的咖啡樹與香蕉樹栽種在一起，所以會形成自然的遮蔭栽培。位於坦尚尼亞東北部的「吉力馬札羅（Kilimanjaro）」擁有得天獨厚的環境，可產出品質優良的咖啡。**吉力馬札羅咖啡被評價為乾淨、細膩，味道和香氣都很豐富**，偶爾還能聽見「它具有尖銳的酸味，難以區分與肯亞 AA 之間的差異」或者「會讓人聯想到伊索比亞水洗咖啡」的好評，正逐漸成為世界級的名牌咖啡。

20 | 宏都拉斯（Honduras）

　　宏都拉斯咖啡具有酸味、甜甜的焦糖香。但由於惡劣的生產及加工條件，無法根據品質達到高價交易。著名的咖啡有「宏都拉斯 SHG」和「宏都拉斯 HG」。

21 | 尼加拉瓜（Nicaragua）

　　尼加拉瓜咖啡雖然產量不多，但被評為高級咖啡。帶有濃郁卻乾淨的香氣以及和諧的味道，並散發著古典咖啡的風味。不同於其他中美洲的許多高原地區的咖啡，尼加拉瓜咖啡的酸味不強烈。

22 | 巴布亞紐幾內亞（Papua New Guinea）

主要產地為以新幾內亞島上威廉山為中心的高原地區，阿拉比卡種和羅布斯塔種都有生產。大部分產量是由北美洲所消費。與鄰近的印尼咖啡不同的是，它是公認具有柔和、甜蜜的味道和香氣、口感俐落的咖啡。以哈根山為中心，以西的高地區「西格里」咖啡，與以東的高地區「阿羅納」咖啡都很有名。

23 | 烏干達（Uganda）

烏干達以生產、輸出羅布斯塔咖啡聞名，但從數年前有越來越多處陸續栽種品質好的阿拉比卡種。在靠近肯亞邊境艾爾崗山一帶的布基蘇，由鄉村小農生產水洗阿拉比卡咖啡，其帶有葡萄酒或水果的味道令人印象深刻，是著名的高級咖啡。有點像是肯亞的咖啡，不過給人一種稍微粗糙的感覺。

24 | 辛巴威（Zimbabwe）

辛巴威從 1890 年代就開始種植咖啡，但直到 1960 年代後期才以肯亞為模板執行商業生產，唯獨阿拉比卡咖啡會採用濕式加工法來生產。主要產地位於莫三比克（Mozambique）邊境地區的齊平加（Chipinge）和穆塔雷（Mutare）。主要的咖啡有「Chipinge」、「la lucie」、「Smaldeel」等。在美國市場上，辛巴威 AA 級的高級咖啡以「Code 53」之名流通，其特徵是強烈酸味與清爽水果味。

25 | 尚比亞（Zambia）

尚比亞於 1980 年獨立，和辛巴威一樣，也是以肯亞為模板發展咖啡產業。主要在大型咖啡農場經由濕式加工法來生產阿拉比卡咖啡。咖啡的味道與肯亞相似，香味柔和。著名的咖啡有「Terranova」和「Kapinga」等。

「直接貿易（Direct Trade）」如何提高咖啡的品質？

咖啡評鑑師協會（CCA）舉辦公平貿易活動，參與者為衣索比亞罕貝拉哈魯（Haru）村的咖啡種植者。

咖啡好壞的區別，最基本要素就是「明確的產地」。喜好精品咖啡的人，對於產地十分執著且講究。因為只要知道咖啡產地，就大概可以猜出其加工方式和風味。若想真正享受精品咖啡，不僅要懂產地，了解是在哪個農場生長的也很重要。許多咖啡愛好者表示，希望咖啡商們能夠為了尋找特別的咖啡豆而直接與種植者進行交易，但這種狀況並不多見。

公平貿易標籤運動（Fairtrade Labelling），簡稱為「公平貿易」（Fairtrade），或在美國被稱為「公平貿易認證」（Fair Trade Certified Mark），是倡議消費者以合理價格向生產者購買商品，該認證能證實咖啡種植者有為採收咖啡的勞動者提供正常工資或者待遇。近幾年，公平貿易的概念迅速地在消費者之間演變為倫理運動。

消費者和種植者之間的直接貿易，是擴散精品咖啡的動力。不經過中介，直接與種植者溝通，這是在生產上以及咖啡流通上的革新。但針對直接貿易（Direct Trade）這件事，還沒有明確的規定或全球性的協議，目前就只是從進行過直接貿易的人那裡聽其經驗，若好奇為何要進行直接貿易，大概就只能從倫理上的透明度、咖啡生豆的品質管理、長期的相互信任等方面提出價值而已。

韓國咖啡評鑑師協會（CCA）裡的許多專家，會拜訪世界各地的咖啡農場，進行高品質咖啡的確認和認證工作。雖然直接貿易尚未有明確定義，但至少不可以是作為宣傳或展示的一次性交易。為了改善模糊使用「公平貿易」或「直接貿易」詞彙的狀況，CCA 正致力於公開以農場為單位的具體咖啡種植地。CCA 認為「直接貿易不能僅止於咖啡專家和農夫拍張紀念照後購買一次咖啡」，並強調「參與直接貿易者應背負使命，參與透明化的定價及公平分享利益，藉此導正購買者和生產者之間力量的不平衡」。

咖啡品種大事記（A Chronology of Coffee Varieties）

- 2700 萬年前：從梔子（茜草科）演化出「咖啡樹的祖先」。
- 1400 萬年前：咖啡樹的祖先於喀麥隆一帶形成群集。
- 2000 萬 ~200 萬年前：因地殼運動形成東非大裂谷（East Africa Rift Valley）。
- 500 萬年前：
  - 咖啡樹的祖先因東非大裂谷縱貫非洲全境和大陸，還擴散到亞洲與澳洲。
  - 咖啡樹的祖先在適應各地過程中，誕生出卡尼弗拉種（Canephora，又名中果咖啡，異名羅布斯塔）、尤金諾伊狄絲種（Eugenioides，又名丁香咖啡）。
- 100 萬年前：因著卡尼弗拉和尤金諾伊狄絲之間的「多倍化（Polyploidization）物種分化」，出現了阿拉比卡種（Arabica），並在衣索比亞高原地區形成群落。
- 575 年：衣索比亞的阿拉比卡種傳入西南亞的葉門。
- 1696 年：葉門的阿拉比卡種（鐵比卡，Typica）傳入印尼爪哇。
- 1706 年：爪哇的鐵比卡種傳入荷蘭阿姆斯特丹。
- 1715~1718 年：葉門的阿拉比卡種（波旁，Bourbon）傳入印度洋留尼旺島（Reunion）。
- 1727 年：將自法屬圭亞那移植到巴西北部的咖啡樹命名為「National」種，這是第一個被移植到巴西的咖啡品種。因為是巴西傳統物種，亦被稱作帶有「普通」意味的「Comum」種。
- 1864 年：在印度洋的法屬留尼旺島（早期稱為波旁島）上發現了紅波旁（Bourbon Vermelho）種。
- 1870 年：在巴西北部巴伊亞州發現鐵皮卡種的變種「馬拉戈日皮（Maragogype）」，但該物種的生產效率較低。由於生豆大，亦被稱作「巨型象豆（Elephant bean）」。
- 1911 年：在印度，咖啡農場園主羅伯特・肯特發現了一種對 CLR（Coffee Leaf Rust，咖啡銹病）具有較強抵抗力的物種，並將其命名為「肯特（Kent）」，此為鐵皮卡的變種。但後來又出現新的 CLR 種，1927 年才開始重新改良；1946 年，成功將 S288（阿拉比卡和賴比瑞亞的雜交種）與肯特互相雜交，得到 S795。
  ※ 賴比瑞亞種（Liberica），又名大果咖啡。
- 1920 年：荷蘭人在爪哇從羅布斯塔種中開發出 BP 和 SA。
  ※ 成長力好，但無法廣泛種植。
- 約 1927 年：在東帝汶島誕生了由鐵皮卡系列和羅布斯塔 Erecta 系列自然雜交而成的帝汶特種（Hibrido de Timor）。抗銹病力強，樹體巨大，十分耐旱，但生產效率低，咖啡品質差。
- 約 1930 年：在薩爾瓦多的「Don Alberto Pacas Figueroa 農場」中發現波旁種的變種「帕卡斯（Pacas）」。樹體小，能密植栽培，樹根深厚，耐風吹且耐旱。生豆尺寸較大，風味十分豐裕。被評為具有中等醇厚感，帶柔和的酸味和甜味，整體均衡感佳。

- 1931~1932 年：在衣索比亞西南部的藝妓村發現的咖啡樹被送往肯亞。同時，該咖啡被取名為阿比西尼亞（Abyssinian）種、藝妓（Geisha）種。此後經由坦尚尼亞（1936 年）、哥斯大黎加（1953 年）傳入巴拿馬。
- 1935 年：在巴西聖保羅發現波旁的變種塞拉（Cera）種。
- 1935 年：肯亞將從坦尚尼亞引進的波旁系列咖啡樹中，篩選出對 CLR 及 CBD（Coffee Berry Disease：咖啡漿果病）具有較強抵抗力的 SL28 種。SL34 是同時一起開發出來的，耐旱能力強、品質好，但抗 CLR 能力弱。
- 1936 年：肯亞在肯特種上開發「K7」種。樹枝多、莖很長、節間距較寬、對病蟲害的抗力十分弱、產量極少。
- 1937 年：在巴西發現卡杜拉黃果（Caturra Vermelho），是波旁的變種。樹體小、節間短、生產效率高、抗 CLR 能力強，是品種改良方面的重要品種。
- 1943 年：在巴西聖保羅發現波旁和鐵皮卡（蘇門答臘）種的雜交種「蒙多諾沃（Mundo Novo）」，其與卡杜拉、卡杜艾同為巴西的主要栽培品種。
- 1946 年：S288（阿拉比卡和賴比瑞亞的雜交種）和肯特（Kent）雜交，得到 S795。S288 與 S795 占當時全球生產的阿拉比卡的 30%，十分流行。
- 1949 年：在薩爾瓦多發現波旁種中變異為小尺寸的帕卡斯（Pacas）種。
- 1950 年：在巴西，將波旁種和羅布斯塔種互相雜交，得到伊卡度（Icatu）種。
- 1951 年：在巴西發現波旁的變種卡杜拉（Caturra）種。
- 1958 年：薩爾瓦多將帕卡斯和象豆互相雜交，得到帕卡瑪拉（Pacamara）種。
- 1959 年：葡萄牙將卡杜拉（Caturra）種與帝汶特有種（HdT）進行雜交，得到卡帝摩（Catimor）。雖然口感有所下降，但可於低窪處生產，生長快且產量高。作為咖啡品種改良的核心品種，與 Costa Rica 95、Aztex Gold 等屬於同一系列。
- 1980 年：由巴西改良的伊卡度（Icatu）與卡杜艾（Catuai）互相雜交，得到卡度凱（Catucai）種。
- 1981 年：哥倫比亞將卡杜拉（Caturra）種與帝汶特有種（HdT）雜交，自 1971 年開始進行改良，並將最後得到的品種命名為「哥倫比亞（Colombia）」。
- 1983 年：在肯亞，將卡帝摩（Catimor）種和 SL28 相互雜交，得到「魯伊魯 11（Ruiru 11）」種。對於由擔子菌引起的咖啡銹病（CLR）以及真菌引起的咖啡漿果病（CBD）具有強大的抵抗力。樹體小的關係，能在相同面積上種植比波旁種多兩倍左右的樹木。被評為味道和香氣不如 SL 系列品種。
- 1984 年：哥倫比亞將卡帝摩（Catimor）與卡杜拉（Caturra）進行雜交改良，得到「變種哥倫比亞（Variedad Colombia）種」。抗病蟲害能力優，可抗太陽光的直射，可於相對較短的時間內獲取高產量。

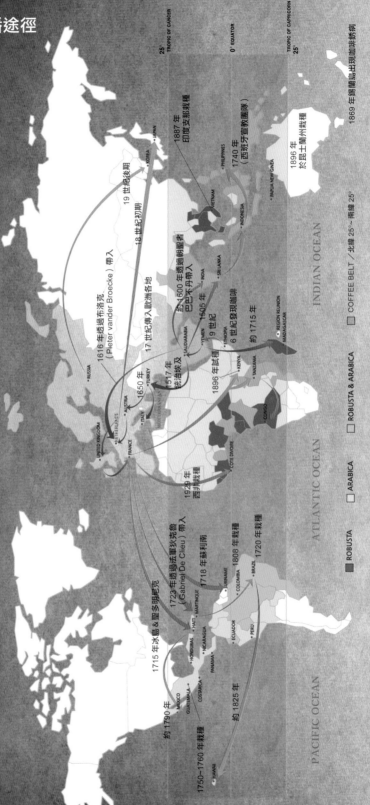

The History of Coffee Cultivation

Transfer & spread of coffee

咖啡栽種的傳播途徑

www.coffeedaily.co.kr
www.cafe.naver.com/italybarista

12 烘焙與風味（Roasting & Flavor）

決定咖啡風味的最主要因素是「生豆的品質」，其取決於氣候、土壤等自然條件與人的熱情。人們常說：「咖啡的品質取決於上天之手。」但即使是上天賜予的咖啡，如果人沒能正確處理，仍可能瞬間淪為垃圾。一杯咖啡是將按照自然法則、精心培育的咖啡生豆經烘焙後萃取而成的，人會在烘焙與萃取階段中介入，進而影響風味。生豆所蘊含的香味須經由烘焙表達，因此「烘焙」就是決定咖啡風味的第二個要素。咖啡師要正確認識烘焙程序，才能追求理想的風味。

1 | 由科學理性與藝術感性交集的「咖啡烘焙」

咖啡烘焙既是科學領域也是藝術領域，科學家的理性判斷以及藝術家的感性都是必備的。烘焙中，溫度和時間非常重要。咖啡生豆於溫度高達攝氏 200 度的滾筒內，烘焙 8~20 分鐘。期間滾筒會不停地轉動，以免生豆燒焦。產地不同，生豆的性質便不同，烘焙的方式也就不同。

舉高級阿拉比卡種為例，為了保持它清爽的酸味和花香，淺焙是最好的；羅布斯塔種反而要烘得深一點，以柔化苦味。這些並不難執行，烘豆師擁有能依生豆種類或混豆配方，烘托出最佳風味的數據資料，只要每次烘豆時加以應用，就能得到良好的效果。

從色澤和香氣的變化，可以看出烘焙過程的各個階段。進入重要階段（爆裂）時，還會發出聲音。要想成為優秀的烘豆師，必須具備敏銳的視覺和嗅覺，也必須提高對時間知覺的敏感度。

從烘豆機排出的咖啡豆

2 | 使用烘焙色度檢測計的原因

烘焙咖啡的人為了把咖啡豆烘得更加一致，會把注意力放在咖啡豆的顏色上。咖啡烘得越久，顏色就越深。然而，即便花同樣時間進行烘焙，咖啡豆的顏色也可能會不同。如果以高溫加熱，表面顏色會迅速變深，但相對裡面就不太會熟。不能單看咖啡豆的顏色來確定烘焙程度，為此，可以比較咖啡豆的顏色和研磨後粉末的顏色，從而衡量烘焙程度、制定標準。

咖啡烘焙色度檢測計並不是用來尋找生豆烘得最美味的點，而是因為光用眼睛觀看顏色時，會隨著觀察者的狀態、天氣和室內照明等因素造成較大的誤差，所以為了觀察顏色的一致性，就必須使用它來檢測。**咖啡豆的顏色對於烘豆的人來說是一項基準，是能控制烘焙過程中諸多變數的確切指標。**有了標準，才能掌握烘焙的各種變數。

咖啡烘焙色度檢測計是讓咖啡豆能達到期望烘焙程度的指標工具。在咖啡領域中，這種儀器比較常在烘焙中提及，但其實還有用來檢測生豆、以及為了在產地現場分辨果實是否成熟而用來檢測咖啡櫻桃的色度計。

檢測咖啡豆的烘焙色度

「Agtron M-basic II（以下簡稱 Agtron）」是現今具代表性的咖啡烘焙色度檢測裝置，它是由位於美國內華達州的 Agtron 公司製造的分光光度計。透過測定咖啡豆的各波長強度來檢測顏色深淺。在比色管中裝入烘焙好的咖啡豆整粒或粉末，然後插入管座，利用紅外線的波長去量測，結果會以數值來表示咖啡的烘焙程度。

很多團體和咖啡專家會用 Agtron 設備檢測的數值，作為咖啡烘焙程度的指標。例如，由精品咖啡協會（SCA）推動的 Agtron number（又稱為：焦糖化分析數值），數值從 0 至 100，數值愈高表示焦糖化低、色澤灰白、烘焙愈淺；數值愈

SCA 定義的烘焙程度數值（Agtron Value）與咖啡風味

- #95—Very Light：既強且刺刺的酸味
- #85—Light：很強的酸味、輕醇厚度
- #75—Moderately Light：強烈又清爽的香氣
- #65—Light Medium：清爽的酸味、隱隱約約的香氣
- #55—Medium：弱的酸味、中等的醇厚度、豐富的香氣
- #45—Moderately Dark：微酸味、強醇厚度、豐盛的香氣
- #35—Dark：強甜味、強苦味
- #25—Very Dark：弱甜味、苦味、燒焦味

低代表焦糖化高、色澤黑亮、烘焙愈深。SCA 建議，不管是樣品咖啡豆的烘焙還是為咖啡進行杯測，其 Agtron 數值在完整咖啡豆（Whole bean）狀態時要是 58，而在粉碎狀態時要是 63。根據這標準，世界各國的咖啡專家可以將特定生豆在相同條件下烘焙，並且評價其風味，再對結果做資訊交流。然而，SCA 推薦的這些標準並不是絕對的，實際上應依據生豆的密度、含水率、大小等特性，套用不同的烘焙程度。

像 Agtron 一樣利用紅外線的色度檢測裝置還有 Javalytics、RoAmi、CM-100 等；利用白光的工具則有 Colorette。如果擁有這樣的設備作為控制烘焙過程中各種變數的指針，當然是好的，但這種設備的價格昂貴，會是個頗大的負擔。僅憑肉眼比較的「烘焙度色卡」也能在一定程度上起到維持一致性的效果。烘焙度色卡是根據 Agtron 數值將顏色分為八個階段，也就是說，每一張色卡都有相對應的數值，用不同顏色就來簡單判別烘焙程度。

3 | 在烘焙八階段中出現的香味魔術

隨著烘豆機運作而產出的不同烘焙程度，都有不同的用語來表達。從開始烘焙 3~4 分鐘就達到的「淺度烘焙（Cinnamonn Roast）」，一直到烘得非常深的「法式烘焙（French Roast）」，烘焙程度被分得很細又多樣。

烘焙的過程中，深綠色的生豆會一下呈黃色、再來呈棕色，最後接近黑色。有些烘豆師僅憑顏色變化來判斷烘焙程度，然而在烘焙裡還有某種在那之上的東西──除了靠顏色，還得透過豆子的質量、溫度、氣味與聲音來判斷烘焙程度。

當生豆顏色變黃時，會開始散發出爆米花的味道；烘焙開始 8 分鐘後，豆子會出現龜裂，同時尺寸也會變大；開始發出爆裂聲時，豆子顏色會變成褐色，被稱為「咖啡精華」的油會滲出表面。越接近細胞組織出現龜裂的「第二爆」或稱「第二次爆裂期」，咖啡豆的顏色就越深。二爆代表的是深濃的咖啡豆。有些烘豆師為了製作義式濃縮咖啡，會將豆子烘焙到二爆後、滾筒冒煙為止。在這時，若難以區分咖啡豆顏色變深了沒，檢查豆子表面是否有光澤，也是個不錯的方法。咖啡豆的表面越有光澤，就表示烘焙得越深。

烘焙有分八個階段，每個階段所散發的氣味與特徵如以下說明。

隨著烘焙程度而呈現的顏色變化

①**極淺度烘焙**（Light Roasting）：咖啡豆的顏色呈現非常淺的褐色（Very light brown）。酸的口感（Sour acidity）強烈，有穀物的味道。雖然有甜美的香氣，但若在此階段萃取咖啡，不會有很濃的風味。在這個階段，生豆吸熱、水分開始流失。

②**淺度烘焙**（Cinnamon Roasting）：比極淺度烘焙多烘了一點的狀態，呈現淺褐色（Light brown）。亦稱「肉桂烘焙」。酸味（Acidity）增強，品種特性變得明顯。原本呈黃色的咖啡豆會變肉桂色。在這個階段，咖啡生豆的外皮（銀皮，Silver skin）陸續脫落。

③**中度烘焙**（Medium Roasting）：咖啡豆呈現中等褐色（Moderately Light Brown）。此階段又稱「美式烘焙」。酸味仍強烈，更凸顯出品種特性。開始有厚重味道的階段。

④**中深烘焙**（High Roasting）：褐色加深（Medium brown），酸味更加豐富。但是從此時開始，酸味會隨著甜味的出現逐漸變淡。品種特性減弱，開始出現沉重的口感。在美國西部，大部分人都喜歡喝這程度的咖啡。

⑤**城市烘焙**（City Roasting）：顏色是中等深褐色（Medium dark brown），會越來越深。清爽的口感變弱，口感更厚重。比起生豆自身的香氣，經烘焙而附加的香氣和味道更加突出，出現了烘焙咖啡的香氣（Roasted Coffee flavor）與甜中帶苦的味道（Bittersweet）。此時的糖被分解，形成焦糖化，清爽的酸味逐漸轉變成尖銳的味道（Pungent）。由於德國人喜歡烘焙到這程度的咖啡，此階段亦被稱作「德國（German）式烘焙」。

⑥**深度烘焙**（Full-city Roasting）：顏色變深褐色（Moderately dark brown），在此階段能感受到烘焙所賦予的香氣及厚重感最為豐富。酸味幾乎消失，濃郁的烘焙咖啡香氣占上風。油開始滲透至咖啡表面。

⑦**法式烘焙**（French Roasting）：顏色呈黑褐色（Dark brown），苦澀而甜蜜（Bittersweet）的味道很重。咖啡油在表面凝固。

⑧**重度烘焙**（Italian Roasting）：又稱「義式烘焙」。顏色呈接近黑色的黑褐色（Very dark brown）。味道濃到可以用苦來形容。烘焙咖啡的香氣濃郁，適合拿來製作添加牛奶的各種咖啡品項。

<烘焙的顏色和特徵>

烘焙程度根據偏好的味道、咖啡豆的產地，而有不同的描述方式。

①**淺褐色（淺度烘焙）**：開始烘焙 3~4 分鐘就達到此階段。發生爆裂前的狀
態，有刺激、尖銳的酸味，有稻草的味道。

②**雖然變有點濃，但還明亮（新英格蘭式烘焙）**：接近第一爆的時間點；一
些精品咖啡烘豆師會在這裡停下來，盡可能引出最明亮的酸味。

③**中褐色（美式烘焙）**：顏色變得更深一些。醇厚感變得沉重，明亮的感覺
也減少。第一爆才剛結束，目前仍處於淺度、中度烘焙階段。

④**中褐色（城市烘焙）**：很多烘豆師會為了保持甜度而在這裡停下來；就在
第二爆之前。

⑤**深褐色（深度烘焙）**：第二爆開始的時間點。此時處於醇厚度重的狀態，
開始失去原有的豆子特性。

⑥**深褐色（維也納烘焙）**：豆子陸續被油覆蓋，顏色也更深暗。咖啡風味變
苦澀，苦甜味中帶辣（Bittersweet spicy），也有稍微明亮的感覺。

⑦**暗褐色（法式烘焙）**：在第二爆
結束的時候。大致上此階段是為
了烘焙出適合製作義式濃縮咖啡
的豆子。大部分咖啡的天然風味
已消失，變成有木炭般的焦味。

⑧**黑色（義式烘焙）**：豆子黑到發
亮。燒焦的感覺充滿整個咖啡的
風味。

透過咖啡豆樣本能掌握烘焙狀況

4 | 造就出風味的烘焙原理

　　烘焙中要求的科學知識都聚焦在風味上。咖啡師要掌握生豆在烘焙過程中發生化學變化時出現的風味，並且原封不動地將風味裝入一杯咖啡中。

火候調整是影響咖啡風味的關鍵要素

　　咖啡烘焙對於烘豆師來說，是所有感官的盛宴。**一名優秀的烘豆師能藉由視覺、氣味和聲音來判斷烘焙的進程。烘焙中，豆子的龜裂、油脂的釋放、顏色的變化，皆屬關鍵的階段。**在高達攝氏 288 度的鍋爐中進行咖啡烘焙，感覺就好像鍊金術。

　　在經烘焙後風味表面化之前，生豆都是處在惰性的狀態。以咖啡的立場來看，烘焙期間像是變出數個魔術的時間。生豆經過烘焙之後，其化學性質會發生改變。熱讓生豆膨脹，也讓顏色、風味、密度及香氣發生變化。生豆與烘焙過的豆子，兩者的酸、蛋白質、咖啡因含量相近，只是生豆缺乏風味。

　　通常烘焙一次需耗費 13~15 分鐘，但看生豆量，也有長達 30 分鐘的情況。在最初的 5 分鐘裡，生豆中的濕氣會蒸發。當生豆轉變為黃色時，意味著蒸發快結束，此時烘豆師要調整滾筒溫度。過了差不多 10 分鐘，就會達到使豆子內的氣體發出「啪啪啪」爆米花聲的溫度，有一部分的豆子內部發生爆裂，此時即為「第一爆（First crack）」。這段時間點就是形成有助提高風味的化學反應——「焦糖化（Caramelization）反應」的時候。

　　蔗糖是構成咖啡生豆的主要糖分，會在攝氏 160~180 度溶解。糖的焦糖化會使生豆進一步變成褐色。因為溶解而結晶化的蔗糖會比焦糖化的蔗糖更甜，所以咖啡的甜味會隨著烘焙而降低。需要留意的是，剛經歷第一爆的咖啡豆色澤較淺、帶有清香，可能就會掩蓋掉其良好風味。

　　第一爆之後，活潑的酸味消失、醇厚感增加。烘豆師會努力試圖去除因葫蘆巴鹼（trigonelline）分解而散發的生豆中固有苦味。葫蘆巴鹼是一種易溶於水的生物鹼，具有強烈的苦味，在攝氏 220 度時開始溶解，大約 85%

會被分解。此時，咖啡豆正處於「中褐色（Medium brown）」狀態，還不到法式烘焙和義式烘焙那麼濃，精品咖啡豆就是烘焙到這程度。只要在烘豆時保持相對的明亮度，豆子的風味表現就會比較好。尤其肯亞與蒲隆地所生產的具明亮酸味的咖啡就會這麼烘焙。

1）烘得很深的真正理由

經過第一爆之後，烘焙的重點就是要掌握明亮的酸味，以及為醇厚感而存在的甜味之間的均衡度。有時為了表現燒焦的味道，最後還會稍微烘烤豆子。烘豆師該將豆子烘焙到什麼程度，這一切都取決於目的，像是生豆的產地、特性，以及想獲得的風味等等。例如，法式烘焙會烘至攝氏 240 度，略保留生豆的自然風味；西班牙式烘焙會烘到攝氏 250 度，咖啡豆已化為木炭，吃掉所有的風味。把咖啡豆烘焙到地獄火般的高溫，就像是在燒食物時一樣會產生燒焦的氣味。

淺度烘焙是能盡可能提高單品咖啡風味的方法，而深度烘焙也有需要它的領域。在全世界，用來萃取義式濃縮咖啡的咖啡豆，都會烘得很濃。在這階段，豆子本身的風味會消失，賦予咖啡固定的特定風味。因此烘得濃的咖啡，即使更換產地或供應商，其風味依然能保持一致。世界上喜歡咖啡烘得濃的人比喜歡烘得淺的人多。總的來說，卓越的烘豆關乎口味偏好、風味及個性。然而不可否認的是，為了掩蓋陳年生豆的雜味，烘得濃、還滲出油脂的沒良心的烘焙行為正在氾濫當中。

烘得很濃、滲出油脂的咖啡豆

TIP **烘得越深，咖啡因就會比較多？**

「相較於烘得淺的咖啡，烘得很深的咖啡含有更多的咖啡因」，這樣的認知是錯的。高溫烘焙對生豆含有的咖啡因，並沒有多大的影響。根據研究結果顯示，經過強烈的烘焙之後，生豆中咖啡因含量也頂多減少 5% 左右而已。

5 | 離不開的二氧化碳導致「澀味」

　　咖啡豆烘焙完成後，二氧化碳
會排放到空氣中，這被稱為「排氣
（Degassing）」，亦稱為「熟化」。
一旦二氧化碳留下來的時間長了，
粗澀的味道就會增強。但二氧化碳
並沒有只帶給咖啡損失，它還能阻
止氧氣進入、防止氧化。所以在包
裝咖啡豆時，有時會以氮氣填充至

正在排氣的咖啡豆

儲存罐內，為的就是要抑制在釋放氣體時產生的氧化。

　　烘好的咖啡豆最好進行為期 8~24 小時的氣體釋放。若在烘焙結束之際
直接拿去萃取，可以看見因氣體造成的嚴重膨脹。這是因為當水在萃取咖啡
粉內的固體物質時，會同時排出二氧化碳的關係。

1）殘留的二氧化碳是萃取中的「必要之惡」嗎？

　　水從咖啡粉中萃取成分時，作用的物理力量可分為沖刷（Washing）和
擴散（Diffusion）。沖刷是指水洗去咖啡粉顆粒表面的成分，同時萃取成分；
而擴散是指水滲透到粉末內，將內部成分向外排出的作用。在熱水接觸咖啡
粉之後，首先發生沖刷，接著晚一點才出現擴散。水浸濕咖啡粉末之間，並
取出成分的物理作用，就被稱作「滲濾（Percolation）」，這概念中包含了
沖刷和擴散。有時咖啡萃取也會用滲濾或者英文 Percolation 來描述。

　　當水在提取粉末中的成分時，若二氧化碳釋放的量多，萃取就會受到不
少影響。水試圖要鑽進粉末之間，但粉末就像要抵抗一樣釋放出二氧化碳，
此時就會發生「湍流（Turbulent flow）」的物理現象。隨著氣體劇烈不規則
地運動，咖啡粉層會膨脹。由於這些二氧化碳的運動，讓水通過咖啡粉的時
間被推遲，其結果就是，雖然量很微小，但萃取的咖啡成分會比標準多，偏
向過度萃取。

　　因此，若要在烘焙後立即萃取咖啡，就得讓粉末的顆粒粗一些。相反地，
使用烘焙後過了一些時間的咖啡豆，就不會有因湍流而產生的阻力，所以萃

取時水的流速反而比標準快，會出
現成分萃取不足的結果，考量到這
一點時，就得將咖啡研磨度調整得
細一點。咖啡粉中二氧化碳的殘留
量越多，就越得調節咖啡粉的粗細，
藉此達到目標的萃取率。

在日式咖啡中用來磨豆的杵臼

咖啡粉中含有一定程度的二氧
化碳，對萃取是有益的。要簡單說
明的話就是，在釋放殘留二氧化碳的過程中，二氧化碳能起到取出咖啡固體
物質和香氣的作用。如果二氧化碳的殘留量太少，水在咖啡粉末之間停留的
時間就會太短，進而造成固體物質無法正常排出。

在萃取義式濃縮咖啡時，可以觀察到二氧化碳的殘留量帶來的影響，如
果二氧化碳的含量過高，就幾乎不會產生 Crema。手沖咖啡中，悶蒸時二氧
化碳越多，咖啡粉層就越膨脹。但是，膨脹程度大並不代表咖啡就一定新鮮，
因為即使已經烘焙過一段時間了，如果烘得很深，也會膨脹起來。

6 | 評價咖啡生豆與熟豆的不同評鑑方法

評價和品嘗咖啡風味，就好比欣賞出色的藝術品。將產地和品種一起比
較，是了解風味差異的最佳方法。頂尖的咖啡師每天都為了深入瞭解不同產
地和品種有什麼樣不同的味道，而進行咖啡評鑑的訓練。

在評鑑的幾種方法裡，**「杯測（Cupping）」是衡量咖啡生豆品質的重
點方法**，也十分受歡迎。杯測時，桌面上會擺放烘焙後的豆子以及研磨好的
咖啡，評鑑人員會針對烘焙後的豆子香氣與外觀，以及萃取出的咖啡風味進
行評比。即使是來自同一個產地的咖啡，評鑑人員也會針對多個項目進行評
鑑，努力尋找各式各樣的風味。選擇咖啡這點，並無特定標準，選出被吸引、
產生好感的咖啡即可。不過，欲評鑑的咖啡生豆，必須在同一天烘焙成相同
程度，而且不能有任何會影響風味的因素。

杯測無法評出一杯完成的咖啡風味，它評的是生豆的品質，並不能衡量烘焙得好不好、萃取得好不好。而能補足杯測的就是「咖啡評鑑（Coffee Tasting）」，咖啡評鑑是把已完成的咖啡飲品當作評價對象來進行。（詳情參考第 13、14 章）

咖啡評鑑的準備

＜評鑑的各項指標＞

①**酸度**（Acidity）：咖啡的亮度與尖銳度。是否具有明顯的花香與果香，是一項重要的考慮因素。〈舉例〉與尖銳的肯亞咖啡相比，衣索比亞的西達摩的酸度較低。

②**醇厚度**（Body）：咖啡在口腔內產生的濃郁與厚重感。〈舉例〉即使說印尼咖啡（阿拉比卡）的醇厚度重，但也不會比醇厚感較溫和的越南咖啡（羅布斯塔）重。這句話的意思是說，就算阿拉比卡咖啡醇厚度再怎麼重，也比不過羅布斯塔咖啡帶來的醇厚度。

③**香氣**（Aroma）：香氣包括了乾香與濕香。咖啡的風味有多濃郁，香氣也會多豐富。〈舉例〉可以試著品嘗並比較肯亞咖啡的豐富香氣，以及低一個水準的印尼咖啡。

④**甜度**（Sweetness）：咖啡在嘴裡的甘甜感。優質咖啡具有天然甜味，但並不是說整體是甜的，而是均衡度是否自然又勻稱才是重點。莓果類的香甜味、巧克力、焦糖等皆屬於這一類。〈舉例〉坦尚尼亞咖啡的甜甜莓果風味令人印象深刻，把具尖銳酸味的肯亞咖啡或者巧克力感十足的瓜地馬拉咖啡也放在旁邊一起喝喝看。

⑤**餘韻**（Aftertaste）：飲用咖啡後口中殘留的風味。香味能持續多久呢？喝一口咖啡後，要等待 10~15 秒，才能大概計算出香味會持續多久時間。〈舉例〉印尼咖啡的尾韻通常比較長，而衣索比亞耶加雪夫的咖啡則較短。

7｜烘焙後又再度展現魔術的「混合咖啡豆」

　　為了豐富一杯咖啡的風味，咖啡師會將不同產地咖啡豆混合在一起，調配出新鮮、有個性的味道，我們稱之為「混合咖啡豆」，簡稱混豆，或稱綜合咖啡豆、配方豆。但混豆，是要真正了解各個咖啡豆個性之後才能追求的事。如果咖啡師沒有明確地表明產地，而只是主張「因為是混合咖啡豆，所以它具有很好的複雜度」，這種態度並不正確。

　　並不是混合許多產地的咖啡豆就能形成均衡、豐富的層次。用於混合的咖啡豆，必須各個品質好、個性鮮明。這就跟必須先聚集很會演奏的人，演奏的交響曲才會成為名曲是一樣的道理。**混合咖啡豆真正的目的是要提高咖啡的品質和口感。最佳的混豆，就是盡可能帶出特定咖啡所蘊含的魅力。**

為了混豆而備齊的各種咖啡豆

　　在很多咖啡廳，都會展示各自的招牌配方豆（Signature blend）。客人在享受咖啡前，應該先追究混合的是哪些產地的咖啡豆才對。必須由消費者盡到這樣的努力，才能防止劣質咖啡的泛濫。

　　招牌配方豆應該是代表該咖啡廳的成功標誌，是可以讓客人對味道產生共鳴而化作重訪店鋪的動力。但是有些咖啡廳為了更有利的營運，當特定地區的咖啡價格上漲時，就會用味道相似的其他產地的咖啡取代，藉此降低費用，不得不說，用這種套路來製作混合咖啡豆，就是一種「膚淺的商術」。

　　若好好地調配出混合咖啡豆，就能製作出比各咖啡之和更優的品質和味道。若想實現這目標，就得對咖啡風味有扎扎實實的知識。好的混合，就是由一首全世界的單品咖啡（Single origins）展開的「風味交響曲（Symphony of flavor）」。在進行混合之前，要了解單品咖啡的各種特性，並考慮這些特性如何在一杯杯子裡融洽地搭配。舉例來說，哥斯大黎加的甜味與以明亮酸味聞名的東非咖啡相得益彰。

混豆是能將深焙所產生的風味特性與淺焙的乾淨味道，同時裝入一杯杯子中的最佳方法。將同個產地的豆子烘焙成不同程度後進行混合，也可以是成功的混豆。例如，使用同樣都是哥倫比亞咖啡豆，但一個是維也納式烘焙、比較濃，另一個是在第一爆結束後就立即下豆的，兩者分別以 60%、40% 的比例混合，這樣就能同時感受到來自烘焙末端的濃郁香味以及初期階段占上風的明亮酸味。

若想挑戰咖啡豆的混合調配，首先需要一點想像力。一邊填裝咖啡豆、分析香味，一邊思考要以何種比例來混合。一般可以先從用 2~3 種不同的比例開始，練習抓住「會達到好感覺的瞬間」，以這種方式找到不錯的點之後，再試著增加咖啡的種類，持續調整比例並且找尋自己喜歡的味道。

＜實戰！混合咖啡豆＞

■練習 1：帶來輕盈的感覺，同時醇厚度重的風味
- 40% 哥倫比亞（賦予醇厚感）
- 30% 墨西哥（賦予尖銳度）
- 30% 東非（賦予輕輕的酸味）

■練習 2：香味又深又豐富，還具有巧克力的滋味
- 50% 印尼蘇門答臘（醇厚感）
- 25% 衣索比亞哈勒爾（巧克力）
- 25% 葉門（異國辛香料）

■練習 3：均衡協調、層次豐富的義式濃縮咖啡風味

一般義式濃縮咖啡的咖啡豆調配，要比濾掛咖啡（Filter coffee）的調配更嚴謹。由濾掛咖啡展現的味道特性，放在濃縮咖啡裡時可能會有太強烈的感覺。例如，肯亞 AA 這種極度明亮的咖啡，以濾掛咖啡呈現很美味，但換成濃縮咖啡，酸味就會過於強烈。

Crema 是義式濃縮咖啡中如生命般重要的要素。中美洲咖啡——經乾式加工（Dry-processed）處理過的咖啡豆——所帶來的 Crema，就足以說明一切都是上天賜予的禮物。

根據咖啡豆的產地，各個都有不同的烘焙程度。

咖啡烘焙相關術語

- Agtron：美國 Agtron 公司開發的分光光度計（Spectrophotometer）。原理是向咖啡發射電磁波紅外線，測量其波長強度，讀取顏色座標後量化成數字。
- Commercial Coffee：根據精品咖啡協會（SCA）的評價標準，生豆按品質分成三種級別，Commercial Coffee 是繼 Specialty Coffee、Premium Coffee 後最低級別的咖啡。
- Crash：生豆於放熱的烘焙過程中，RoR 值驟降的現象。
- DTR（Development Time Ratio）：「發展時間」占咖啡烘焙整體總時間的比例。
- Flick：在放熱區間，瞬間豆子內熱能增加，原本緩降的 RoR 曲線突然驟升的現象。
- LTR（Linked Temperature Roasting）：是調節熱風溫度與豆溫的烘焙進程，又稱「溫度連鎖烘焙」。熱風的溫度會隨著豆溫升高而降低。
- MTR（Maillard Time Ratio）：「梅納反應」占咖啡烘焙整體總時間的比例。
- Popping：意思等同爆裂（Crack）。隨著生豆內部的氣體壓力增加，組織中薄弱的部分會爆裂。
- Ramping：專指操作升溫、降溫的術語。以「加熱速率／冷卻速率（heating rate ／ cooling rate）」標記。
- Roasting Point：烘焙過程的特定點。以烘豆的表面顏色來區分。

- RoR（Rate of Rise）：單位時間內咖啡生豆的溫度上升的速度。曲線圖上的斜率變化。又被稱為升溫率。
- Soak Roasting：一種烘焙方式，從入豆到轉折點，會關閉或減少火力約 1 分 30 秒。
- Spot Bean：指豆子因為在滾筒加熱過度的狀態下投入，造成表面部分燒焦。
- **入豆溫度**：入豆前的滾筒溫度計或排氣溫度計數值。影響轉折點和整體烘焙曲線。
- **下豆溫度**：烘焙結束時，滾筒溫度計或排氣溫度計數值。
- **不完全燃燒**（Incomplete Combustion）：物質燃燒時由於氧氣供應不足或溫度低，產生煤煙或一氧化碳，導致燃料未能完全燃燒的現象。
- **水活性**（Water Activity）：是衡量生豆中水與固體物質之間結合強度的單位。可從中得知水分移動到咖啡豆內外的容易程度。
- **水霧冷卻法**（Water Quenching）：用噴水方式，快速冷卻剛烘焙好的咖啡豆。

因為噴水的關係，咖啡豆的含水量會增加 1~2%。最終咖啡豆的含水量約 4%。

- **火山口**（Crater）：胚芽處像火山口一樣出現爆裂的現象。
- **半熱風式烘豆機**（Semi-Rotating Fluidized Bed Roaster）：直火式烘豆機的變形。在滾筒的一側打孔，讓高溫燃氣在滾筒內部流通。這是利用風扇（fan）或馬達（mortar）強制注入燃氣的方式。
- **休止期**：指從第一爆結束到第二爆開始前，這段爆裂停止的時期。
- **自動烘豆機**（Digital Roaster）：使用電，以輻射熱和紅外線烘焙咖啡的電動烘豆機（electronic roaster）。應用程序設計技術，使烘焙經驗不足的人也能輕鬆烘焙。
- **冷卻**（Cooling）：讓經過高溫烘焙的咖啡豆降溫的作業。通常是讓溫度在 4 分鐘內降至 40 度以下，而非使咖啡豆結冰。
- **含水量**（Moisture Content）：生豆內的水分含量。
- **吸熱反應**（Endothermic Reaction）：指的是滾筒中的生豆無法再釋放來自外來的熱能，而是吸收到內部的狀況。隨著豆溫的上升，內部開始發生多種化學反應。
- **完全燃燒**（Complete Combustion／Perfect Combustion）：充分供應氧氣、維持適當溫度，燃燒到反應物質不再氧化的狀態。
- **批量**（Batch Weight）：一次能烘焙的生豆量。
- **豆殼**（Chaff）：泛指黏在生豆或熟豆表面的銀皮（Silver skin）與外殼等。
- **放熱反應**（Exothermic Reaction）：指裝在滾筒裡烘焙的生豆出現釋放熱能的反應。在轉折點後吸收了熱能的生豆以第一爆（Crack）開始算起，將內部的熱能散發到外部。
- **直火式烘豆機**（Conventional Roaster，Drum Roaster）：滾筒上有孔洞，火花可能會接觸到咖啡生豆。大部分是將圓筒形的滾筒橫躺放置。生豆會在被加熱的滾筒表面和熱空氣中進行烘焙。

- **阻尼器**（Damper）：用於調節由滾筒內部通過管道連接到外部的空氣流動裝置。閘門開得越大，空氣的流動速度就越快。
- **城市烘焙**（City Roast）：指在烘焙過程中，豆子在第一爆結束後，烘焙至休止期的中間點的程度。據傳因為紐約市（New York City）市民喜歡喝這種烘焙程度的咖啡，才取名為 City。
- **奎克豆**（Quaker）：未成熟的生豆，從外觀不易辨識。烘焙後，與其他咖

啡豆相比,顏色淡淺(faded)。

- **炭燒烘豆機**(Charcoal Roaster):由日本於 1970 年代時開發。木炭產生的遠紅外線對生豆內部進行加熱,使生豆內外烘焙均勻。木炭燃燒時,所產生的煙霧滲入咖啡中,賦予咖啡獨特的香氣。
- **烘 豆**(Roasting):是 指 將 咖 啡生豆加熱到攝氏 200 度,製造出800~900 多種芳香成分的工作。
- **烘豆機/烘豆師**(Roaster):用來指烘焙咖啡的設備或人員的複合性用語。
- **烘焙時間**(Roasting time):從入豆至下豆的所需時間。影響產物風味特性的核心要素。
- **送風機**(Blower):一種注入空氣的裝置,也常被稱作「吹風機」。在烘豆機中,是為滾筒和排氣管製造空氣流動的裝置。
- **高溫分解**(Thermal Decomposition):接收到來自外部的加熱後,分子活化時,弱鍵結斷裂,並產生新物質的反應。
- **乾燥階段**(Drying stage):對生豆加熱,使內部的水分蒸發。
- **梅納反應**(Maillard Reaction)**區間**:發生梅納反應的區間。是一種褐化階段,胺基酸與還原醣結合產生多種風味。
- **通風**(Ventilation):意指換氣、空氣流動。在烘焙中使用的意思同「送風機」。
- **單品咖啡**(Single Origin):由一個國家或一座農場栽種並收穫的咖啡豆。**Single**意思是「單一」地區。由相同地區所生產,即使咖啡品種不同,都被認定為單品咖啡。**Origin** 是指產地或農場。
- **渦流**(Vortex,eddy):無數物質粒子以某個中心周圍旋轉的運動。由流體的旋轉運動所引起,而與主流相反的方向進行漩渦流動。
- **發展時間**(Development Time):從發生「第一爆」至下豆為止的所需時間。
- **煤煙**(Soot):有機物於不完全燃燒或熱分解下,產生的黑色無定形細微粉末。又叫煙灰。
- **預熱**(Preheating):開始烘豆前對整體滾筒進行加熱的作業。若是使用強烈大火,就會造成設備承受不起,而無法確認細分的溫度。若在滾筒溫度驟升的情況下入豆,豆子表面就容易燒焦。
- **滾筒**(Drum):裝生豆的圓筒形部件,在火源上旋轉,以免裡面的生豆燒焦。

- **精品咖啡**（Specialty Coffee）：指品質優良的頂級咖啡。以精品咖啡協會（SCA）的評價標準來看，就是獲得 80 分以上的咖啡。75 分以上是 Premium 咖啡（優質咖啡），再下來就是 Commercial 級（商業咖啡）；70 分以上是 High Commercial 咖啡，60 分以下是 Low Commercial 咖啡。
- **潛熱**（Latent Heat）：即使持續以攝氏 100 度加熱，溫度也不會上升，只會發生相變，由液態轉變成氣態。此時為了改變物質狀態所消耗的熱能。
- **熱風式烘豆機**（Rotating Fluidized Bed Roaster）：在高溫的高速熱風中，生豆在懸浮狀態下進行混合和烘焙。相較於直火式的咖啡烘焙，會更均勻、更快速。
- **熱傳導**（Conduction）：生豆與滾筒，或者生豆彼此之間，因接觸而產生的熱能傳遞。
- **熱對流**（Convection）：受熱源的傳導後產生的空氣流動。調節滾筒內的空氣流動時，熱對流的影響頗大。
- **褐化階段**（Browing stage）：生豆顏色變黃的階段。
- **燒焦**（Scorching）：咖啡豆表面燒焦的現象。
- **輻射熱**（Radiation）：不需空氣流動，也不需接觸生豆，同樣能傳遞的熱能形態。比起熱傳導和熱對流，熱能少、影響力低。
- **轉折點**（Turning Point）：當豆子投入滾筒時，滾筒溫度計數值就會下降，然後會在一個點時回升。轉折點指的就是這一點，也就是熱正式進入生豆的時候。
- **爆裂**（Crack）：因為熱的關係，生豆內部發生化學、物理變化，導致水蒸氣和二氧化碳等氣體釋放到細胞膜和細胞壁之外。這時會發出聲響。
- **邊緣焦化**（Tipping）：咖啡豆的兩端出現燒焦的現象。
- **鑄鐵**（Cast Iron）：含碳量在 1.7% 以上的鐵會在攝氏 1150 度左右時熔化。其中含碳量在 3.0~3.6% 的鐵就稱為鑄鐵。鑄鐵會拿來使用在暖爐、人孔蓋等鑄件。
- **顯熱**（Sensible heat）：指從攝氏 0 度開始加熱，直到上升至攝氏 100 度時所施加的熱能，使溫度按比例增加的區間。

13 咖啡評鑑（Coffee Tasting）

Barista

若想得到咖啡品質優良的評價，只靠生豆狀態好是不夠的，因為我們不會生吃咖啡豆，而是讓咖啡豆經歷烘焙和萃取的過程後再品嘗風味。就算使用了再怎麼優質的生豆，若沒有烘熟，或者烘焙過度而造成明顯的燒焦味，也無法變成一杯好喝的咖啡。還有，即使烘得很好，但若在萃取成分的過程中，未達或超過標準，也同樣不能成為一杯好咖啡。因此，對於咖啡品質的評價，應分別於咖啡的產地以及咖啡的消費地，按照各自的目的來進行。在產地要進行評價生豆品質的「杯測（Cupping）」，在消費地則進行一杯成品咖啡的「咖啡評鑑（Coffee Tasting）」。

1 | 全方位掌握一杯咖啡的面貌再給予評價

正在評價咖啡香味的孝恩・史泰曼（Shawn Steiman）博士

我們不必為了區別哪一種米飯好吃，特地到堆滿稻穀的倉庫去評估稻米的品質，只需舀一匙餐桌上的飯來吃，就足以分辨米的品質新鮮與否，也能知道煮熟了沒、是不是有點燒焦，還能知道是不是因為水分不夠的關係而硬梆梆的。

咖啡品質的評價也是如此。單靠喝下裝在杯子裡的咖啡，就能將咖啡由種子到飲品的種種過程推測出來，這種方式就被稱作「咖啡評鑑」，與劃分生豆級別的「杯測」是不一樣的。

世界級咖啡專家孝恩・史泰曼（Shawn Steiman）博士表示：「咖啡評鑑是評價香味的基本，該領域含杯測。」也強調：「尤其在有消費咖啡的國家，若想評價一杯完成的咖啡品質，咖啡評鑑會比杯測重要。」

咖啡評鑑可以定義為「一項藉由風味的評價，衡量咖啡從原本的種子直到成為一杯飲品，是否確實經過『從種子到杯子（Seed to Cup）的歷程』的工作」。咖啡評鑑即針對生豆狀態、烘焙完成度、萃取情形等進行綜合性的評價。

2 | 以公認的五大指標進行評分

現今於咖啡界廣為人知的「Coffee Review」（譯為：咖啡評鑑）這項機制，是由美國咖啡大師肯尼斯·戴維斯（Kenneth Davis）和羅恩·沃爾特斯（Ron Walters）於 1997 年建立。評分項目分為：香氣（Aroma）、酸度（Acidity）、醇厚度（Body）、風味（Flavor）和餘韻（Aftertaste）。

在韓國，咖啡評鑑會由隸屬咖啡評鑑師協會（CCA）的「咖啡評鑑師（Coffee Taster）」來進行。咖啡評鑑師被定義為「能正確評價和描述一杯咖啡香味的風味專家」。CCA 亦以五大類（Aroma、Acidity、Body、Flavor、Aftertaste）為指標進行評價，各指標以 1~10 分作評比，結果以分數表示。

除了五大指標的分數，還需要加上「咖啡評鑑師的調整分數（Taster adjustment）」，才是最後的總分數。調整分數會反映出個別項目評分中可能缺漏的均衡感、個別項目協調產生的感官性好壞，以及生豆相關資訊的明確性等等。對五大指標進行分數評比是客觀上的評價，而調整分數則是主觀上的評價。「CCA 咖啡分數」的滿分為 100 分，只要獲得 85 分以上，就被認定是「精品咖啡（Specialty Coffee）」。

■評價咖啡品質的五大指標
①香氣（Aroma）
②酸度（Acidity）
③醇厚度（Body）
④風味（Flavor）
⑤餘韻（Aftertaste）
　※CCA 咖啡分數總分＝五大指標的分數合計（50 分）＋調整分數（50 分）

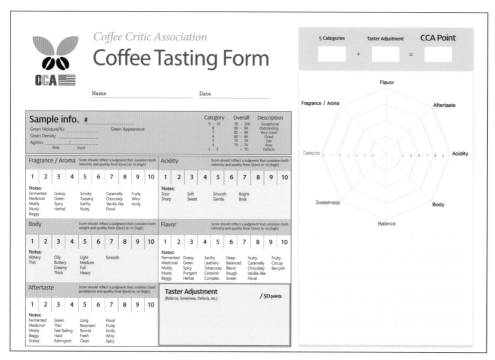

CCA 評鑑咖啡時會使用的表格

3 | 五大指標的個別特徵與評定內容

　　評鑑咖啡品質的五大指標特徵描述如下。按照五大指標評鑑時，需考慮排他性以免重複。

1）Aroma 香氣

　　針對杯內咖啡的香氣有多麼強烈、有多麼令人心情愉悅來進行評價。

2）Acidity 酸度

　　賦予咖啡生動感（Liveliness）的要素。啜飲酸度好的咖啡時，心情會感到明亮、輕快和放鬆。如果咖啡沒有酸度，就會感覺無聊（Dull）。但若是有不好的酸感（Sour sensation）或是澀味（Astringent），就得不到好分數。酸味能帶來令人心情愉悅的豐富生動感，譬如，在肯亞咖啡中體現出既乾淨

又像葡萄酒一樣的感覺（Overpoweringly clear and wine-like）；在秘魯咖啡中體現出甜而細膩的感覺（Sweet and delicate）。

3）Body 醇厚度

所謂的醇厚感，可以用嘴裡分別裝入礦泉水和牛奶時的感官差異來解釋。牛奶相較於水，有著突出的存在感。含下一口咖啡在嘴裡來回感受，這時若感覺比較像水，那麼會說醇厚感輕；若感覺接近牛奶，就會說醇厚感重，或是有厚重的感覺。除了「醇厚」一詞，也會使用「口感（Mouthfeel）」和「質地（Texture）」的詞彙。不過，有不少專家認為這些用詞都分別描述著不同意思：醇厚是指重量感，口感是指觸感，質地則是指咖啡液體所具有的質感。

4）Flavor 風味

用來評價舌頭（味覺）和鼻子（嗅覺）同時感知到的香味特性。用以掌握香氣（Aroma）、酸度（Acidity）、醇厚度（Body）之外，咖啡在風味上的面貌。通常會以豐富（Rich）、均衡（Balanced）、複雜度（Complex）、深度（Deep）、乾淨（Clean）等方式來表達。有時在描述時會用具體事物比擬風味的特徵，像是「有割草的滋味（Grassy）」、「有發酵味（Fermented）」、「像葡萄酒（Winey）」、「讓人聯想到水果（Fruity）」或「像香草一樣清新（Herbal）」等等。

5）Aftertaste 餘韻

針對吞嚥或吐出咖啡後遺留在口腔內的感覺，評價風味會不會持續、會不會消失。

■誘發感官的化學性原因

①甜味：還原糖、焦糖、蛋白質
②鹹味：灰（無機化合物）
③酸味：綠原酸、草酸、蘋果酸、檸檬酸、酒石酸
④苦味：咖啡因、葫蘆巴鹼、非揮發性酸、咖啡酸、奎寧酸、酚類化合物
⑤香氣（Fragrance & Aroma & Nose）：揮發性酸、二氧化碳、芳香油脂
⑥醇厚：半纖維素、纖維質、油

4 | 衡量一杯咖啡品質的方法為何？

味道越好，品質就越好，所以如果對糖度（甜味）、酸度（酸味）、鹽度（鹹味）、鮮味、苦味，以及香氣好壞程度進行測定並綜合起來，應該就可以找到這個問題的答案了。

只有相同的萃取方法，才能正確地比較個別的品質。

針對糖度（Sugar concentration），有能測量白利糖度（Brix，符號°Bx）的工具；酸度（Acidity）的話，只要檢測氫離子濃度（Hydrogen exponent，pH）即可；鹽度透過電子測量儀可以知道；鮮味及苦味則透過檢測分別誘發其味道的特定成分含量來衡量。電子鼻（Electronic nose，模擬人類嗅覺細胞感知氣味的電子分析儀器）可以檢測氣味。

然而僅憑這些還不足以判斷咖啡的品質。因為雖然能測出特定成分的含量和強度，但很難得知這些是否令人心情愉快。利用設備來正確檢測一杯咖啡的品質，以目前的技術水準是辦不到的。那麼是要消費者別對咖啡的味道有意見，只能給什麼喝什麼嗎？並不是那樣。反而是只有人的感官才能分辨咖啡的品質，因此需要更加積極地表達想法、要求更正。為此，必須了解幾項已達成共識的評價咖啡品質的要點。

進行感官評價首先要了解的是，酸和甜是如何相配在一起的？隨著咖啡愛好者的口味越來越挑剔，廣告中就經常出現「使用品質優良的精品咖啡（Specialty coffee）」等文案。但他們用的真的是精品咖啡嗎？

咖啡中的酸味和甜味該怎麼搭配才恰當，我們可以想想水果會比較容易理解。不僅是嗜好性飲料類，在評價食物品質時，核心重點就是甜味。農產品更是如此，明明是同種水果，但有甜味的一方不僅糖度高，感受到的香氣

也更加豐富。可以說，這就是甜味的協同能力。

「甜味和酸味的比率（Brix ／ Acidity ratio）」，或者說糖度和酸度的比率「糖酸比（Soluble solid-acid ratio）」是體現甜味和酸味調和程度的指標。含糖量除以含酸量後會得到糖酸比，而這糖酸比的值越大，表示越甜。不同的水果，都有其滋味最佳的糖酸比。單純甜的或是單純酸的，都容易讓人覺得膩。因此，適當的糖酸比，也可以說是一種滋味的黃金比例。

精品咖啡的主要辨別要領在於酸味的存在與否或強度，但比這更重要的就是「甜味」。沒有甜味的橘子，是難受的；沒有甜味的葡萄柚，有著刺激性的滋味；尋不見甜味的芒果，會讓人感到虛無縹緲；甜度弱的桃子很無聊；完全缺乏甜味的蘋果很孤獨。

咖啡的味道也是一樣。在甜味不足的情況下，暴露的酸味在感官上不可能好。喝到好咖啡時，腦中會浮現藍莓、鳳梨、奇異果、葡萄柚、百香果等水果，都是因為有甜味在支撐的關係。好的咖啡並不會只是單純帶給人一種酸酸的味道，而是會帶著讓人想起很具體的、特定水果的柔和酸味。

好咖啡具有的特定區段的糖酸比很難測定，我們也沒有必要特地去找，其實這份能力已內建在人類的 DNA 中。我們天生就具備能以口味區分水果——含有的糖分會轉化成體內的能量——的能力。人會根據經驗來挑選酸甜均衡的水果來食用，並且記住理想的糖酸比與每一種水果的特有香氣，然後不斷追求其滋味。

優質咖啡具有的酸味會讓人聯想到水果。

雖然這麼說，但酸味也是不容忽視的。酸味獨自的存在，就能對感官注入生命力。必須戰勝咖啡中的甜味，彰顯出特有酸味，才能感受到清新感，也才能讓人心情變得明朗。這就像是再怎麼有名的一碗冷麵，也要放醋才算名副其實。有了酸味，我們的感官才會甦醒過來。

酸味是動植物的有機酸（Organic Acid）與礦物質的無機酸（Inorganic Acid）誘發的味道。但不是所有的酸（Acid）都會誘發酸味。像咖啡所含的綠原酸（Chlorogenic Acid）與奎寧酸（Quinic Acid）就賦予了苦味。麩胺酸（Glutamic Acid）和天門冬醯胺（Asparagine）則是表現鮮味的成分。

若依照多到少的順序，把為咖啡帶來活潑感的酸味的主要成分列出來，大致上就是檸檬酸（Citric Acid）－醋酸（Acetic acid）－乳酸（Lactic acid）－蘋果酸（Malic acid）－磷酸（Phosphoric acid）。

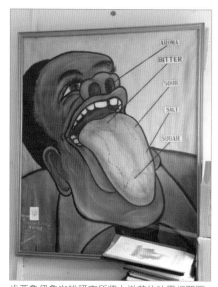

肯亞魯伊魯咖啡研究所牆上掛著的味覺相關圖

咖啡風味難以判別的其中一點就是，檸檬酸含量高，不代表就有突出的橘子味；蘋果酸含量高，不代表就有突出的蘋果味。對於咖啡的酸味誘發特定水果味這點，應該說比起酸類成分，許多香氣成分發揮的作用更多。因此，「有橘子味更好」、「有藍莓或奇異果味才是更乾淨的咖啡」、「要有杏子或桃子味才是高級咖啡」等認知皆屬不正確。

如果一款咖啡會讓人聯想到水果，基本上它的酸味和甜味應該很協調，值得拿出來招待人飲用。咖啡該要有哪一種水果的滋味，每個人的看法都不一樣，所以不必為了這件事爭吵。

5 | 好的咖啡香氣到底是天生的還是後天造成的？

咖啡散發的出色香氣是天生的嗎？能否透過人為的栽種過程創造出來呢？雖有話說：「美人是與生俱來的。」但多虧近代醫學發達，似乎不一定如此了。然而，對於咖啡，**香氣一定是與生俱來的**。品種（Variety）保存著潛在的出色香氣，若不是該品種，是絕對追不上的。

除了品種條件，生長的土地也很重要。若提及「葡萄酒之王」，多數人都會想到受全世界認可的法國波爾多葡萄酒。波爾多人常講，不管是世界上的哪個地方，使用再好的釀造技術來釀酒，都比不過波爾多葡萄酒，就是因為風土條件（Terroir）的關係。美國、澳洲、智利等所謂的「新世界葡萄酒」的生產國，長期以來一直將這樣的主張視作波爾多葡萄酒的行銷策略，並表現出赤裸裸的反感。但漸漸地越來越多人認定了風土條件，這一詞也堂堂正正登載進英語圈的詞典裡。

風土條件不單單指葡萄樹生長的土壤，也涵蓋地理與氣候的因素。在概念上，栽種者的熱情和技術也包含其中。總而言之，就是指葡萄樹生長的自然（人類也屬於自然的一項要素）條件。正因為這哲學，生產葡萄酒的人都始終如一地認為，「優秀的葡萄酒是上天所賜予的」。

在風土條件中，品種之所以重要，是因為**每個風土條件都有最適合的種子**，這麼一來才能孕育出最好的風味。即使同樣都是阿拉比卡種（Species）中的鐵比卡品種（Variety），在夏威夷可娜或在牙買加藍山種植的，卻擁有著和其他地區種植的相同品種咖啡完全不同也更為出色的風味。誇張一點來說，其滋味天差地別。當然，即使是同樣的咖啡屬（Coffea），阿拉比卡種和卡尼弗拉種的味道也有著更大的差異。

咖啡的味道遵循著栽培生豆的大自然環境。位於海拔 1800m 高的哥倫比亞安蒂奧基亞的咖啡栽種者，在陡峭的咖啡田上搬運剛收穫的一袋生豆。

卡尼弗拉種（canephora）又

名中果咖啡，現在通稱為羅布斯塔種（Robusta），咖啡因含量是阿拉比卡種的兩倍，抵抗害蟲能力強，但由於苦味和雜味突出，而有損風味。相反地，阿拉比卡種（Arabica）的抗害蟲力較弱，在地勢超過1000m的高海拔區生活，那裡的平均氣溫較低，樹木得以緩慢地生長，因此咖啡具有乾淨的酸味與甜味，也蘊含著良好氣味物質。

通常若要分析影響咖啡風味程度的來源，生豆占 70%、烘焙占 20%、萃取占 10%。若烘焙和萃取過程都由高水準的專家來製作，那麼其實風味不會有太大的差異，可以斷言的是，**生豆品質就是決定風味的決定性因素**。但這句話絕不是在說，人在面對「讓咖啡味道變好」的事情上無能為力，反而是要盡最大的努力栽培樹木、篩出成熟的果實，然後經過精心加工、乾燥等程序，才能夠擁有最好的咖啡。我們應該領會的道理是，這世界上有單靠人的努力無法超越的「上天的領域」。我們就謙虛地接納這一點吧！

夏威夷可娜咖啡生豆的特徵就是顏色、形狀鮮明。

舉個例子來說，咖啡的原種抗害蟲力弱，結果率（生產率）也低，所以對於想要大量生產的咖啡栽種者而言，一定對原種很猶豫、不放心。因此，改良後的品種占據巴西、哥倫比亞、印尼、越南等廣闊咖啡田中絕大部分區域。但這樣的咖啡品種卻難以躋身世界讚譽的卓越咖啡行列。我們常提到的世界四大咖啡都是原種，具有難栽種、收穫率低的特徵，但它們的風味卻是其他咖啡比不上的。夏威夷可娜、牙買加藍山、葉門摩卡、巴拿馬藝伎等等，都是最自然、未經人為改良過的原種咖啡。

如果在產地遇見種植者，並問：「您的咖啡為什麼這麼好喝？」十個人中有十個都會仰望天空，說：「都是上天的恩寵。」滋味好的咖啡是上天對人類努力的回應。因此，咖啡是不能隨便喝的，要講究味道，用挑剔的心態做選擇，這麼做也可說是對栽種者付出的辛勞予以鼓勵，而自己也同享上天賜予的福分。

6 | 為了精準描述咖啡香氣必須知道的事

雖說「甜味（Sweetness）」和「酸味（Acidity）」是在選擇好咖啡時的重要標準，但僅憑這些是不夠的。這道理就像是不會因為小提琴、鋼琴等少數幾個樂器演奏得很精彩，就說那是一首令人感動的交響曲。

交響曲該具備的重要面貌當然是「**和諧（Harmony）**」，所有的要素都在相同的水準上融合在一起。咖啡的滋味也是如此，撫慰我們感官的各種因素就該保持均衡，不該有一個特別突出或不足。均衡，才能帶來幸福感。除了甜味和酸味，還有醇厚（Body）、餘韻（Aftertaste）、香氣（Aroma）以及風味（Flavor），全部因素和諧共處能讓咖啡的味道變得更迷人。

牛奶之所以能憑藉與白開水不同的質感展現存在感，是因為含有許多的成分。同樣道理，咖啡從富含礦物質的土壤中結出果實，那果實裡的種子濃縮了今後能培育生命的高密度養分。整顆充滿營養的種子在烘焙之後就會產生豐富的香味，而擁有醇厚感。醇厚會和均衡（Balance）一起拉長香味，換句話說，醇厚是讓餘韻變好的核心要素。如同使勁壓住琴鍵時，琴音會響得更持久一般。醇厚的表現有「輕而細膩（Light and delicate）」、「沉重而深厚（heavy and resonant）」、「淡薄而令人失望（thin and disappointing）」等等。

肯尼斯・戴維斯（Kenneth Davis）於 1997 年創辦咖啡評鑑（Coffee Review），並架設專業網站（www.coffeereview.com），日後該組織成為全球最具有權威性的咖啡評鑑組織。肯尼斯・戴維斯並將咖啡風味的描述提升至文學水準。

除了甜味、酸味、醇厚與餘韻，咖啡味道（Taste）的重要指標還有香氣和風味。香氣在味道上是絕對重要的。香味不好的咖啡，不可能會好喝；當然，香味好並不代表味道一定好。造成異味（off-flavor）的物質，因為分子量大的關係，會溶於水中或隱藏在細微的沉澱物裡，因此，若想準確鑑別一杯咖啡的味道，就要藉由飲用過程來確認咖啡在味覺上與嗅覺上的特性的相互融合度。

　　風味描述了在香氣、甜度、酸度、醇厚中沒有經歷的咖啡面貌。最具代表的表現是：豐富（Richness）、多樣（Various）、複雜（Complexity）、均衡（Balance）、深度（Depth）、乾淨（Cleanness）等等。而粗糙（Rough）、平平（Flat）、單調（Monotone）等詞，則用來描寫負面的風味。

　　雖說咖啡的味道，無法像用直尺測量般有明確的數值來表示五感（感官）領域，但衡量的指標和表現詞彙卻相當細緻。由於滋味的評價一定得依靠感官，因此反而更應該嚴格看待。然而，有件事讓咖啡愛好者感到悲傷，那就是有人會說「隨心所欲地感受吧」的話，誇張地把不存在的味道說成像真的一樣，就是有這種「欺騙感官的人」，以及因為盲目追求這些而沉醉在感受不到的味道中的「被感官欺騙的人」。

什麼是 Q Grader 咖啡品質鑑定師？

Q Grader 為精品咖啡協會（SCA）的合作機構「國際咖啡品質協會（CQI）」所認證的咖啡品質鑑定師。與咖啡師（Barista）認證不同，Q Grader 更偏重咖啡杯測、生豆及熟豆分級辨識、咖啡烘焙檢測以及感官測試等等，考試項目共有二十多項測驗。Q Grader 認證的標準非常嚴格，獲得認證之後，還需要每三年參與一次校正考試，才能更新認證效力。目前全球約有 1 萬名 Q Grader。

7 | 好咖啡不會用苦味來折磨我們

人的認知中，苦味很有可能帶毒，所以進化出拒絕苦味的本能。但為什麼還是有很多人熱衷於有苦味的咖啡呢？其實，人們享受的苦味可不少，像是薺菜、苦瓜、楤木芽、豬膽等等；還有，為了健康而食用的中藥材也非常苦，甚至有句話叫「良藥苦口利於病」。到底怎麼一回事？這句話其實省略了重要前提——「苦味適當，並不會對身體造成危害」。

選擇好的生豆、正確烘焙後，就會散發花朵、水果、堅果、焦糖、香辛料等濃郁香氣。品嘗一口，咖啡中的酸味、甜味、鮮味、苦味搭得很和諧，不僅讓人心情愉悅，連臉上的表情也變得明朗。在表達這種精品咖啡的滋味時，一句「好苦」的判定，對沖煮咖啡的人來說簡直就是一把匕首。

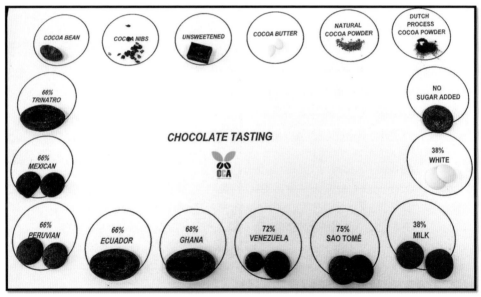

巧克力品評鑑賞訓練對探究咖啡的苦味很有幫助。

咖啡中肯定含有會導致苦味的成分。像是奎寧酸（Quinic acid）、葫蘆巴鹼（Trigonelline）、咖啡因（Caffeine）、多肽（Peptide）等會與味覺細胞的受體結合，向大腦發出「感受苦味」的信號。大腦會因為苦味而感到不快，進而對肌肉下指令將其吐出去。喝了一口咖啡卻只感覺到濃郁的苦味，苦到表情都皺成一團，這時馬上吐掉的反應是正常的，因為我們的 DNA 就

是這樣進化。

　　如果是好咖啡，就不會出現被苦味折磨的情況。這都要多虧讓人聯想到的茉莉花、玫瑰、薰衣草的濃郁花香，像是咬了一口成熟的橘子、葡萄、杏子、水蜜桃、莓果的果肉一樣令人心情愉悅的酸味，以及焦糖、甘蔗、蜂蜜、糖漿等的甜蜜感，把苦味包覆了起來。有時苦味跟肉桂、丁香、香草、茴芹等辛香料也很搭，可以進一步昇華並產生高級咖啡獨有的深度感（Depth）與複雜度（Complexity）。

　　但是，這並不意味著苦味是需要被隱藏的缺點。咖啡若沒有苦味，就等同只有酸味和甜味的果汁飲品。**苦味可以為咖啡帶來存在感（Existence）**，只不過，太有個性（Identity）反而令人傷腦筋。

　　咖啡評鑑師在評價苦味時，比起苦味本身，更注意的是它如何觸摸感官。若苦味像是溫柔地撫摸舌頭一樣，延續柔弱的甜味，那麼就會說「黑巧克力」；如果有著活潑的酸味，感覺讓肩膀變輕盈的話，就會說「巧克力」。要是品嘗咖啡後，在沒有任何說明的情況下，簡短又堅決地表達「好苦」，可能就會引起誤會。

　　如果平時喝的咖啡，沒有任何餘韻，還覺得苦苦的，那有很高機率是「澀味」。澀味與苦味是不同的。培養能區分澀味和苦味的能力，也是咖啡評鑑一個很好的出發點。

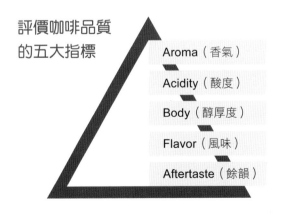

評價咖啡品質的五大指標

Aroma（香氣）
Acidity（酸度）
Body（醇厚度）
Flavor（風味）
Aftertaste（餘韻）

8 | 強調要嘗到酸味才算高級咖啡的彆腳商術

想必各位常常遇到在咖啡專賣店點了美式咖啡來喝，但最後卻傷心收場的經驗吧！之所以心情不好，並非因為不好喝，而是因為刺激性的酸味讓胃難以忍受。如果想好好探索咖啡的風味，每次喝咖啡時都要講究味道，若是考量到周遭有咖啡師或其他人，就把心情悶在心裡、不表現出來，一旦久了，以後要表達就會更加困難。

當咖啡液在舌頭上縈繞的瞬間，如果酸味不佳，人立即就能感覺出來，因為刺刺地扎在各處的刺激感，讓人享受不到聯想起水果的愉悅，反而幾乎就是咬到一口酸溜溜醃蘿蔔的感覺。而接下來的甜味也讓人難堪，因為它就像人工添加的糖漿一樣尷尬，咖啡的所有香味都散落一地了。你曾感受過身穿傳統服飾的上衣卻搭配西裝褲的感覺嗎？如果咖啡給人的是這種感覺，就不是好咖啡了。

造成酸味和甜味不搭調的原因很多，若以方才敘述的狀況為例，就是咖啡豆陳舊的關係。吞了一口後，順著呼吸道上升、傳到上顎的嗅覺細胞時，那香氣性質令人無比不快。還因為澀味的關係，嘴裡似乎有些乾涸，舌頭則吵著趕快倒水給它。那種感覺宛如原本要去享受交響樂，卻在聽到指甲刮黑板的聲音後立刻奔出場外一樣。這等同於咖啡自告奮勇地吶喊著「我的品質很差」。

從好咖啡中感受到的令人心情愉悅的酸味，究竟含了什麼樣的成分，目前尚不清楚。普遍理解的是，酸味取決於咖啡萃取液中含量相對高的檸檬酸（Citric acid）、蘋果酸（Malic acid）、醋酸（Acetic acid）等。但是，由於大量的鹽類（Salts）、磷酸（Phosphoric acid）、奎寧酸（Quinic acid）、酒石酸（Tartaric acid）、綠原酸（Chlorogenic acid）等這類散發酸味的物質，會引發複雜的緩衝效果（buffering effects），因此，目前還不知道準確機制為何。

但是，會有尖銳刺激酸味的原因很明確。

第一，即使是再昂貴、優質的巴拿馬翡翠莊園藝妓（Panama Esmeralda Geisha）或夏威夷可娜（Hawaiian Kona）咖啡，只要酸敗（Rancidity）就會

變成刺激的醋。人類在進化過程中，身上只留下了能區分酸味是不是因食物變質而散發的 DNA。最一開始，酸味並不是用來享受的，而是用來區分對身體有害的信號。

　　第二，甜度不足的低等咖啡，有著刺激性酸味。咖啡萃取的是種子中所含的成分，呈酸性（約 pH5）。可是高級咖啡的酸味不會令人不愉快，這是因為甜味會像撫摸一樣輕柔地包覆突出的酸味。如同農夫在種植水果的同時努力提高糖度一樣，咖啡栽種者也希望咖啡的種子能多帶點甜味。只有甜味濃厚，才會有柔和的酸味，也才會綻放出水果的滋味。

　　第三，即使都是同種生豆，如果不好好地烘焙，酸味也會變得尖銳。咖啡烘得太淺時，會有青草味加刺鼻的酸味，這已是眾所周知的事實。烘焙時間過於冗長也會因為酸味而搞砸咖啡的香味。咖啡成分中會帶來酸味的奎寧酸，也是會誘發胃腸毛病的壞傢伙，咖啡烘得越濃，奎寧酸含量就越高。

　　最後一點，即使是用品質好的生豆烘焙後才萃取的咖啡，隨著時間流逝，酸味也會變得尖銳。有些咖啡店為了減少這種情況發生，會將萃取好的咖啡放在熱板（Hot plate）上，然而味道還是必然會變差，因為這就是宿命，就像四季更迭一樣。

9 | 擺脫把苦與澀視作同一種味道的謬誤

咖啡師為了要能表達咖啡的風味，必須針對各種香氣進行體驗和訓練。

作為好咖啡該具備的要素就是甜味。韓國有句俗話說：「在的時候不曉得，但不在的時候就會知道。」這句套用在咖啡指的就是甜味了。當然，酸味、苦味和鮮味也能讓咖啡的味道變好，可是一杯咖啡裡可以沒有這些味道，但絕不能缺乏甜味。

為了了解好咖啡的廬山真面目，讓我們反過來想一想吧！究竟不好的咖啡所背負的致命缺陷是什麼？說得簡單一點，感受到什麼味道時，才能斷言它是不好的咖啡？苦味嗎？酸味嗎？還是鹹味？或是麻麻的辣味？正確答案是「澀味」。

其實澀味不是一種味道，而是刺激。人對風味的感受是透過對某些化學物質有反應的受體而獲得，目前已知的味覺受體有甜、鹹、酸、苦，以及21世紀初發現的鮮味（umami）等五種。而澀味是舌頭和上顎等黏膜收縮時誘發的味覺。因此，英語圈用了「Astringency（澀味）」這詞，同時帶有「萎縮」、「收斂性」、「口乾」等意思。香味的餘味一下子被打斷，產生黏膜覆蓋舌頭的不適感，起因於某些物質會和舌頭上的蛋白質分子黏在一起、發生變性，然後就會產生像麻痺味覺神經一樣的刺激，我們的大腦會將其視為澀味，而皺起眉頭。

引起澀味的物質，包括無機鹽（Mineral）、多酚（Polyphenol）、糖苷（Glycosid）、單寧（Tannin）、草酸（Oxalic acid）等。我們平常喝的飲料中，會引起澀味的物質，最常見的就是多酚。生薑中的桉葉油醇（Cineole）、蕎麥中的蘆丁（Rutin）、咖哩中的薑黃素（Curcumine）、巧克力中的可可多酚（Cacao polyphenol）、茄子中的花色素苷（Anthocyanin）、豆腐中的異黃酮（Isoflavone）、洋蔥中的槲皮素（Quercetin）等，都屬多酚類。綠茶的澀味則來自兒茶素（Catechin）；啤酒的苦澀味來自黃腐醇（Xanthohumol）；

234

葡萄酒的澀味是源於單寧的功勞，有時是作為高級葡萄酒應具備的資質。

綠原酸（Chlorogenic acid）是咖啡中含量最多的多酚，該物質會在烘焙過程中分離為咖啡酸（Caffeic acid）和奎寧酸（Quinic acid）。該物質比起澀味，更是對咖啡的「定位」，也就是苦味有所貢獻。

苦味和澀味會同時傳來，但咖啡愛好者應該會懂得區分兩者：一邊是味道，一邊是刺激。苦味是由受體結合帶來的神經傳達，因此，如果喝水或給點甜味，就會把苦味稀釋掉甚至消失。但澀味是舌頭上的蛋白質變性物質所引起，不會輕易消失，會壓在舌頭上，把

咖啡評鑑師利用茶來培養區分細微澀味的能力。

咖啡的其他香味趕走。所以出現澀味時，餘韻很快就會中斷，香氣也會失去立體感，就像掉在地上的泥土一樣變得平坦。

有損香味的澀味，通常是由爛豆或未熟豆等瑕疵豆引起的。不過，**消費者平常喝到的澀味，大多是因為咖啡豆烘焙後放太久所造成。**隨著陳年咖啡豆的油脂成分酸敗，壓在味覺細胞上的物質會增多，它的澀味感跟放了有段時間的魚乾差不多。老魚乾隨著脂肪的酸敗，會產生游離脂肪酸和各種形式的醛類（Aldehyde）。不好的咖啡就是因為上述所說的現象而發澀的。把苦與澀視為相同，這對苦味來說真的很冤枉。

Note 13

有助咖啡評鑑的「The Gabi 手沖濾杯」

為了評價多種咖啡豆的品質，最重要的是以相同條件萃取成分，如果萃取方法不同，就無法進行公正的評價，因此首要排除的就是萃取者的「個人特技」，即「手感」。所以，評鑑咖啡時，不適合用手沖來進行，因為光注水的方式就會產生差異。2016 年由韓國研發的「The Gabi 手沖濾杯（Master A 是第一代，稱之為聰明手沖杯；Master B 是第二代，稱之為手沖滴滴杯）」，可以說是專為咖啡評鑑而誕生。聰明手沖杯有利於保持萃取的一致性，倒入的水會從濾杯底部的 16 個孔洞流出，重點是不形成水流，而是以水滴形式滴落，讓咖啡只受重力作用，穩定地提取成分。

■ 聰明手沖杯使用方法

1. 在濾杯中放入濾紙，填入 10g 咖啡粉。
2. 將盛水分件和灑水分件進行組裝，完成供水裝置。
3. 把圓盤形狀的轉接架安裝於玻璃壺上，並放上濾杯。
4. 濾杯上方再放好組裝的供水裝置。
5. 倒入熱水（攝氏 92~95 度），不超過盛水分件上標示「150」字樣的線。
   － 咖啡粉：水＝ 1：15；萃取時間：3 分鐘

■ 手沖滴滴杯使用方法

1. 先像平常一樣設置 Melitta、Kalita、Kono、Hario 等濾杯，填入咖啡粉。
2. 將手沖滴滴杯安裝在濾杯上，水不直接注入咖啡粉層，而是倒在手沖滴滴杯中。
   ※ 手沖滴滴杯由內圈（Inner circle）和外圈（Outer circle）構成，若咖啡劑量多，需要較多水量時，可以把內圈和外圈都注滿。
3. 水通過底部 21 個孔洞後會自動形成水滴，均勻地注入咖啡粉層。
   ※ 點滴式：使用手沖滴滴杯，就不必一直拿著熱水壺注水，先往裡面注滿水，就會自動產生水滴，緩慢、均勻地浸濕咖啡層。

The Gabi Master A 聰明手沖杯

14 杯測與萃取率 (Cupping & Yield)

Barista

杯測（Cupping）是由精品咖啡協會（SCA）建立的評價咖啡生豆品質的方式。SCA 主張，這是「最準確地檢測咖啡品質的準則（These guidelines will ensure the ability to most accurately assess the quality of the coffee.）」。這套方式成為許多咖啡專家評價咖啡品質的手段，他們也會在杯測結束後互相交換資訊。值得留意的是，杯測是在評價咖啡生豆的品質，因此應排除烘焙和萃取的技術。

1 | 進行正確杯測所需的各種準備

隸屬於 SCA 的統計標準委員會（The Statistics & Standards Committee）所建議的杯測標準方案如下。

1）工具與環境準備

杯測準備

①烘焙準備：樣品烘豆機、Agtron（或其他咖啡烘焙色度檢測計）、磨豆機
②周邊環境：明亮、乾淨、安靜、溫度適宜，沒有會影響氣味的因素，也沒有電話機等造成分心的地方
③杯測準備：杯測桌、秤、杯測用的杯子與杯蓋、湯匙、手沖壺、杯測表（Cupping form）、板夾＆書寫用具

2）樣品準備

①烘焙

　　咖啡烘焙必須在開始杯測前的 24 小時內進行，並釋放一氧化碳和二氧化碳等烘焙過程中產生的氣體最少 8 小時。烘焙的時間應在 8~12 分鐘完成。咖啡豆烘完後，需於 8~24 小時內進行杯測。烘焙程度（Roast profile）應達到淺焙（Light Roast）至中淺焙（Light medium Roast）。

樣品豆的烘焙程度都應保持一致。

　　要烘焙到完整豆（Whole bean）的 Agtron 數值（Agtron scale）為 58±1，研磨豆（Ground bean）為 63±1。常見說法是：「為進行杯測，需將咖啡烘焙至 Agtron 數值達 55~60。」若是沒有測量 Agtron 數值的裝置，可以比對 SCA 烘焙度色卡，把咖啡烘焙至顏色同 55 號（#55）的程度即可。

　　咖啡烘焙程度的測定，應於烘焙後的 30 分鐘至 4 小時內進行。在烘焙樣品時，應避免表面燒焦（Scorching）或邊緣焦化（Tipping）等狀況。因為燒焦味會抑制咖啡的固有風味，從而扭曲感官感覺。把要用來當樣品的咖啡豆烘焙好後，進入冷卻階段時，只可以用空氣來冷卻，不可以灑水。然後將咖啡豆密封之後置於陰暗處（室溫攝氏 20 度左右）保存，不冷藏或冷凍。

②研磨

　　研磨要在進行杯測前的 15 分鐘內進行。咖啡要磨得細（fine ground），整體顆粒的 70~75% 左右要是能通過美國標準 20 號篩子的粗細，這粗細程度大概比滴濾式手沖所使用的咖啡豆略粗一點。之所以要規定粗細標準，是為了讓萃取率能達到 18~22% 的範圍。

③水

咖啡粉和水分別是 8.25g 和 150ml（約
5oz），呈 1：18 的比例。若按此比例來
萃取咖啡成分，可溶性成分的濃度就可達
1.1~1.3%。可根據杯子的大小，在 ±0.25g 範
圍內調整咖啡粉用量，也就是説，咖啡粉的
量要在 8~8.5g 之間。

注水時請大膽注水，浸濕所有粉末。

杯測時使用的水必須乾淨無味，但不使
用蒸餾水（Distilled）或軟水（Softened）。
理想的總溶解固體（TDS，Total Dissolved
Solids）為 125~175ppm，這差不多是市售
礦泉水的硬度（Water hardness），不可低於
100ppm，亦不可超過 250ppm。

煮水後在攝氏 93 度左右時進行注水。意思是水在接觸咖啡粉時，溫度
要在攝氏 93 度上下。但是還需看杯測現場的海拔高度來決定注水時的水溫
（Temperature needs to be adjusted to elevation.），因為水會在海拔高的地方
以較低的溫度沸騰。

直接在研磨好的咖啡粉上注水，而且要讓邊緣的部分碰到水，均勻地濕
潤咖啡粉。注水後靜置 3~5 分鐘，再開始進行評測。

④杯子

杯測用的杯子材質以強化玻璃或陶瓷為宜，使用容量應為 5~6oz
（150~180ml），直徑應為 3~3.5 英寸（7.6~8.9cm）。每個樣品咖啡豆需要
5 個杯子。將樣品個別裝入每個杯子，秤重後各個分開研磨。

⑤湯匙

選用傳導性能好的材質。許多專家偏好用銀製的湯匙。最好是一匙可盛
4~5ml 咖啡液的大小。

2 | 專注於每階段評價該確認的指標

杯測的評價（Evaluation），
是以隨著咖啡冷卻而香味出現
的變化為基礎，大致分為四個
階段來進行，每個階段都有需
要注意的指標。

為確保公正性，所有樣品都得同步進行。

- 第一階段：香氣（Fragrance / Aroma）
- 第二階段：風味（Flavor）、餘韻（Aftertaste）、酸度（Acidity）、醇厚度（Body）、均衡度（Balance）
- 第三階段：甜度（Sweetness）、一致性（Uniformity）、乾淨度（cleanliness）
- 第四階段：打分數（Scoring）

第一階段

①在 5 個杯子中皆裝入 8.25g 研磨好的咖啡。
②在開始評價之前，都蓋上杯蓋，盡可能防止香氣散失。
③咖啡研磨後不超過 15 分鐘。
④掀開杯蓋，以鼻子聞嗅（sniffing）氣味來評價乾香氣（Dry fragrance）。
⑤注水，靜置最少 3 分鐘、最多 5 分鐘，保持咖啡浮渣（Crust）的狀態。
⑥所定的時間（3~5 分鐘）一到，就進行破渣（Breaking）。用湯匙邊推開咖啡浮渣、邊攪動 3 次，接著聞嗅濕香氣（Wet aroma）。
⑦評好分數後，在 Dry / Wet 項目上做標記。

聞嗅

第二階段

①距離注水完約莫 8~10 分鐘之後，樣品溫度大概接近攝氏 71 度，此時開始對咖啡液進行評價。這時的溫度是鼻腔內嗅覺黏膜細胞感知蒸氣的最適溫度。

②為了待會要進行咖啡液的吸入，先利用兩個湯匙小心翼翼撈除咖啡液表面的咖啡渣。

撈渣

③強烈地啜吸（slurping），盡可能讓咖啡液覆蓋舌頭和上顎。樣品會持續冷卻，請在不同的溫度下重複操作，進行 2~3 次的評價。

啜吸

④先評價風味（Flavor）和餘韻（Aftertaste）。當咖啡液的溫度接近攝氏 60 度時，再針對酸度（Acidity）、醇厚度（Body）、均衡度（Balance）項目進行評價。均衡度這一項是對風味、餘韻、酸度、醇厚度是否能協同組合（Synergistic combination）來進行的主觀評價。

※杯測評分表的標記重點：在 16 分量尺刻度（Tick-mark）以圈畫記。如果需要更改這一項評價，就在橫向量尺的其他點上畫圈表示。然後從原先的到最終決定而畫記的地方畫上箭頭，就可以知道評分有過更動。

第三階段

①當水溫達攝氏 37 度左右時，就針對甜度（Sweetness）、一致性（Uniformity）、乾淨度（cleanliness）項目進行評價。

②每個杯子都要個別評，得 0 或 2 分，最多共得 10 分。

③咖啡液溫度達攝氏 21 度時就結束。

④針對總體屬性評分（Overall Score）進行主觀性的評價，並標記在「杯測員評分（Cupper's Points）」上。

第四階段

①結束樣品評價，把分數合計起來。

②將計算好的分數填入「合計分數（Total Score）」欄位中。

③針對缺點扣分處理後，將最終分數填入「最終分數（Final Score）」欄位中。

合計分數

咖啡師必須做感官分析訓練的原因

① 區別與固有香味的差異。

（To determine the actual sensory differences between samples.）

② 描述固有的風味。

（To describe the flavor of samples.）

③ 決定商品價值或喜好度。

（To determine preference of products.）

3 | 每個人依杯測指標來評，卻給出不同評價的原因

進行杯側時會使用統一的杯側評分表，評分表上有制式的標記方式：

正屬性（Positive Attribute）的兩種刻度標準（Tick-mark Scales）
－ The vertical（up and down）/ 縱向尺規：檢測感官元素的強度（定量）
－ The horizontal（left to right）/ 橫向量尺：檢測感官元素的品質（定性）

各項目的評分重點（Individual Component Scores）如下。

①Fragrance（**乾態香氣**）：注水前
對杯中研磨的咖啡粉進行聞嗅
（sniffing）來評價。

評價乾咖啡粉的香氣（fragrance）

②Aroma（**濕態香氣**）：以聞嗅的
方式評價破渣期間散發出來的香
氣，或是被水浸濕的咖啡香。
－ 品質（Quality）項目：具體寫下
特定香氣（Specific aromas）。

評價濕咖啡粉的香氣（aroma）

③Flavor（**風味**）：由味覺和嗅覺同時作用於感官的特徵。從初印象的氣味
開始，經過酸味，一直到餘韻的過程。味蕾（Taste bud）以及口腔到鼻子
的嗅覺黏膜細胞所感知到的香氣相融合後，留下的感官印象。評價時必須
同時考慮舌頭感覺到的味道及鼻子感覺到的香氣，兩者的強度、品質、複
合度等。

④Aftertaste（**餘韻**）：這是測定並劃記 Flavor（味覺和嗅覺的組合）正面面貌能維持多久（Length of positive flavor）的項目。主要透過上顎的後面位置感覺到。指的是將咖啡吐掉或者吞嚥後，留下來的正面香味所持續的時間。如果餘韻短暫或感覺不愉快，就給低分。

⑤Acidity（**酸度**）：評價酸味的品質時，會把產地、烘焙程度、使用目的等各種因素納入考量。例如，當咖啡被預估大概會像肯亞咖啡一樣酸味偏多，或者是會像蘇門答臘咖啡一樣酸味不多，即使兩者的強度評價不同，但都可以得到較高的偏好分數。

－Brightness（明亮）：在啜吸時，很快就能同時嘗到甜味和清新水果的特性。

－Sour（酸味）：過度強烈或壓倒性的令人不快的酸味。過度的酸味（Excessive acidity）。

⑥Body（**醇厚度**）：舌頭與上顎之間感知到的觸感。例如，醇厚度強的蘇門答臘咖啡與醇厚度低的墨西哥咖啡，雖然兩者的強度評價不同，卻都能得到一樣高的偏好分數。

－Heavy Body：受沖煮膠體和蔗糖（Brew colloids and sucrase）影響。

－Light Body：即使不厚重，在嘴裡依然能有好的感覺，而獲得高分。

⑦Balance（**均衡度**）：評價香氣、餘韻、酸度、醇厚度要素彼此協調的程度。著重於它們之間是彼此互補還是對立。如果缺乏特定的香氣、味道屬性或是壓倒性，就給低分。

⑧Sweetness（**甜度**）：意味著「不僅是甜味，還會帶來令人愉悅的滿溢的香味（Sweetness refers to a pleasing fullness of flavor as well as any obvious sweetness）。」甜味來自碳水化合物。在顯示該屬性的杯子上可加 2 分。就算遇到無法直接檢測到甜味的狀況也沒關係，因為甜味也會影響其他香味屬性。從風味上看，甜味的相反是酸味（sour）、澀味（Astringency）、青味（Green）等。

⑨Clean Cup（**乾淨度**）：是指從啜飲到餘韻之間都沒有摻雜負面因素的程度。也就是說，評價的內容是樣品有沒有怪味、雜味或缺陷。若杯子出現不像咖啡風味的情況，那一杯會採取個別失格處理，而若表現出 Clean Cup 的屬性，則給予 2 分。

⑩Uniformity（一致性）：評價每個
盛有樣品的杯子中風味的持續性
（Uniformity refers to consistency
of flavor of the different cups of the
sample tasted.）。如果每個杯子
味道不同，就給低分。對具有相
同風味屬性的杯子各給 2 分，當
五個杯子都相同時，就得 10 分。

五個樣品要一模一樣，才有一致性。

⑪Overall（整體）：此項目藉由綜合性的評價反映出杯測員的個人偏好。如
果各項要素的分數高，但綜合起來卻感受不出印象深刻的味道，那麼就
給予較低的分數。如果能很好地反映產地特性，還有特定風味也能滿足預
期，則給高分。若是認為各屬性的個別分數未能反映出充足的分數，可以
進行所謂的「加分」。

⑫Defects（瑕疵）：當出現造成咖啡品質下降的負面或不良風味（off-flavor）
時則會進行扣分。首先要分類到底是 Taint（缺點）還是 Fault（缺陷）。
並針對瑕疵點寫下酸（Sour）、橡膠味（Rubbery）、發酵味（Ferment）、
酚味（Phenolic）等術語。當杯子帶有明顯缺陷時，就將杯子數乘以 2 或 4，
最後從總分中減去得出的數字。

　－ Taint（缺點）：雖然香味很差，
　　但還不至於是最糟糕的情況。通
　　常能在 aroma 中感知到。在強度
　　項目上扣 2 分。

　－ Fauld（缺陷）：是最糟糕的狀
　　況，或者是帶有使樣品不佳的不
　　良香味，若有就扣 4 分。通常能
　　從 flavor 中感知到。

風味有負面面貌時會遭到扣分。

4│萃取率與濃度，是層次不同的兩種話題

對於沖煮咖啡的人而言，溶解率（Solubles yield）、萃取率（Extraction Yield）和濃度（Extraction Strength）是帶來不少壓力的因素。這些術語也給原本想毫無負擔地享受咖啡的咖啡愛好者帶來頗大的緊張感，因為原本應該是享受咖啡的幸福瞬間，卻成了認真探討萃取科學的時間。

當然，為了對看不見、摸不著的咖啡香味以及將其製作出來的機制確立客觀標準，用科學的角度來探究是不可避免的，但並不代表它就是一切或是成為最主要的部分。咖啡的香味關乎人的大腦功能領域，而在這領域中，即使科學技術真的很發達，我們也難以否認目前還只是處於起步階段。因此，在咖啡領域中，面對萃取率和濃度等時，與其將它們視作絕對指標，不如當作是為提高一杯咖啡的完成度而參考的資料。

從咖啡豆中萃取出多少成分會左右萃取率。

喝咖啡時，萃取率看的是能從咖啡豆中抽取出多少的成分，而濃度看的是抽取出的成分喝起來偏淡還偏濃。萃取率和濃度在咖啡萃取階段中是不同的事；在講究味道的時候，更是完全不同層次的問題。

1）萃取率（Extraction Yield）

萃取率是表示從咖啡豆中提取出多少成分的指標。

舉例來說，我們使用 100g 咖啡豆製作了一桶咖啡，若知道溶解在一桶咖啡內的成分有幾克，就可以得出萃取率。為了了解這一點，只需要把水全部弄走，並測量剩下的粉末重量即可。假如此時粉末的重量是 20g，那麼這一桶咖啡的萃取率就是 20%。

就算用了各種方法來萃取，只要萃取率不在適宜範圍內都毫無用處。

咖啡萃取率的最適宜範圍為 18~22%。而上述例子的萃取率就落在範圍內，因此我們可以說這個萃取咖啡的方式十分正確。

就像這樣，萃取率是表示咖啡粉中有多少成分流出、進入水中（被萃取出來）的指標。萃取率之所以讓人覺得困難，是因為測定溶解在水中之成分多寡的方式太過繁瑣所造成。真的將一杯咖啡中的水全部弄走，然後秤粉末重量的這種「烘烤方式」，實際可行性太低。這時有個工具可以運用，那就是 TDS 水質檢測計（TDS meter）。

TDS 是「總溶解固體（Total Dissolved Solids）」的縮寫，意謂「水中含有的固體物質」。TDS 檢測計是利用水的電導率而反映出 TDS 值，以此推估咖啡濃度。此工具已被採用了頗長一段時間，但這種方式會造成當固體物質越多時電導率就越快，而出現極大的誤差。TDS 檢測計起初是為了掌握水是否被污染而設計的，所以，很難精準測定跟水相比層次差很多的咖啡中的固體物質分量。再加上，誤差修正力會與溫度一起下滑，以及只要電極上出現了水垢，其下滑程度就會更嚴重。這些缺點讓很多人都覺得 TDS 檢測計並不適合拿來測定咖啡。

因此，最近廣泛地使用著 TDS 折射計（TDS refractometer），像是 VST 或 Atago 等推出的檢測計，這是根據樣品液體的濃度以呈比例變化的折射度來推測濃度。不過，一旦這些工具在測量折射程度的稜鏡上出現瑕疵，或是留下先前樣品的痕跡，測量出來的值也可能有誤。

▶ 計算萃取率

要想計算咖啡的萃取率（Extraction yield），首先得了解「萃取濃度（Extraction Strength）」與「沖煮比例（Brew ratio）」。萃取濃度用 TDS 檢測計測定，沖煮比例則按所使用的咖啡粉和萃取用水的重量直接計算即可。

- **萃取率**（Extraction Yield）：表示萃取時使用的咖啡粉中多少成分進入水中的指標（%）。
- **萃取濃度**（Extraction Strength）：咖啡中溶解的固體物質（咖啡成分）與水的比例。表示一杯咖啡內含的固體成分有著何種程度的強度。以 TDS 數值表示。
- **沖煮比例**（Brew Ratio）：萃取時使用的咖啡粉量與水量的比例。測定在萃取時使用幾克的水和幾克的咖啡粉，便能計算出沖煮比例。

綜合以上的關係，可以整理成公式：**萃取濃度**（TDS）**＝沖煮比例**（Brew Ratio）**× 萃取率**（Extraction Yield）。萃取率則等於「萃取濃度」除以「沖煮比例」。舉個例子來算算看。我們用 20g 咖啡粉，製作出一杯 300g 的咖啡，測出來的 TDS 測定值為 1.25%。試問這杯咖啡的萃取率是多少？

測定各項指標後將數值代入公式中，也就是＜萃取率＝萃取濃度 TDS（1.25%）/ 沖煮比例（6.66%）＞。沖煮比例（20g / 300g）為 6.66%，故將 1.25% 除以 6.66%，得出的萃取率即 18.76%。該咖啡的萃取率介於適當範圍內（18-22%），因此可評為「成分萃取得當」。

2）萃取濃度（Extraction Strength）

提取了咖啡粉中多少成分的指標稱作萃取率，「萃取濃度」則是用來表示咖啡濃或淡的指標。即使萃取率相等，也能藉由不同的注水量，製成不同的濃度來飲用。這句話反過來講，就是萃取出來的咖啡液，即使注了水，萃取率依舊不會改變。

萃取率和濃度相匹配的咖啡，能把本身風味好好體現出來。

儘管可以用 TDS 檢測計測定出水中含多少的咖啡成分，但事實上它的準確度會越來越低。這不僅僅是檢測計精確度的問題，經由水萃取並裝在杯子的咖啡的成分中，除了可以用 TDS 檢測計測定的固形物以外，其實還存

有其他物質。咖啡成分可分為水溶性和非水溶性；水溶性成分又再分成固形物和氣體，非水溶性成分則可再分成固形物和油。

　　所以咖啡的味道並非單憑萃取率就能衡量。**萃取率就像指南針，幫助人在初次萃取並熟悉萃取條件時抓到準確點，也像燈塔，引導人不論在何種條件都能保持萃取的一致性。**在萃取咖啡時，我們相信只要萃取率合宜，不僅固形物（TDS），可溶性成分（TSS，Total Soluble Solids）、氣體和油等其他成分都會適當地被萃取出來。但咖啡的味道不該全依賴萃取率。咖啡的香味不僅取決於 TDS 數值所顯示的固體物質，還取決於各種成分的比例。

■ TDS 測定方法（使用 VST 折射計）

①萃取欲測定的咖啡樣本。

②打開 VST，設定測定範圍。

③咖啡液稍微冷卻後，滴幾滴在 VST 上。

④若是有氣泡或異物，折射率就會出現誤差，所以務必注意。

⑤當咖啡液的溫度越高時，顯示的 TDS 就越低，而溫度越低，TDS 就越高；務必觀察測定值的變化。

⑥通常 TDS 在 1.15~1.55% 時，有高機率會獲得正面評價。

TDS 測定

3）咖啡沖煮控製圖（Coffee Brewing Control Chart）

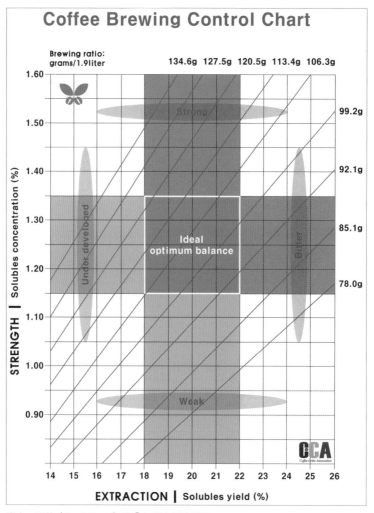

洛克・哈特（Rock Hear）的「咖啡沖煮控製圖」

　　這是美國洛克・哈特（Rock Hear）教授團隊從 1950 年開始，十多年間研究咖啡沖煮（Brewing），最後完成的咖啡萃取圖表。表中呈現出強度（濃度）、萃取率（溶解率）以及沖煮比例這三個變量的相互關係。

　　Y 軸表示強度（strength），以百分比標示了萃取好的一杯咖啡的固形成分。哈特教授團隊的研究結果顯示，不同國家、地區偏愛的濃度皆不同，例如美國為 1.15%~1.35%，歐洲為 1.2%~1.45%，其中，挪威為 1.3%~1.55%，

是濃度最高的。

　　一般我們都會認為，喜歡深度烘焙的人會喜歡濃郁的咖啡，喜歡淺度烘焙的人會喜歡清淡的咖啡。但是從萃取率和濃度的概念來看，這是不正確的刻板印象。一杯咖啡中的固形成分量會根據萃取而改變。當然萃取狀態也會因為烘焙程度發生變化，但最主要一定是根據萃取時間、研磨度、水溫等因素，使萃取率和濃度發生改變。

　　不是 TDS 數值高，咖啡就會濃郁又美味。如果 TDS 超過 2%，便會凸顯濃而苦的感覺；若是不到 1%，有時還會有過於平淡的負面評價。其實味道並不單取決於 TDS 是否合適，主要還是取決於各樣成分是否萃取得均稱和諧。從這層面來看，X 軸的溶解率（Solubles yield，亦即萃取率）就顯得意義十分重大。咖啡粉有 73% 不會溶於水，剩餘的 27% 會溜出濾杯、一起進入咖啡杯中；根據經驗，風味會在萃取率介於 18~22% 時發揮得很好。因此，在萃取咖啡時，應先讓萃取率落在符合的範圍內，之後就可以輕鬆調節水量，以決定喜好的濃度。

Note 14

描述咖啡風味的各種英語詞彙 Coffee Tasting Vocabulary

Acidity 賦予咖啡生動感的要素。評的不是酸味的強度，而在於是否會讓人心情舒暢。

Aftertaste 吞下咖啡後從鼻子散發、沖上來的香氣，例如：Carbony、Chocolaty、Spicy。

Agave 百合目龍舌蘭科植物。是製作龍舌蘭酒（Tequila）的原料。

Ale 利用上層發酵的方式生產的英式啤酒。顏色深、香味強烈。

Amaretto 帶有杏仁香氣的利口酒。

Animal-like 描述有著強烈皮革、汗水等香味的咖啡。恰當的香味是高級咖啡的指標。

Aroma 在剛萃取的狀態下釋放出來的香氣，例如：Fruity、Herby。

果乾類

Ashy 像灰一樣的感覺。是常見深焙豆子的特徵。

Balsamic vinegar 把葡萄汁裝入木桶後發酵而成的食醋。會添加肉桂和焦糖。

Basil 羅勒，薄荷科，具清香的氣味加上些微的辣味。

Bergamot 有佛手柑、柳橙的香味，以及由花分泌的蜂蜜甜味。

Bergamot orange 酸味太強而不可食用，會製作葉茶或沐浴劑使用。

Bitter 蒸餾酒中加入花、果實、辛香料、香草等，帶苦味，製作雞尾酒的一項食材。

Bitterness 能於舌頭後面感知到的味道，咖啡中的奎寧、咖啡因、其他生物鹼成分是造成此味道的原因。若缺苦味就會是沒個性的咖啡味道，是當整體很均衡時會帶來強烈感覺的要素。

Bland 單調的感覺。在舌頭邊緣感知到的柔軟溫和程度。描述的是香味淡的咖啡。

Body 在不同濃度之下，對於重量感與密度的感知印象。例如：Light、Thin、Medium、Full。

Bouquet 所有關於香味術語的總稱。包含從 Fragrance、Aroma、Aftertaste 中可聞到的香味。

Bright 明亮又清爽的酸味。

Briny 表示鹹味。將已萃取好的咖啡重新加熱時出現的鹹味。

Burnt 燒焦。

Buttery 油感豐富的。

Caramelly 會讓人聯想到糖果或糖漿的甜味。

Carbony 會讓人聯想到燒焦味的香味。在 Aroma 中也能感覺到。

Caustic 和蘇打一樣的味道。具腐蝕性的，過於強烈（harsh）及刺鼻的苦味。

Chinese cinnamon 中國肉桂。桂樹的樹皮，有著很突出的辣味。

Chocolaty 能在餘韻中感覺到。聞著會讓人聯想到黑巧克力或香草的滋味。

Cilantro 繖形科植物，香菜的葉子。奶油香和辣味融合在一起的感覺。

Cinnamon 錫蘭肉桂。桂樹的樹皮，具更突出的甜味。

Clean 味道的俐落程度。與生豆加工過程直接相關。例如：Bright、Clear。

Clear 乾淨俐落的味道。

Coarse 粗糙、刺激的。

Coffee pulp 果肉的發酵香氣，有著甜甜果肉的生動感。

Coriander seed 帶柑橘香，甜甜辣辣的味道。

Cranberry 尖銳的酸味。

Crema 濃縮咖啡的黃金泡沫，其中飽含二氧化碳和水蒸氣，界面活性成分溶在內、以液態膜包圍的一個個泡泡。也包含固形物乳化的油，以及懸浮的咖啡細胞壁碎片。

堅果類

Creosoty 嚴重的燒焦，深度烘焙的咖啡帶來的刺鼻香。

Cumin 孜然（小茴香），繖形科。尖銳的酸味。

Curry powder 由咖哩粉、丁香、孜然、桂皮、蒔蘿、肉豆蔻、香菜等融合的香味。

Delicate 酸味和甜味協調且延續得久，用成熟的咖啡櫻桃製成的咖啡。

Diffusion 擴散，由液體濃度高的地方向濃度低的地方移動。

Dill 散發甜味，同時帶有香菜般的清爽香氣。

Dirty 因瑕疵豆而引起的嚴重雜味，有陳舊味、黴味。

Dull 無特徵的、乏味的。

Earl Grey 帶有佛手柑味的紅茶，呈深橙色。

Earthy 在生豆乾燥的過程中滲入。

Emulsion 乳化。油與液體不相溶，造成油滴漂浮的狀態時，為使混合會加入乳化劑，此作用下產生的液體稱為乳化液。

Eucalyptus 藍按，桃金孃科桉屬下的一個種，又名藍膠尤加利，是一種高大的常綠喬木。

Exotic 異國風味，不普遍的香味，例如：Berry、Floral。

Fermented 發酵。

Figs 無花果。甜味、蘋果酸及檸檬酸混合的滋味。

Fine 微粉。研磨時產生的咖啡細胞碎片。

Flat 幾乎感覺不到特性。是生豆保管的問題所造成。

Flavor 風味。咖啡的味道與香氣的綜合表現，味覺和嗅覺同時作用。

Fragrance 咖啡粉的香氣，例如：
Floral、Spicy。
Fruit compote 用糖燉煮的水果。
Fruity 柑橘或漿果類的果香。
Full 香味充滿口腔。
Gin 用杜松子調製香味的蒸餾酒。
Ginger 生薑。
Grassy 草香，讓人聯想到割草時的
味道。

香草植物

Green 烘豆時因未充分受熱而出現
的青草味。
Hard 刺激性的酸味。
Harsh 粗糙的味道，可以感覺到味道的紋理很粗糙。
Hay 乾草、曬乾的草。
Herby 野菜或草的清香。
Hidy 皮革腥。
Insipid 枯燥無味的、沒有活力的、平淡的、毫無生氣的。
Juniper berry 杜松果實，琴酒（Gin）原料。
Lemon peel 檸檬皮汆燙好後用糖煮成。
Licorice 洋甘草，是根部很甜的意思，帶有獨特的草香。
Lychee 荔枝。細膩花香加上甜甜的哈密瓜香。
Mace 從肉豆蔻樹的種子中只挑皮下來，有著更為柔和又高級的香氣。
Malty 麥芽味，有甜米露的韻味。
Masala 辛辣類香料的混合物，桂皮、丁香、小豆蔻、肉豆蔻、胡椒等等。
Medicinal 藥味，在深度烘焙中會體現出來的感覺特徵。味道合宜時會形成高級咖啡
的面貌。
Mellow 成熟果實的甜味。柔和、酸度不高。
Mild 和緩的，沒有一處突出或刺激。
Mouthfeel 在嘴裡感覺到的質感。由飲品帶來的口腔內的觸覺。
Muddy 混濁的、泥濘的，生豆加工過程中遭到污染所致。
Multiphasic 多面相。許多相位（phase）混合。
Musty 像黴味的陳年味。
Neutral 描述消極的情況。感覺不到明顯的味道。無特色的。
Nippy 凜冽的、微辣的、尖銳刺激的。
Nougat 將糖、蜂蜜等與水果乾、堅果、巧克力等混合在一起製成的糖果。
Nutmeg 肉豆蔻，指的是散發麝香味的核桃，有甜味和苦味的刺激。

水果

Nutty 味道好聞，堅果類的感覺。

Onion 帶甜味及硫磺化合物特有的刺激性香味。

Orange Blossom 琴酒加了柳橙汁、冰塊製成的雞尾酒。

Panela 煮過的甘蔗汁，非精製糖。

Parfait 用水果糖漿、雞蛋、鮮奶油攪拌而成的冰淇淋甜點。

Parsley 濃郁草香，清爽的味道。

Passion Fruit 散發柑橘、鳳梨、橙子香，可感覺到甜味的熱帶水果。

Praline 裹上糖衣的堅果。

Pungent 刺痛的，尖銳的，尖刻的，刺激的，辣呼呼的，火辣的。

Quakery 感覺像是烘焙不完全的未熟透豆子，或者是因為未成熟豆子的關係而未能充分展現香味。

Quatre epices 四香粉。含有胡椒、丁香、肉豆蔻、生薑粉等四種香辛料的調味粉。

Rancid 脂肪成分氧化時所產生的不良氣味。

red velvet 紅絲絨蛋糕，由白脫牛奶、糖、可可粉、香草和奶油奶酪製成。

Rich 特性豐富的。

Rioy 具類似碘的刺激性酸味。

Rotten 腐臭的氣味。

Rough 粗糙的。口乾舌燥的感覺。

Rubbery 口感近似橡膠。咖啡櫻桃只有一部分成熟也是原因之一。

Rum 糖蜜或甘蔗汁經發酵蒸餾製成的酒。

Salt 鹹味。會讓味道變得尖銳。如果鹹味突出，就等於豆子的狀態不好。適當的鹹味有助於增進食慾，還能激起活力，例如：Bland、Sharp。

Sangria 西班牙的國酒。以紅葡萄酒為基底，混合柳橙汁和蘇打水。

Scale 水垢。水中的碳酸鉀沉澱造成。

Scorched 燻味，雖然程度低，但就是燒焦。

Smoky 煙味。依烘焙程度而呈現的特性。

Soft 香氣契合的柔和味道。充分成熟的咖啡櫻桃帶來的舒適感。

Sour 負面的酸味，酸溜溜的。

Spicy 香辛料，在烘焙過程中經乾餾反應而表現的香味。

Stale 不新鮮的，臭的，平淡的味道。

Straw 稻草。

Strength 濃縮咖啡中固形物（水溶性物質）的濃度。

Sugar Cane 甘蔗。

Suspended fine 懸浮的微粉。

Sweaty 有汗味的，潮濕又刺激性的。

Sweet 甜味，無瑕疵的咖啡。甘甜、無粗糙味。

Taint 被汙染的不良味道。

Tamarind 酸豆，帶酸酸的水果味和微微的甜味。

Tapioca 一種熱帶作物，取於木薯根部的食用澱粉。

Tart 帶酸和刺激性的味道。

Tequila 墨西哥產、以龍舌蘭樹液製成的酒。

Terpeny 松脂的香味。

Thin 感知不到酸味，沒有生機。

Tipped 包含兩端點燒焦的豆子，散發出稍微燒焦的味道。

Tobacco 菸草香，味道合宜時是好咖啡的指標。

Toffee 砂糖、奶油和水一起煮而製成的糖果；甘蔗濃縮液。

Turmeric 秋鬱金，薑目。薑黃根曬乾、磨碎後、呈黃色的辛香料。

Vanilla 甜蜜的花香，當果實發酵後會形成香蘭素（Vanillin）。

Vapid 泄氣的，沒有活力的，無聊的（Dull），乏味的。

Watery 因萃取得薄弱，可感覺到成分含量低。

Weak 香味較弱，成分萃取過少的咖啡香味。

Wild 感受到活力的時候，野生的。

Winey 酸味生動，讓人聯想到紅酒。

Woody 咖啡豆放久了有木質的感覺，香味也沒那麼好。

啤酒和葡萄酒

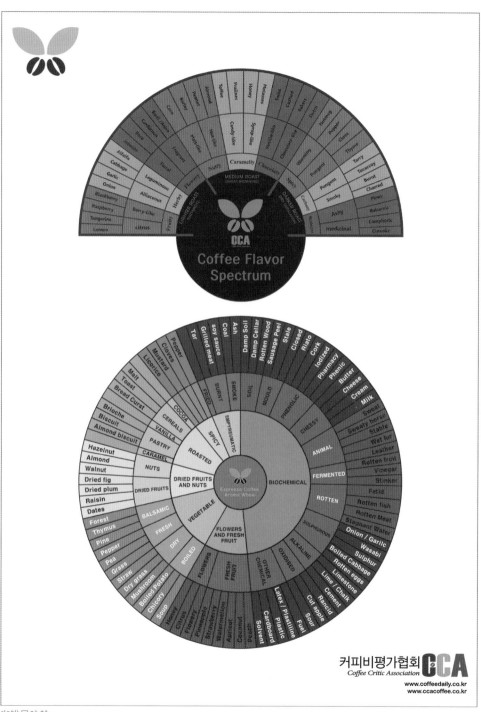

咖啡風味輪

15 咖啡甜點 (Coffee Desserts)

Barista

通常客人到咖啡廳，並不會期待咖啡和甜點都很好吃。不少人都有著「咖啡好喝，那甜點一定很普通」，或者「甜點很好吃，那他們的咖啡一定沒什麼特色」的刻板印象。

但若能正確地萃取咖啡，與此同時搭配適合的甜點，使其達到味道的和諧、平衡，成功發揮加乘作用，不用多說什麼，一定是錦上添花。不過，若一味地強調甜點、花費心思製作並推出，之前辛苦準備的品質好的咖啡反而會被忽略，如此一來，有可能會讓客人失去對咖啡，甚至失去對整間咖啡廳的信賴。

若是因為這些顧慮，您才決意不販賣咖啡以外的東西，那麼您需要重新好好思考一下了。只要能備好任何人都給予認定的「咖啡甜點組合」，就可以抓住更多機會。當您的咖啡廳裡同時存在甜點連看都不看、單純尋找好咖啡的咖啡愛好者，以及追求咖啡和甜點的搭配（Pairing）的客人時，那麼您的成功機率就是兩倍了。

「在喝咖啡時邊吃甜點，就品嘗不出咖啡的味道了。配甜點來喝咖啡的人，就不能稱是咖啡愛好者嘛！」在我們周遭不難看到會這麼說的人。不過，與咖啡相配的甜點能更凸顯咖啡風味，而非搶走風采。

現在，追求香味的咖啡愛好者越來越多，尋找能增添咖啡香味的甜點的人也明顯增加。甚至有些人原本不喝咖啡，但似乎為了追上流行，就拚了命

地與咖啡變熟。其實，甜點也能成為引導不熟咖啡的人親近咖啡的手段。

嘗一口甜點、喝一口咖啡，這時若感受到前所未有的滋味，這一刻的組合就將化為無法忘懷的回憶。所謂追求香味，就是一種體會幸福的滋味。

甜點可以強烈地喚醒我們的味覺。當然，咖啡本身就足以讓感官得到滿足。然而，以一個一個東西組合搭配而形成的「豐富感」，是任何東西都追不上的。用最適合的那一杯咖啡來搭配，就能帶來光憑品嘗甜點無法感受到的複合美與雅致，有時還會帶來精細感。咖啡的香味能補滿甜點的空缺，真的稱得上是贈予「完美一口」的「神來之筆」。

從某個角度來看，咖啡甜點（Coffee Desserts）從一開始就應該要是一起講的單字才對。比起各個要素的總和，咖啡和甜點的相遇能帶來更多的幸福感。為了達到這目的，關鍵在於兩者的組合要和諧、要能相互襯托，彼此要是夢幻般的搭配。

接下來要介紹即使經營小咖啡店也一樣能輕鬆製作出來，而且能同時滿足咖啡愛好者與甜點迷的 12 種食譜（食譜源自 BELEN'S Coffee Dessert）。

1 | 義式濃縮咖啡與白巧克力義式奶酪

－由金黃色 Crema 與白巧克力共同塑造出不同層次的「咖啡巧克力」

本身就夠完美的義式濃縮咖啡，若還非得要和甜點一起搭配，必定有值得這麼做的理由。「白巧克力義式奶酪」就像是一個搶鏡的演員（Scene Stealer），能讓電影（即濃縮咖啡）更為發光，發揮吸引「千萬名觀眾」的最後一塊拼圖的作用。

白巧克力與牛奶巧克力、黑巧克力都不同，不含會誘發苦味的可可膏。擁有金黃色 Crema 的義式濃縮咖啡能完美填補這空虛感，誕生出全新的「咖啡巧克力」類型。而這與混入牛奶巧克力或黑巧克力的咖啡截然不同。可可膏成分可能會折損咖啡本身的香味，但白巧克力並沒有這項威脅因素，所以兩者就能像原本就是同一副身軀那樣完美融合。不過，若只是單純將白巧克力片放入義式濃縮咖啡中，那麼可可脂就會先融化而浮在咖啡上層，宛如一層「燭淚」一樣，味道並不融合。

白巧克力義式奶酪是在煮鮮奶油（Panna Cotta）時一起融化白巧克力，使白巧克力成分在鮮奶油分子之間均勻混合。其味道只有在最適當時機與義式濃縮咖啡搭配享用，才有辦法發揮出明亮閃耀的協同效應。

- **器具**

  迷你透明杯、鍋子、耐熱橡膠勺、篩子、碗、秤、瓦斯爐或電磁爐、冰箱

- **食材（份量：6-7 杯）**

  吉利丁片 6g、鮮奶油 300g、牛奶 60g、白巧克力 120g

- **作法**

①事先把吉利丁片放入冷水中泡軟，再把水分擠乾後裝入碗中。

 如果水溫不夠低，吉利丁就會溶於水，以致於無法使用原定的量，所以務必用冷水或放了冰塊的水。

②將鮮奶油、牛奶、白巧克力放入鍋中，一邊以中火加熱一邊攪拌。

③充分加熱至開始滾時就關火，在鍋中加入事先備好的吉利丁。

④攪拌至吉利丁完全融化。最後使用篩子過濾並將奶酪液倒入透明杯分裝。

使用篩子過濾的動作，某種程度上能消除製作過程中所產生的氣泡。要是不經過濾、直接讓它凝固，就會因為氣泡的關係而有損義式奶酪的外觀。

⑤放入冰箱冷藏 4 小時，等待奶酪凝固成形。

2│美式咖啡與紐約起司蛋糕

─鮮明俐落與濃郁尾韻共組的和諧

美式咖啡和紐約起司蛋糕是誕生於美國的代表性咖啡店品項。因為是在多樣文化共存的環境下發展出來的菜單，所以被世界各地為數眾多的人所喜愛。美式咖啡和起司蛋糕各自都有很好的聲譽，它們具備了無論搭配誰都能給予帥氣擁抱的風味潛力。但是，當它們倆相遇時，可以補足彼此的缺點，表現更為出色。

美式咖啡是濃縮咖啡加入水製成，如果比例對了，就可以品嘗出從濃縮咖啡中無法感受到的許多細膩滋味。遇見水之後的濃縮咖啡，接觸舌頭的觸感以及重量感會出現變化，隨後便展現乾淨俐落的收尾魅力。紐約起司蛋糕則含有濃郁乳脂肪，吃下後味道在口中持久不散，不得不說，延續的尾韻正是它的魅力所在。

當紐約起司蛋糕與個性乾淨俐落的美式咖啡相遇時，就能體驗到漫長尾韻被切斷的瞬間，可稱得上是「感官的奢侈」。美式咖啡吸收了留於舌頭上的起司蛋糕香甜柔軟的乳脂肪，同時獲取自身不足的油膩觸感與甜味，進而散發更加豐富的香味。這搭配是不是很漂亮又絢麗呢？

• 器具

圓形蛋糕模（直徑 18cm）、烘焙紙（鋪在蛋糕模的底部＆內側）、烤盤紙（約 40cm 長的 2 張＆蓋在蛋糕模上的 1 張）、鋁箔紙、烤盤、熱水、擀麵棍、耐熱橡膠刮刀、攪拌器、篩子、碗、秤、烤箱、冰箱

• 食材（份量：1 個）

─餅乾底：全麥餅乾（參見 p.274）150g、砂糖 13g、融化奶油 75g
─內餡：奶油乳酪 440g、砂糖 100g、雞蛋 2 顆、中筋麵粉 10g、希臘優格 190g、鮮奶油 210g、檸檬汁 2g

• 作法

1. 事前準備
①將蛋糕模外面用鋁箔紙包覆。
②將 2 張摺成長條狀的烤盤紙在蛋糕模底部鋪成 X 形，並超出模具高度。
③在蛋糕模底部和內側鋪烘焙紙。側邊的烘焙紙要超出模具高度。
④將備好的蛋糕模置於烤盤上。
⑤先將水煮沸備用。
⑥烤箱預熱至攝氏 150 度。

> 最後烘焙完成後，為防手觸摸蛋糕成品、安安全全地脫模，可事先利用烤盤紙製作把手。或是使用底部分離式的蛋糕模會更方便。

2. 製作餅乾底
①將全麥餅乾放入塑膠袋裡，利用擀麵棍壓碎成粉末狀。
②加入砂糖，混合均勻。
③加入融化奶油混合，然後倒於蛋糕模中，鋪在底部並壓緊實。

3. 製作內餡
①先用攪拌器把奶油乳酪攪開，隨後加入砂糖繼續攪拌，使其軟化。
②分次加雞蛋，攪打混勻。
③加入過篩過的中筋麵粉，用橡膠刮刀拌勻。
④加入希臘優格和鮮奶油後拌勻。
⑤最後倒入檸檬汁並攪拌。
⑥將內餡倒入已鋪在蛋糕模的餅乾底上。

4. 收尾
①注意手不直接碰觸到蛋糕麵糊，在蛋糕模上方輕輕蓋上一張烤盤紙。
②在放了蛋糕模的烤盤中加一點熱水，不可倒到溢出。
③先以攝氏 150 度烤 30 分鐘，時間到時烤箱門打開一點縫，排除水蒸氣。
④然後以攝氏 150 度烤 70 分鐘，接著再以攝氏 120 度烤 20 分鐘。
⑤取出後，將蛋糕連同蛋糕模冷藏靜置一天，使其完全凝固。
⑥冷藏靜置結束後，將蛋糕脫模，取下烘焙紙，冷藏保存。

3 | 卡布奇諾與義式杏仁脆餅

一卡布奇諾擁抱酥脆杏仁脆餅所帶來的立體感

在製作義式脆餅（Biscotti）的過程中，進行「二次（bis）烘烤（cotti）」，是為了去除水分，這麼一來，便具備長時間都不容易壞掉的特性，方便遠行的人攜帶食用。因為義式脆餅比任何一種餅乾都乾燥，所以遇到液體時能快速且輕易地吸收，由此點來看，加了牛奶的卡布奇諾或拿鐵，能比義式濃縮咖啡或美式咖啡更久地鎖住義式脆餅的香味。

從熱牛奶中散發的甜味及特有的奶香，進一步提升了義式脆餅的香味和口感。這就好比男低音的低沉聲墊在底部後，柔和的男中音聽起來就會更加唯美一樣。牛奶的脂肪成分與杏仁的堅果油成分相融合，彷彿炫耀著「這就是所謂的唯美」。

卡布奇諾豐富的泡沫擁抱了粗糙的口感，使義式脆餅的風味昇華到完全不同的層次。卡布奇諾的平淡感若稍有不慎就可能會令人感到無聊，但當它的平淡感和義式脆餅的酥脆質地相遇時，就有了有趣的立體感。口感的多樣化就是卡布奇諾和義式杏仁脆餅配對起來的魅力，這也是為什麼比起拿鐵，更推薦卡布奇諾來搭配義式脆餅的原因。

- **器具**

  烤盤、烤盤紙、刀子、橡膠刮刀、攪拌器、篩子、碗、量匙、秤、烤箱、冰箱

- **食材（份量：20-24 塊）**

  無鹽奶油 50g、黃糖 112g、鹽 1/3tsp、雞蛋 2 顆、低筋麵粉 140g、杏仁粉 80g、泡打粉 1tsp、整粒杏仁 40g

- **作法**

①烤箱預熱至攝氏 170 度。
②用攪拌器攪拌一下奶油後，加糖和鹽，繼續攪拌均勻。
③分次加雞蛋，攪打混勻。

 TIP　攪拌過頭時可能會發生油水分離的現象，所以只要攪拌到完全混合即可。

④加入過篩過的低筋麵粉，也加入杏仁粉、泡打粉後，用橡膠刮刀拌勻。
⑤最後加入整粒杏仁並拌勻。
⑥將麵團冷藏靜置 30 分鐘。
⑦烤盤上鋪烤盤紙。將整個麵團形塑成寬 14cm、厚度 2.5cm 的扁平長條，然後放在烤盤上。
⑧送進烤箱，以攝氏 170 度烤 20 分鐘，結束後取出並充分冷卻。
⑨烤箱預熱至攝氏 150 度。
⑩烤過的麵團充分冷卻後，切成 1.5cm 寬的片狀。

TIP　若是在未充分冷卻的情況下切割，餅乾就容易碎掉。

⑪餅乾的切面朝上、排列到烤盤上，放回烤箱。
⑫以攝氏 150 度烤 15~20 分鐘。烤一半時要幫餅乾翻面，好讓兩面烤得均勻。

4 | 拿鐵咖啡與柑橘磅蛋糕

一 咖啡滲透在奶油和砂糖之中，最後遇見橘子香

拿鐵咖啡是屬於奶泡較少、牛奶液較多的類型，所以當甜點本身與原味牛奶相配時，就能輕易感受到風味上的和諧。而為了與牛奶相得益彰，就得能夠迅速地在嘴裡吸收牛奶，同時還得在牛奶之上賦予新的香味，為此，必須要有一定的密度，避免很快就在牛奶中化掉。這樣看下來，最適合的就是帶有紮實、濕潤又柔軟質感的磅蛋糕了。咬一口磅蛋糕後喝下一口拿鐵咖啡，這時牛奶會滲透到磅蛋糕的每個顆粒之間。磅蛋糕帶的奶油和砂糖顆粒會溶於牛奶中，越是咀嚼，嘴裡的香味就越飽滿。

還有另一個推薦原因，就是柑橘系列的磅蛋糕在風味上和牛奶相當契合。柑橘特有的酸甜味道和香氣，以及來自橘子皮的活潑清涼感，皆能與牛奶發揮加乘效果，創造出充滿明亮氣息的柔和味道。橘子賦予拿鐵咖啡不足的清爽，也消除味道的單調感，同時還不會蓋過拿鐵咖啡的文雅溫柔的魅力，反而達成了平衡。拿鐵咖啡具有的咖啡香味也抑制了磅蛋糕的奶油味、油香味，吃久了也不覺得油膩。若有磅蛋糕在身邊，就不需要多加糖漿了。磅蛋糕就是幫助拿鐵咖啡展現最真實味道的好朋友。

• 器具

中型磅蛋糕烤模（16×8×8cm）、毛刷、橡膠刮刀、攪拌器、篩子、碗、量匙、秤、烤箱

• 食材（份量：2 個）

無鹽奶油 260g、砂糖 120g、玉米糖漿 60g、雞蛋 4 顆、低筋麵粉 260g、泡打粉 1.5tsp、柳橙汁 70g、糖漬橘子皮 60g、低筋麵粉少許、杏桃果膠適量以及等量的水

• 作法

①烤箱預熱至攝氏 180 度。

②糖漬橘子皮切成正立方體，在橘子皮表面撒上少許低筋麵粉。

麵粉有助於讓橘子皮均勻地分佈在磅蛋糕麵糊中。

③用攪拌器攪拌一下奶油後，加入砂糖攪拌均勻。

④加入玉米糖漿並攪拌，再分次加雞蛋，攪打混勻。

⑤加入過篩過的低筋麵粉，也加入泡打粉，用橡膠刮刀拌勻。

⑥加入柳橙汁繼續攪拌，最後放入糖漬橘子皮後拌勻即可。

⑦倒入磅蛋糕烤模至八分滿。

⑧送進烤箱，先以攝氏 180 度烤 5 分鐘，再降至攝氏 170 度烤 25~30 分鐘。

⑨將等量的杏桃果膠和水混合並加熱備用；等磅蛋糕烤好後，用毛刷將其塗抹在磅蛋糕表面。

杏桃果膠可起到光澤劑作用，具有保濕效果。

5 | 馥列白與焦糖堅果塔

－如絲絨般柔順的奶泡淨化了粗糙的焦糖

比卡布奇諾和拿鐵咖啡更能享受到濃密香味的馥列白，最適合配上甜度高的甜點，尤其是在融入牛奶後會更為發光的甜點，必定能夠錦上添花。融到牛奶裡時會變得更突出的當然非焦糖莫屬了。焦糖很特別，它本身也是表達味道的用語。當砂糖受熱後，藉由變褐色的「焦糖化反應」產出特有的「苦味」。這種苦、甜味相融的特殊滋味，讓人沉迷於焦糖的味道。

雖然焦糖的種類很多，但一般提到焦糖時，就會想到含有牛奶成分的「牛奶糖（milk caramel）」。在人們的認知裡，「焦糖與牛奶的結合」早已深深地站穩了腳跟。這也意味著兩者的組合完美無缺。隨著焦糖與牛奶融合在一起，散發出特別的味道，使原本焦糖單獨存在時多少感覺得到的粗糙苦味和尖銳感都變得柔和。馥列白中如絲絨般細膩柔順的奶泡是淨化深褐色的粗糙焦糖的天使。馥列白的質感也能完美地中和焦糖塔裡堅果乾澀的觸感。塔皮的酥脆質地和牛奶的柔順感形成了鮮明對比，正是為整體口感增添趣味性的所在。

- **器具**
  派盤（直徑 13cm × 高度 2cm）、鍋子、溫度計、耐熱橡膠刮刀、擀麵棍、攪拌器、篩子、碗、量匙、秤、烤箱、瓦斯爐或電磁爐、冰箱

- **食材（份量：4 個）**
  －塔皮：無鹽奶油 100g、低筋麵粉 200g、杏仁粉 20g、紅糖 80g、鹽 1/2tsp、雞蛋 1 顆
  －內餡：紅糖 110g、玉米糖漿 76g、鮮奶油 240g、無鹽奶油 30g、堅果適量

• 作法

1. 製作塔皮

①烤箱預熱至攝氏 160 度。

②碗中加入過篩過的低筋麵粉、杏仁粉、紅糖、鹽以及奶油，用橡膠刮刀攪
　拌。邊攪拌邊把奶油切得越來越細，直到奶油呈紅豆粒大小為止。

③加入雞蛋，用橡膠刮刀拌勻，然後冷藏靜置 15 分鐘。

④用擀麵棍擀平成 0.3cm 厚度，鋪進派盤裡，用叉子在底部均勻戳洞。

> 要是不在塔皮底部戳洞，烘烤過程中就會因為沒有能釋放空氣的縫
> 隙，而造成塔皮底部往上凸起。

⑤以攝氏 160 度烤 25 分鐘。

⑥將烤好的塔皮放涼，接著在塔皮中填入自己想要的堅果並備用。

2. 製作內餡

①紅糖、玉米糖漿、鮮奶油放入同一個鍋子中混合。

②以中火加熱，一邊用耐熱橡膠刮刀攪拌，一邊利用溫度計測溫度，直到混
　合物的溫度達攝氏 120 度為止。

③當溫度到達時關火，並把室溫奶油加入鍋中混合。

為了確保混合物的溫度不超過 120 度，在關火後應立即投入奶油，
防止溫度繼續上升。

④奶油都混勻了以後，倒進已備好的塔皮上。

環境溫度會影響焦糖凝固速度是快還是慢，因此奶油混合好後要
盡速倒到塔皮裡。

⑤於室溫下靜置直到凝固。

6 | 瑪琪雅朵與美式軟餅乾

－濃縮咖啡、牛奶、巧克力、澳洲堅果組成的香味交響曲

瑪琪雅朵咖啡中的牛奶雖然能讓濃縮咖啡喝起來變柔順，但濃縮咖啡含量仍然很高，因此與其說是柔順，應該說刺激會比較恰當，所以，當我們喝下時，我們的舌頭或許就會想要求在瑪琪雅朵咖啡中含有的牛奶之上還要再多些什麼。這也是很多人會把糖撒在瑪琪雅朵咖啡上，或是製作時加風味糖漿的原因。若是配上甜甜的美式軟餅乾，就不需要找砂糖或風味糖漿了。如果是本來就喜歡吃超甜甜點的人，可能不用非得配咖啡吃；但如果想享受香味帶來的幸福，美式軟餅乾就絕對需要瑪琪雅朵咖啡。

美式軟餅乾可依個人喜好選擇多種材料製作，而在眾多口味中，「黑巧克力豆餅乾」和「白巧克力澳洲堅果餅乾」最受大眾喜愛。說到黑巧克力豆餅乾，黑巧克力本身甜中帶苦的味道無與倫比；再來說白巧克力澳洲堅果餅乾，白巧克力不含可可膏成分，所以不會有苦澀的刺激。儘管清淡的澳洲堅果足以平衡油膩甜味，這種美式餅乾依然很甜，所以還是需要相搭的咖啡。瑪琪雅朵咖啡中含有的甘甜牛奶成分，與作為餅乾重點的巧克力在口腔內相遇時，便會充滿滑順和醇香，簡直是「香味交響曲」。這就是比起濃厚的義式濃縮咖啡，瑪琪雅朵咖啡更適合搭配美式軟餅乾的原因。

• 器具

烤盤、烤盤紙、橡膠刮刀、攪拌器、篩子、碗、量匙、秤、烤箱、冰箱

• 食材（份量：20 片－黑巧克力豆餅乾 / 白巧克力澳洲堅果餅乾，各 10 片）

無鹽奶油 150g、黃糖 180g、鹽 1/2tsp、玉米糖漿 40g、雞蛋 1 顆、高筋
麵粉 215g、泡打粉 1tsp、黑巧克力片 100g、巧克力豆 100g、白巧克力片
100g、澳洲堅果 70g

• 作法

①用攪拌器攪拌一下奶油後，加入黃糖和鹽並攪拌。

②加入玉米糖漿攪拌，再加入雞蛋並快速攪拌。

③接著加入過篩過的高筋麵粉、泡打粉，並用橡膠刮刀拌勻後，冷藏靜置
30 分鐘。

④烤箱預熱至攝氏 155 度。烤盤上鋪烤盤紙備用。

⑤將麵團分成各 30g，加入配料、揉成圓餅狀，然後排列在烤盤上。

　　－黑巧克力豆餅乾：每 30g 麵團，加 10g 黑巧克力片、10g 巧克力豆

　　－白巧克力澳洲堅果餅乾：每 30g 麵團，加 10g 白巧克力片、7g 澳洲堅果

⑥送進烤箱，以攝氏 155 度烤約 20 分鐘。

7 | 瑪琪雅朵拿鐵與檸檬瑪德蓮

—以檸檬、香草、牛奶、濃縮咖啡所展現的高級香味境界

以貝殼形狀為特色的瑪德蓮（madeleine），傳統上具檸檬香，因此就算不特別提「檸檬瑪德蓮」，瑪德蓮這詞就已經包含檸檬香。如同「拿鐵咖啡與柑橘磅蛋糕」中柑橘系列和牛奶的美味組合一樣，瑪琪雅朵拿鐵和瑪德蓮基本款也足夠相配。但從牛奶和柑橘的相遇所帶來的風味層面來看，它絕對不是可以簡單帶過的組合，所以建議還是使用明確的「檸檬瑪德蓮」名稱。加入足量的檸檬汁、檸檬皮，藉此獲得充滿檸檬香的瑪德蓮，就是與瑪琪雅朵拿鐵最相配的搭檔。檸檬中的酸味、清涼感與瑪琪雅朵拿鐵內甜甜的風味糖漿相遇，創造出夢幻般的酸甜滋味。酸因為甜的關係，而甜也因為酸的關係，昇華為更出色的味道。

香草是典型瑪德蓮的另一特徵。香草單憑自己就能達到感官上的完美，這點從香草拿鐵的高人氣就能窺知一二。而香草與瑪琪雅朵拿鐵的香味契合度，是無人可及的境界。如果說香草拿鐵是想藉由加入香草糖漿來喚起其香氣，那麼瑪琪雅朵拿鐵和瑪德蓮這對組合，則是要透過真正的香草籽來散發最真實的香味。

- **器具**

  瑪德蓮烤模、鍋子、擠花袋、刀子、橡膠刮刀、攪拌器、篩子、碗、量匙、秤、烤箱、冰箱

- **食材**（份量：21 個）
  - 瑪德蓮：牛奶 70g、香草豆莢 1/2 個、檸檬皮 4g、雞蛋 2 顆、砂糖 90g、蜂蜜 26g、低筋麵粉 130g、泡打粉 1.5tsp、融化奶油 130g
  - 檸檬糖霜：糖粉 240g、檸檬汁 32g、水 16g

- 作法

1. 製作瑪德蓮

①檸檬洗淨，將外皮削成薄片、越薄越好。

TIP 盡量將外皮和果肉中間白白的部分去除，以免發苦。

②在鍋子中加入牛奶和香草籽一起加熱，沸騰後即關火，再放入檸檬皮燙 3 分鐘。3 分鐘後過篩，只留汁液使用。

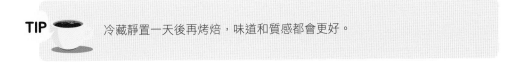

TIP 利用刀子縱切香草莢後，將香草籽刮下來使用。

③碗中放入雞蛋、砂糖、蜂蜜，用攪拌器攪拌。
④加入一開始製作好的牛奶液，用攪拌器攪拌。
⑤加入過篩過的低筋麵粉和泡打粉，用橡膠刮刀拌勻。
⑥加入融化奶油並混合。
⑦冷藏靜置至少 1 小時。

TIP 冷藏靜置一天後再烤焙，味道和質感都會更好。

⑧烤箱預熱至攝氏 180 度。
⑨將麵糊裝入擠花袋，填充至瑪德蓮烤模至八分滿。
⑩送進烤箱，先以攝氏 180 度烤 5 分鐘，再降至攝氏 160 度續烤 10~12 分鐘。

2. 製作檸檬糖霜

①碗中加入糖粉、檸檬汁、水並混合。
②依喜好塗抹於烤好的瑪德蓮表面，置於室溫等待凝固。

8 | 焦糖瑪琪雅朵與全麥餅乾

－刺激與溫和、微苦與甜味所形成的「悖論美學」

作為「健康代名詞」的全麥以及「惡魔的誘惑」的焦糖，任誰看兩個都是在完全不同的頻率上。但有誰知道它們倆相遇竟會達成如此不得了的和諧呢？焦糖瑪琪雅朵咖啡是一種應該享受甜味的飲品，雖然似乎有種被扎到的刺激感，但無人會對它的甜味提出異議。另一方面，不知是不是因為全麥本身帶來的重量感，感覺就是非常健康，若有一點刺激似乎就無法接受。然而，焦糖並不像名稱帶來的甜美感，反而有微苦的一面；全麥看似粗糙，但在深處卻隱藏著甜味。會不會焦糖和全麥就是為了建立相互激發潛能的命運搭檔的關係，而誕生並存在至今的呢？

全麥餅乾帶微苦、具醇香的香味以及粗糙口感，獨立存在時似乎不太可靠。焦糖瑪琪雅朵咖啡展現了強烈到讓人內心澎湃也很柔順的甜味，是很有魅力沒錯，但若要朝向完美，似乎還缺少什麼。缺的應該就是全麥了吧！當焦糖瑪琪雅朵咖啡的甜達到極致時，一口全麥餅乾的登場，反而更能突顯牛奶的甜美，使醇香味達到頂點。刺激和溫和、微苦和甜味形成的悖論組合，帶給人難以忘懷的風味體驗。越嚼就越香的全麥中含有豐富的膳食纖維，所以和牛奶混合時會增香好幾倍，那種香味就和用牛奶沖泡多穀茶時散發的香味是一樣的。焦糖瑪琪雅朵咖啡與全麥餅乾產生的感官和諧，將引領我們走向大自然。

- 器具

  烤盤、烤盤紙、圓形餅乾模（直徑 6cm）、擀麵棍、叉子、橡膠刮刀、篩
  子、碗、量匙、秤、烤箱、冰箱

- 食材（份量：18 片）

  全麥麵粉 225g、糖粉 90g、泡打粉 1tsp、鹽 3/4tsp、無鹽奶油 120g、牛奶
  60g

- 作法

①碗中放入過篩過的全麥麵粉，也依序加入糖粉、泡打粉、鹽以及奶油，用
  橡膠刮刀邊攪拌，邊把奶油切得越來越細，直到奶油呈紅豆粒大小為止。

②加入牛奶並混合後，冷藏靜置 15 分鐘。

③烤箱預熱至攝氏 160 度。烤盤上鋪好烤盤紙備用。

④用擀麵棍將麵團擀成 0.5cm 厚度。

⑤用圓形餅乾模切壓出形狀後，排列在烤盤上。

⑥用叉子戳洞，然後送進烤箱，以攝氏 160 度烤約 25 分鐘。

 TIP 　必須烤得酥脆，才能充分品嘗到全麥的醇香。

9 | 維也納咖啡與義式麵包棒

一鹹與甜交織而成的「甜甜鹹鹹」誘人味道

若要好好享受維也納咖啡——帶馥郁的甜甜鮮奶油——，就不能讓鮮奶油和咖啡混在一起。鮮奶油在上層，嘴直接對著杯子、拿得斜斜的來飲用，這樣才能品嘗到鮮奶油和咖啡香的融合。如果把它們攪在一起喝，就只會吃到很多鮮奶油；如果用吸管來喝，就只會喝到咖啡，品嘗不到鮮奶油，那就沒有點維也納咖啡的必要了。一口咖啡、一口鮮奶油的品嘗方式，能讓人體驗到相當程度的甜味。而它帶來的甜味餘韻是長的，所以需要搭配較平淡的甜點。這時，義式麵包棒（grissini）就是能讓維也納咖啡更加閃耀的物件。

義式麵包棒是一種不含糖，帶著令人印象深刻的鹹味與醇香味的麵包。義式麵包棒的鹹味能促進食慾，但會以平淡的尾韻結束，因此在義大利是最常被當作餐前開胃的麵包。當甜味達到極高時，就會凸顯鹹味的作用。鹹味可以抓住彷彿要形成反效果的甜味，並調節平衡，從而帶出前面未曾感受到的正向的香味。

許多人追求一種以甜味和鹹味協調而成的「甜甜鹹鹹」滋味。甜甜鹹鹹用一句話來說，就是無法擺脫的誘人味道。「吃了甜的後想吃鹹的、吃了鹹的後又想吃點甜的」，年輕人特別偏好這樣的無限循環。維也納咖啡和義式麵包棒可以說是能喚起甜甜鹹鹹的好組合。

- **器具**

  烤盤、烤盤紙、保鮮膜、毛刷、橡膠刮刀、碗、量匙、秤、烤箱

- **食材（份量：21 個）**

  高筋麵粉 63g、全麥麵粉 63g、速發酵母 1/4tsp、鹽 1/2tsp、溫水 62g、無鹽奶油 28g、加鹽的牛奶（鹽 1/4tsp ＋牛奶 30g）

- **作法**

①碗中加入高筋麵粉、全麥麵粉、酵母粉、鹽，倒入溫水後揉成團。

②成團後加入奶油，繼續揉，直到揉出有彈性為止。

③蓋上保鮮膜，以防麵團乾掉，置於溫暖的地方進行第一次發酵，使麵團膨脹到兩倍大。

④將麵團均分成 10g 大小的小麵團，並揉成圓形，蓋上保鮮膜，置於溫暖的地方進行 10~15 分鐘的中間發酵。

⑤把麵團搓成細長棒狀後，排列於鋪好烤盤紙的烤盤上，蓋上保鮮膜，置於溫暖的地方進行 15 分鐘的第二次發酵。

⑥烤箱預熱至攝氏 200 度。

⑦用毛刷將加鹽的牛奶塗抹在麵團上，然後以攝氏 200 度烤 10~15 分鐘。

10 | 卡魯哇咖啡與提拉米蘇

一 宛如兜兜轉轉，最終還是相遇的命定愛情

　　如果連在喝酒時也想找咖啡，是不是就說明了對咖啡是真愛呢？卡魯哇咖啡這款飲品，有種酒精和咖啡的隱密相遇所帶來的浪漫，能同時滿足喜歡咖啡的愛酒人士和喜歡烈酒（蒸餾酒）的咖啡愛好者。卡魯哇（Kahlua）咖啡香甜酒，是以蘭姆酒為基酒，由咖啡豆、甘蔗、香草等原料製成的咖啡利口酒（liqueur），酒精濃度為 20%，經常用於調製雞尾酒（cooktail）。若要比喻，可以說是「懷抱咖啡的蘭姆酒」。

　　在西式糕點領域，卡魯哇也是不可或缺的利口酒之一。例如提拉米蘇（tiramisu）這款有咖啡香味的經典甜點，有不少配方都會加卡魯哇。加了卡魯哇的提拉米蘇會帶來高級又豐富的香味。不過，如果是為了能充分享受提拉米蘇裡馬斯卡彭起司（mascarpone）帶來的濃郁香味與高級質感，也許有必要果斷地拿掉酒精。

　　如果您是可以喝酒的人，選擇了卡魯哇咖啡，那麼強力推薦搭配提拉米蘇享用。用酒精武裝起來的卡魯哇咖啡，配上能保護胃壁並填飽肚子的高脂肪提拉米蘇再合適不過了。同時，卡魯哇散發的甜味、苦味，以及如烤栗子般香噴噴又鮮美的味道，得以消除馬斯卡彭起司的油膩感，讓香氣倍增。

・器具
提拉米蘇杯、鍋子、擠花袋、橡膠刮刀、攪拌器、篩子、碗、量匙、秤、冰箱

- 食材（份量：6 杯）
  - 餅乾底：全麥餅乾（參見 p.274）6 片、香草糖漿 20g、濃縮咖啡 100ml
  - 起司餡：蛋黃 4 個、砂糖 40g、馬斯卡彭起司 400g、糖粉 20g、鮮奶油 400g
  - 裝飾：可可粉

- 作法

1. 製作餅乾底

①碗中加入濃縮咖啡和香草糖漿並混合。
②將全麥餅乾正反兩面分別浸泡 5 秒，完成後鋪在提拉米蘇杯底部。

2. 製作起司餡

①糖粉加入鮮奶油中，用攪拌器打發到硬挺，暫時置於冰箱保存。

TIP 鮮奶油要打發到把攪拌器立起來時，不會掉落，而是堅固挺立、呈鳥嘴狀彎曲的程度。

②鍋中放入蛋黃和砂糖，一邊以中火加熱一邊攪拌，直到變成米黃色為止。

TIP 務必留意加熱的溫度；溫度太高，蛋黃就會凝固。

③關火後，倒進裝有馬斯卡彭起司的碗中，並用攪拌器攪拌均勻。
④取出打發好的冷藏鮮奶油，分成兩三次倒入馬斯卡彭蛋黃裡混合；為避免消泡，要用橡膠刮刀輕輕地攪拌。

3. 收尾

①將完成的起司餡裝入擠花袋，填充至備好的提拉米蘇杯。
②最後在上方撒可可粉。
③冷藏靜置 4 小時以上。

11 | 阿芙佳朵與布朗尼

－彷彿從誕生那一刻即為一體的絕佳伴侶

阿芙佳朵明明是咖啡，卻會讓人留下更強烈的甜點印象，儘管如此，還是能充分與其他甜點做搭配。就如同某對公開的演藝圈情侶那般，阿芙佳朵的冰淇淋有布朗尼這位「公開伴侶」。平時會在布朗尼上放冰淇淋來吃，或者把布朗尼切小塊作為配料加在冰淇淋中來享用的人，確實隨處可見。其中，布朗尼和香草冰淇淋——阿芙佳朵會加的冰淇淋——特別搭。巧克力加香草、咖啡中加入香草糖漿，或是咖啡中加入巧克力、巧克力中加入咖啡粉……只要去一趟鄰近的便利商店就能輕易發現以這樣的口味組合製成的商品。因此，它們的匹配程度無需多加說明了吧。

當義式濃縮咖啡、香草冰淇淋及布朗尼這三者聚在一起時，我們是不可能會有異議的。但或許會對於這組合產生一點小疑慮，擔心「會不會太甜？」。很矛盾的是，布朗尼和冰淇淋一起吃時，反而不覺得像單吃那麼甜。因為我們的舌頭在冰冷時對甜味的感知會變遲鈍。所以，請放下對兩者相遇的負擔和憂慮，盡情享用吧！

- **器具**

  正方形蛋糕模（20cm）、烘焙紙、鍋子、耐熱橡膠刮刀、攪拌器、篩子、
  碗、秤、烤箱

- **食材（份量：1 個）**

  無鹽奶油 200g、黑巧克力 200g、雞蛋 2 顆、砂糖 190g、鮮奶油 100g、中
  筋麵粉 80g、鹽 1 小撮

- **作法**

①烤箱預熱至攝氏 180 度。

②把奶油和黑巧克力加熱融在一起。

> **TIP**　　可放入鍋中直接加熱來融化，也可用微波爐加熱來融化。

③碗中加入雞蛋和砂糖後攪拌備用。

④融在一起的奶油巧克力靜置冷卻之後，與鮮奶油用攪拌器快速混合（混合
  前鮮奶油先置於室溫下回溫）。

⑤將巧克力糊和雞蛋糊混合，用攪拌器攪拌均勻。

⑥加入過篩過的中筋麵粉和鹽，用橡膠刮刀拌勻。

⑦正方形蛋糕模內鋪上烘焙紙，蛋糕糊只倒到模具的五分滿。

⑧送進烤箱，以攝氏 180 度烤約 20 分鐘。

12 | 手沖咖啡與司康

－用手沖咖啡的豐富香味填滿在名為司康的圖畫紙上

手沖用的咖啡豆烘焙程度會比義式濃縮咖啡用的咖啡豆淺，所以能從手沖咖啡中更細緻地感受到生豆具有的特性。若要喝手沖咖啡，就需要時間等待，再來，也需要慢慢地一口口啜飲咖啡、品嘗香味。手沖咖啡相對於濃縮咖啡，是比較清淡的，因而給人「柔和」的印象。

事實上，咖啡豆中的各種風味成分都會一一細緻地被萃取出來，飲用後的感覺因人而異，或許會有人認為是更豐富有力的。手沖咖啡與味道不複雜、香味單純又帶有穩定口感的甜點搭配起來最棒。從這一點來看，司康深深吸引了我們的目光。

司康的味道與口感都不會太突出，有種樸實穩重感，所以不會打亂我們去感受手沖咖啡的核心風味。以手沖咖啡的香味而言，司康稱得上是真正的搭檔。在很久以前的英國，就很常在早午餐中擺出司康和紅茶的組合。這讓人聯想出以下畫面：在名為司康的圖畫紙上，逐一畫出紅茶所具有的花、水果、草等多種香味。也就是說，司康的角色是讓分散的香味能聚集在一起，發展成立體的香味。紅茶和手沖咖啡的共同點都是具有豐富的味道。在喝手沖咖啡時，也借用名為司康的圖畫紙，描繪出一場香味的盛宴吧！

- 器具

  烤盤、烤盤紙、圓形餅乾模（直徑 7cm）、擀麵棍、毛刷、橡膠刮刀、篩子、碗、量匙、秤、烤箱、冰箱

- 食材（份量：6 個）

  低筋麵粉 200g、泡打粉 1tsp、砂糖 40g、鹽 1/4tsp、無鹽奶油 30g、鮮奶油 95g、雞蛋 1 顆、蛋黃少許

- 作法

①碗中加入過篩過的低筋麵粉，也依序加入泡打粉、砂糖、鹽、奶油，用橡膠刮刀邊攪拌邊把奶油切得越來越細，直到奶油呈紅豆粒大小為止。

②加入雞蛋和鮮奶油並混合均勻。

③冷藏靜置 3 小時以上。

 TIP 若冷藏靜置一天，味道、質感都會更佳。

④烤箱預熱至攝氏 190 度。烤盤上鋪烤盤紙備用。

⑤用擀麵棍將麵團擀成 3cm 厚度。

⑥用圓形餅乾模切壓出形狀後，排列在烤盤上，再用毛刷將蛋黃液塗抹在麵團表面。

⑦送進烤箱，以攝氏 190 度烤約 20 分鐘。

Note 15

甜點的常用材料與術語解釋

- 高筋麵粉（hard flour, bread flour）：蛋白質含量高，麩質（gluten）形成得好，筋性強。常用於製作有嚼勁、結實口感的麵包。

- 低筋麵粉（soft flour）：蛋白質含量低，麩質（gluten）形成得弱。常用於製作柔軟、酥脆口感的糕點，例如蛋糕、餅乾。

- 中筋麵粉（all-purpose flour）：蛋白質含量和麩質（gluten）的形成介於低筋麵粉和高筋麵粉之間，主要用於製作麵條、麵點。

- 全麥麵粉（whole wheat flour）：將全麥直接磨碎製成的麵粉，特色是富含纖維、礦物質和維生素。不易膨脹，具備特有的風味。雖然不像普通麵粉那樣廣為使用，但卻是製作健康產品時經常使用的食材。

- 黃糖（brown sugar）：在精製白砂糖中再加糖蜜而製成的色澤偏黃的砂糖。

- 紅糖（black sugar）：以甘蔗熬煮、不除去糖蜜而製成，呈暗褐色，雜質較多，具有獨特風味。

- 糖粉（confectioners' sugar）：由 90% 砂糖和 10% 澱粉構成的細粉。有時會與 100% 砂糖的純糖粉混合使用。

- 速發酵母（instant yeast）：麵包的膨鬆劑，是酵母（yeast）的一種。該酵母彌補了難以保管、保存期限短的新鮮酵母（fresh yeast）和使用前須放入溫水中發酵的乾酵母（dry yeast）的缺點，使用起來十分方便。優點是保存期限長，可直接倒入麵粉中使用，少量就足以發揮良好的發酵效果。

- 吉利丁片（leaf gelatin, gelatin sheet）：吉利丁能將液體凝固成果凍形態，可分為粉末狀的「吉利丁粉」與透明片狀的「吉利丁片」。使用吉利丁片之前，需先用冷水浸泡，然後把水分擠乾後再使用。

- 馬斯卡彭起司（mascarpone）：在加熱的鮮奶油中加入酸（Acid）來分離乳清（whey），而製成的義大利起司，具有濃稠的奶油質感。

- 香草（vanilla）：原產於墨西哥的辛香料。香草豆莢裡裝滿了種子，叫做香草籽（bean）。使用完香草籽後，可將剩下的豆莢烘乾並與砂糖一起磨碎，便是「香草糖」。

- 柑橘（citrus）：指柑橘類水果，包括橘子、葡萄柚、檸檬、萊姆等。同時也是表達有酸味、清涼感及新鮮感覺的青澀氣味的用語。

- 橘子皮（orange peel）：直譯就是「橘子外皮」的意思。也有「糖漬的橘子皮」的意思。

- 果皮（zest）：指已除去橘子或檸檬皮內白色部分的外皮。

- 光澤劑（glaze）：塗抹於產品表面，起到潤澤、防止水分流失的作用，可維持產品的新鮮度並延長保存期限。

- 糖霜（glaçage）：產品表面塗抹果醬、風味糖漿、楓糖、巧克力等，使其有光澤還不會乾掉。來自「光澤劑（glaze）」的法文。

- 內餡（filling）：用以填充糕點的材料。例如：用來填入泡芙內部的卡士達醬、填入塔裡的奶油餡，或者是放在起司蛋糕的餅乾底上方的乳酪糊。
- 餅皮（sheet）：糕點中通常有兩種含義。一個是如「墊紙（paper sheet）」，意味著鋪在底部的東西，另一個是指在塔或蛋糕中最下層的麵團，能支撐食材。
- 可可膏（cacao mass）：指可可豆經發酵、乾燥、烘焙後，除去外皮和胚芽，僅取胚乳（可可豆仁，cacao nibs）磨碎，最後加熱成黏稠麵糊狀的巧克力原液（chocolate liquor）。
- 可可脂（cacao butter）：從可可膏中僅提取油脂成分，常溫下呈淡黃色固體形態存在。
- 焦糖化（caramelization）：指在高溫下，糖的分子分解，產生具有獨特風味的棕色物質的現象。
- 奶油化（creaming）：油脂與砂糖一起攪拌時會拌入空氣，形成柔軟奶油狀態的現象。
- 冷卻靜置（chilling）：將麵團置於冰箱，等待形成穩定性的過程。麵團內的水分會均勻地擴散，原本融化的油脂會凝固，變成容易加工、容易維持住形狀的狀態。
- 分離現象（curding）：是指脂肪含量高的麵團因為突然有大量水分進入，導致脂肪與水分無法充分混合而分離的現象。
- 第一次發酵（bulk fermentation）：製作好麵團後、分割前，發酵麵團的過程。一般發酵到麵團膨脹成進行前的 2~3 倍。
- 第二次發酵（final proofing）：通常指在完成整型步驟後，進烤箱前進行的最終發酵。會發酵 1 小時左右，使其膨脹至所需大小的 80%。
- 中間發酵（intermediate proofing）：切割麵團、揉成一個個的圓形後，在整型前讓麵團休息、發酵 10~15 分鐘，使麵團鬆弛的過程。
- 裝盤（panning）：指將定型的或未定型的麵團一一排列在烤盤內的過程。
- 鐵氟龍烤盤布（Teflon sheet）：以鐵氟龍製成的棕黃色烘焙墊紙。其特性在高溫下不變，具半永久性，且不易黏附於黏性材質，常用於烘焙麵包。
- 麵包棒（breadstick）：顧名思義就是棒狀（stick）麵包（bread），與一般麵包不同的是水分含量少，口感較硬又脆。又稱為「義式麵包棒（grissini）」。

16 店鋪管理（Coffee Shop Management）

咖啡師不僅需要學習咖啡相關知識與沖煮技術，為了管理好店鋪，需要履行的具體職能（能力要素）可分為五大類：①衛生管理、②開店準備、③閉店作業、④器具管理、⑤安全管理。以下針對這五個層面進行詳細解説。

1 | 咖啡店鋪的衛生管理

咖啡師先從個人衛生徹底管理，就能從源頭預防病菌污染和食物中毒的發生，另外也要嚴格遵守當地的相關法律。若從韓國的《食品衛生法》（第1條）來看，施予法律規範的目的是為了防止由食品造成的衛生危害、提高食品營養品質、提供食品相關的正確資訊、為增進國民保健做貢獻。根據韓國保健福祉部統計，咖啡專賣店違反得最多的部分是「衛生教育」，第二多的是「未實施健康檢查」，違反「異物混入以及於營業場所外的營業」之情況也很多。

1）遵循食品衛生安全相關法規

而在台灣，近幾年衛福部為確保消費者之食用安全，針對產品標示以及原料標示也有相關新規範。例如，2021年公告「食品原料咖啡葉之使用限制及標示規定」，規範若要以咖啡葉（Coffea arabica、Coffea canephora）作為食品原料使用時，須為阿拉比卡種與羅布斯塔種；咖啡葉乾燥後，可作為沖泡茶飲之原料使用，可製成茶包供消費者沖泡，或是將沖泡後的茶湯作為液態飲料供消費者飲用；使用前述咖啡葉作為原料的食品，必須標示「兒童、孕婦及授乳者應避免食用」等警語字樣。2023年亦公告，擴大應標示總咖啡因含量之產品範圍，由「咖啡飲料」修正為「含有咖啡因成分之現場調製飲料」。如果業者違反了食安法規定，將處以罰鍰等。

＜台灣食品安全衛生管理法相關用詞與定義＞

＊資料來源：法務部全國法規資料庫

- 食品：指供人飲食或咀嚼之產品及其原料。
- 特殊營養食品：指嬰兒與較大嬰兒配方食品、特定疾病配方食品及其他經中央主管機關許可得供特殊營養需求者使用之配方食品。
- 食品添加物：指為食品著色、調味、防腐、漂白、乳化、增加香味、安定品質、促進發酵、增加稠度、強化營養、防止氧化或其他必要目的，加入、接觸於食品之單方或複方物質。複方食品添加物使用之添加物僅限由中央主管機關准用之食品添加物組成，前述准用之單方食品添加物皆應有中央主管機關之准用許可字號。
- 食品器具：指與食品或食品添加物直接接觸之器械、工具或器皿。
- 食品容器或包裝：指與食品或食品添加物直接接觸之容器或包裹物。
- 食品用洗潔劑：指用於消毒或洗滌食品、食品器具、食品容器或包裝之物質。
- 食品業者：指從事食品或食品添加物之製造、加工、調配、包裝、運送、貯存、販賣、輸入、輸出，或從事食品器具、食品容器或包裝、食品用洗潔劑之製造、加工、輸入、輸出或販賣之業者。
- 標示：指於食品、食品添加物、食品用洗潔劑、食品器具、食品容器或包裝上，記載品名或為說明之文字、圖畫、記號或附加之說明書。
- 營養標示：指於食品容器或包裝上，記載食品之營養成分、含量及營養宣稱。
- 查驗：指查核及檢驗。
- 加工助劑：指在食品或食品原料之製造加工過程中，為達特定加工目的而使用，非作為食品原料或食品容器具之物質。該物質於最終產品中不產生功能，食品以其成品形式包裝之前應從食品中除去，其可能存在非有意，且無法避免之殘留。

2）店內空間的衛生管理

- 定期施行細菌檢驗
- 填寫器具的消毒管理表
- 工作場所的定期消毒
- 設置防蟲網來驅除動物、昆蟲

3）咖啡師個人衛生守則

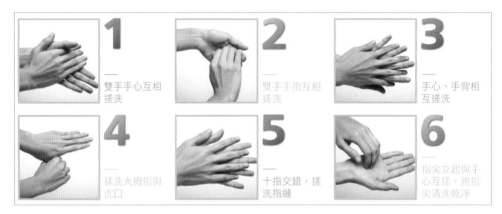

1 ── 雙手手心互相搓洗
2 ── 雙手手指互相搓洗
3 ── 手心、手背相互搓洗
4 ── 搓洗大拇指與虎口
5 ── 十指交錯，搓洗指縫
6 ── 指尖立起與手心互搓，將指尖清洗乾淨

出處：韓國疾病管理總部

- 保持整潔的服裝和頭髮狀態
- 盡可能避免生病和傳染
- 保持手部和指甲清潔
- 禁止過度佩戴飾品
- 勿過度使用香水
- 避免帶來造成顧客不適的異味
- 工作期間應遵守對吸菸、飲酒、用餐、藥物的規定
- 定期健康檢查

2 | 衛生管理的確認清單

1）個人衛生

①是否戴好帽子、髮夾及手套？

②是否備好私人毛巾來使用？

③身上是否佩戴寶石或其他飾品？

④是否會在廚房裡用餐？

⑤是否穿著員工制服，且保持整齊？

2）食品安全

①食物是否掉在地上過？

②是否把容易變質的食物放在室溫下？

③冷藏、冷凍櫃的溫度是否恰當？

④保管食材的包裝狀態和標籤是否合宜？

⑤是否存在來自腐敗食材的交互污染風險？

⑥熟食和生食是否分開存放？

⑦食材是否都在保存期限內？

【遇到冰箱停電時，判斷不同種類食物的處理方式】

在溫度超過5℃的環境放置2小時以上時	
該丟棄的食品	仍可使用的食品
肉類、家禽、水產 開封過的罐頭食品 切好的蔬菜 牛奶、乳製品 豆腐	新鮮水果、罐頭水果 蘑菇類、新鮮蔬菜、果乾 花生醬、番茄醬 鬆餅、貝果 泡菜、味噌、辣椒醬

出處：韓國行政安全部

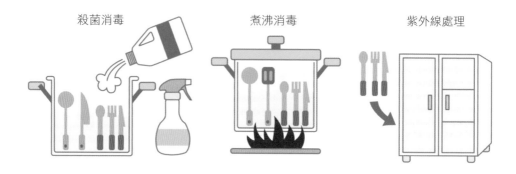

殺菌消毒　　　　　　　煮沸消毒　　　　　　　紫外線處理

3）保管食材的倉庫

①是否確實遵行先進先出的原則？

②存放食材時，是否置於離地面 15cm 以上的地方？

③是否將空箱子整理疊好？

④是否有蟲、鼠潛入的跡象？

⑤以小單位包裝的食材，是否都儲存在適宜的容器中？

⑥是否將較重的食品放置在底層？

⑦地板是否清潔、無食物殘渣？

4）其他設備儲放處

①是否將器具、工具統統擦得乾乾淨淨？

②急救箱是能使用的狀態嗎？

③用完砧板後，是否有清潔？

④滅火器都放在該在的位置，且是能使用的狀態？

3 | 咖啡店鋪的開店準備與閉店作業

　　每天開店前，需要檢查食材的狀況、檢查廚房與店內空間的衛生狀況，也得確認 POS 系統的狀況。同時，為了不影響製作菜單上的每樣品項，也要檢視咖啡機、磨豆機等設備和工具的狀態。

1）設施及空間

①抵達店鋪後立即開始打掃。
②檢查門口腳踏墊、立牌、玻璃窗的狀態。
③將收到的貨物或包裹依產品類別進行整理。
④確認淨水器和咖啡機等是否正常運作。
⑤在沒有客人時，隨時用乾抹布清理設備周圍。
⑥確認陳列架上的產品狀況、照明和清潔狀況。
⑦安裝芳香劑以去除異味。
⑧每天進行至少 3 次的廁所清掃和檢查。
⑨確認工作分配（如接待、帶位、負責 POS 兼櫃檯、製作餐飲等）。
⑩總是遵守營業時間。

2）設備及器具

①檢查有關咖啡萃取的設備和儀器是否都正常運作。
②觀察有沒有要更換的設備零件和器具。
③確認 POS 系統是否正常運作。
④確認 POS 內的錢箱，掌握鈔票和零錢。
⑤進行咖啡的預備萃取來確認咖啡豆的狀態。
⑥檢查食材的保存期限，決定是否要叫貨。

3）店內的背景音樂

①音樂要配合各時間段的顧客來播放。
②店鋪內、外的音樂要同步。
③音量不宜太大，盡量不妨礙顧客間的對話。
④音樂由一名員工專門負責，不要讓音樂突然停止。

⑤隨時確認音樂的音質。

4）每天的確認事項

①確認咖啡豆和食材庫存情況。
②掌握乳製品的狀況和庫存。
③確認當日開店需要的食材。
④檢查店內環境與座位區的清潔情況。
⑤確認客人的訂位並安排座位。
⑥確認器具的清潔狀態。
⑦訂購食材及備品。
⑧考慮週末和公休日，準備好足夠的食材和備品庫存。

5）檢查 POS 系統

　　POS 是「Point Of Sales（銷售時點情報系統）」的縮寫，是利用電腦來分析並整合資訊的一套系統。在店家銷售的同時，還可以處理品項、價格、數量等資訊，分析出銷售及庫存資料。為了能順利使用這套系統，需要確保以下三個部分的運作。

① POS 終端機（Terminal）：檢查收銀機功能
②中介軟體（Middleware）：檢查由終端機產生的數據傳遞至主伺服器的通信部件
③主伺服器（Main Server）：檢查收集、分析來自終端機的數據的伺服器

＜每日開店前，咖啡師要做的事情＞

①開店前需要確認的重點
　：電力狀態、門口周遭、地面、淨水器、機器周邊、陳列架、芳香劑、廁所、桌子、櫃檯、排班表

②確認店內器具和設備的重點
　：檢查設備及器具、檢查 POS 系統、進行咖啡的預備萃取、檢查食材的保存期限

③確認有關店內背景音樂的重點

　：店鋪內部和外部的音質、音樂種類

④確認每日的例行檢查重點

　：當日開店用食材、店鋪清潔、顧客訂位、食材及備品訂貨狀態、週末與公休日的食材供應狀況

⑤確認 POS 系統的重點

　：POS 終端機、中介軟體、主伺服器

6）店鋪打烊後的檢查

　　打烊後要先確認衛生狀況，消除店裡的汙染和傳染源。同時要檢查各種器具，並掌握食材庫存，為了隔天的開店做好萬全的準備。此外，不能忘的就是利用 POS 系統進行結算，以及確認危險因素，避免火災或意外的發生。

定期檢查機器設備。

①檢查衛生狀況

- 清理使用過的器具和工作檯。
- 沿著吧檯（bar）動線，將地板清掃乾淨。
- 針對個人服裝及個人物品進行衛生處理。

②檢查義式濃縮咖啡機

- 從機器上拆下盛水盤（Drip tray）並以水洗淨。
- 拆下滴水盤（Drip tray gill）並以水清潔。
- 清潔蒸氣管（Steam pipe）。
- 拆下熱水出口（Hot water dispenser）並清潔。
- 用水擦拭沖泡頭墊圈（Group gasket）。
- 清潔分水板（Shower holder）。
- 清潔濾網（Filter holder）。

③檢查各種器具

- 清除磨豆機（Grinder）內的咖啡粉。
- 清洗奶鋼（Steam pitcher）。
- 用毛巾擦拭儲豆槽（Hopper）內的油汙。每三天用水清潔一次。
- 清洗填壓器（Tamper）。
- 清洗奶泡刮匙（Foaming spoon）、Shot 杯（Shot Glass）等小器具。
- 清洗手沖壺（Drip porter）。
- 確認製冰機是否正常運作。
- 整理冰箱和冰櫃。
- 隨時清潔水槽。

④清潔義式濃縮咖啡機的重點

- 拆下沖泡頭的濾網進行清潔。
- 用逆沖洗的方式清潔沖泡頭。
- 用塑膠毛刷清洗卡在沖泡頭裡的咖啡渣。
- 取下蒸氣管噴頭，清除牛奶渣。

＜逆沖洗（Backflush）＞

i. 在濾杯把手內放入 4g 左右（1/2 茶匙）的清潔劑，鎖上把手，反覆操作「啟動 10 秒—暫停 10 秒」5 次。

ii. 鎖上另一濾杯把手，反覆操作「啟動 10 秒—暫停 10 秒」5 次，並且讓水流出。

iii. 清洗完畢後，萃取出的第一杯要丟棄。

閉店後實施的沖泡頭清潔。

※把手浸泡：在 1 公升熱水中放入 8g 左右（1 茶匙）的清潔劑，將濾杯把手拆解開來，浸泡於水中 30 分鐘後沖洗乾淨。

※咖啡機清洗：以容量為 2 公升的機型來說，直接將 4g 左右的清潔劑噴灑在過濾器上，接著啟動機器，讓容器內裝滿水、靜置 30 分鐘。然後將各容器中的水倒掉，把所有零件沖洗乾淨，最後用乾淨的布擦乾。

7）濾杯把手的清潔順序

①拆下濾杯。

②拆下墊圈。

③拆下導流嘴（萃取口）。

④在咖啡渣桶中加入機器用清潔劑和水，這時會有泡沫產生。

⑤在咖啡渣桶中放入濾杯、墊圈、導流嘴。

⑥用刷子清潔後，取出晾乾了再組裝起來。

8）掌握食材庫存

①掌握咖啡豆和牛奶的庫存狀況。

②將隔天開店所需食材交接給隔天上班的同事。

③檢查並整理餐巾紙等消耗品。

④整理庫存，確保能做到「先進先出」。

9）POS 清帳

①確認當日的進出帳目明細，準備錢箱內的預備金。

②視情況檢查並結束銷售。

③確認銷售狀況，依各品項進行分析。

④為了隔天開店，將該交代的狀況（訂位、客訴、店鋪修繕等）記錄在日誌
上，傳達給隔天上班的同事。

10）保安維護與安全檢查

①檢查水管、電、瓦斯、消防安全。

②確認吧檯和店內空間的設施安全。

③電腦關機並上防盜鎖。

④確實鎖緊店門。

4 | 咖啡店鋪的器具管理

哪怕只是忽略了一件器具，也容易因為微生物的汙染，而讓其他器具被汙染。因此，咖啡師要養成在規定位置上存放器具，也不斷確認乾燥狀態的習慣。特別是在把杯子提供給客人前，要先確認好杯子的溫度，使一杯飲品的香味得以達到最佳狀態。

1）器具管理的確認清單

①清洗＆消毒

- 清潔咖啡磨豆機
- 清潔義式濃縮咖啡機
- 清潔軟水器、淨水器、排水管
- 清潔填壓器、濾杯、Shot 杯、奶鋼、溫度計
- 清潔咖啡杯和玻璃器具

②存放的位置及狀態

- 預熱板上的杯件
- 蒸氣控制桿及蒸氣管的位置
- 沖泡頭各部件
- 萃取桿部件
- 壓力錶的狀態
- 杯子和玻璃器具的位置
- 座位區桌子的擺設
- 杯子、盤子等玻璃器具的乾燥狀態

③杯子的溫度

- 預熱板上的杯子和器具
- 置於冰箱內的杯子和器具

經常檢查杯子的預熱狀況。

5 | 咖啡店鋪的安全管理

　　咖啡師應養成隨時檢查供電狀況和消防設施的習慣。此外，為避免發生滑倒意外，也要經常留意店內地板有沒有濕滑的狀況，並好好排除清理。

1）安全管理的確認清單

①電力安全管理

- 電線是否暴露在會接觸到氧化性物質、高溫物質或尖銳物品的地方？
- 電源開關和電源插頭狀態是否良好？
- 電線有沒有因外皮脫落而外露？
- 電器是否處於乾燥狀態？
- 是否依規定使用相符的電壓和容量（110 V／220V）？
- 電器有沒有因為用水打掃的關係碰到水？
- 是否已將未使用的電器電源插頭拔除？
- 是否按時填寫電力安全檢查日誌？

②消防安全管理

- 是否知道滅火器的正確使用方法？
- 是否知道消防栓的正確使用方法？

▲不要慌張，沉穩地握著把手朝火源靠近。　　▲用力拉開把手前面的安全插梢。

▲背對風的來向，拿起皮管對準火源，壓下手壓板。　　▲向火源根部左右移動掃射。

出處：韓國國家災難與安全網站

- 是否知道店內消防設備的操作方法？
- 是否檢查了緊急照明燈或緊急時需要的照明設備的準備狀態？
- 是否知道緊急出口和緊急廣播設備的位置與操作方法？
- 是否熟知緊急時採取的行動要領？
- 有沒有實際進行防災演練？

③其他安全事故
- 檢查是否有疏忽問題造成安全事故的疑慮
- 檢查是否有設施缺陷造成事故的疑慮
- 檢查是否有設備或器具造成事故的疑慮
- 檢查是否有店內動線發生安全事故的疑慮
- 檢查是否有出入口造成事故的疑慮

④事故賠償處理的準備
- 是否已投保火災及傷害的保險
- 熟知違反保險條款的行為

6｜咖啡師的自我診斷

1）店鋪衛生管理
①我已熟知並填好個人／廚房／店內空間的
　衛生狀況檢查表。
②我已閱讀並熟知食品安全衛生管理法等相
　關法規。

2）店鋪開店準備
①我已熟知並填好開店時例行的機器／器具
　／器物檢查表。
②作為職業人，我認同必須遵守的職業倫理
　和品德，也擁有將其付諸實踐的意志。

必須要經常確認工作檯狀況，隨時做筆記和
紀錄。

3）店鋪閉店作業

①我已熟知並填好閉店時例行的機器／器具／器物檢查表。

②作為職業人，我認同必須遵守的職業倫理和品德，也擁有將其付諸實踐的意志。

③我能使用 POS 系統進行清帳、結算。

4）店鋪器具管理

①我能好好保管器具，使其沒有衛生安全上的疑慮。

②我能隨時確認杯子和器具的溫度，確保飲品的味道。

5）店鋪安全管理

①我有能力確認安全事項細節，並提早採取措施來解決問題。

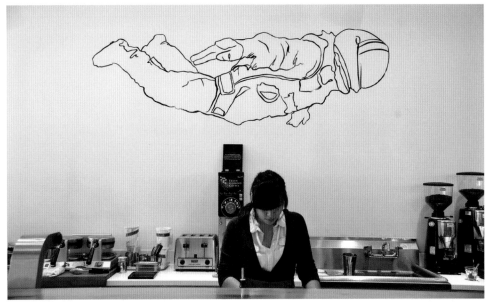

將吧檯保持乾淨是作為咖啡師的基本。

Note 16

義式濃縮咖啡機的歷史（History of Espresso Machine）

1878 年：德國人 Gustav Kessel 的機器設計圖取得專利。

1884 年：義大利人 Angelo Moriondo 在都靈博覽會上展出蒸氣機。

1901 年：義大利人 Luigi Bezzerra 取得有波特把手的機器專利。原理是水在鍋爐內加熱、加壓，流過被填壓的咖啡粉後將成分萃取出來。

1905 年：義大利人 Desiderio Pavoni 買下 Bezzerra 的機器專利。生產第一台大眾化的義式濃縮咖啡機「理想機（Ideale）」。

1922 年：義大利人 Pier Teresio Arduino 以奇特的行銷——一位黃色夾克男子的海報＆老鷹裝飾機器——開啟了機器出口的時代。

1939 年：位於義大利佛羅倫斯的 La Marzocco 公司，開發出首個水平鍋爐，提高熱對流的效率。

1948 年：義大利人 Achille Gaggia 利用彈簧活塞拉桿超越萃取壓力只有 2 巴的界限。在萃取壓力突破 9 巴的同時，出現 Crema。

1961 年：義大利人 Ernesto Valente 生產以馬達幫浦製造 9 巴萃取壓力的「Faema E61」。實現穩定的壓力。

1970 年：La Marzocco 開發首個雙鍋爐。實現穩定的溫度。

1978 年：La Marzocco 進軍美國（1983 年，星巴克使用 La Marzocco 的 Linea 機型）。

2009 年：La Marzocco 開發可變式壓力機型「Strada」。

■ 義式濃縮咖啡機的確認清單

① 萃取用水能否維持穩定的溫度？
 － 是否搭載溫度控制裝置（PID 控制器：Proportional/integral/Derivative）

② 鍋爐的溫度恢復能力有多好？
 － 確認鍋爐的容量、個數、加熱器性能
 － 有單鍋爐、熱交換鍋爐（子母鍋爐）、雙鍋爐、獨立鍋爐等類型

③ 幫浦是否正確運作，確保有恆定的萃取壓力？
 － 即使有可變壓裝置，也應考慮耐用性和費用
 － 有震動式幫浦、迴轉式幫浦、齒輪式幫浦等類型

④ 沖泡頭於每秒接觸咖啡粉的水量是否一致？
 － 沖泡頭是決定萃取時過濾和萃取比例的重要因素
 － 有一般式、E61、鵝頸等類型

即使是好的機器，若沒有好好管理和保養也沒有用。自己要主動成為管理隊長，定期性地進行檢查。

17 顧客服務（Customer Service）

雖然端出一杯美味的咖啡很重要，但咖啡師不該僅止於埋頭煮咖啡，也應該向光臨店鋪的顧客面帶微笑、打招呼。當顧客有需求時，應以積極的心態專注地回應，在能做到的範圍內盡力滿足顧客。直到顧客離開店鋪為止，都不能失去親切的態度。

1 | 理解顧客服務與禮儀

1）咖啡師具有為顧客賦予幸福的能力

站在吧檯前的咖啡師要懂得與顧客溝通，積極處理並滿足顧客的需求，這就是現代所謂「服務（Service）」的概念。不可以只是把這樣的服務視作「額外」的服務。服務可說是讓咖啡師和顧客從情感上建立良好關係的好工具。咖啡師尤其要銘記「自己提供的服務就是在顧客人生中賦予幸福這一無形價值的珍貴活動」。

2）咖啡師的服務要讓人有所感

咖啡師提供服務的時候，比起「展現些什麼」，更應該抱持著「要讓人有所感」的心志。為此，我們要好好理解服務的屬性。關於服務的特性可由以下四點來說明。

星巴克創辦人霍華 · 舒茲（Howard Schultz）的語錄中，有句是這樣說的，「比起選有技術的人，更會選愛笑的人來當職員。」這句話尤其常被咖啡師拿來討論。他表示：「技術可以透過為期三週的課程教授，但是要讓『親切』融入身體裡並不容易。」還認為咖啡師該具備的品德之一是款待（hospitality）的心。

①**無形性**（Intangibility）：服務不具實體，不容易提前展示服務的品質，所以有必要藉由努力提供物證，讓顧客決定購買服務。這項可於咖啡師提供服務後加強與顧客的溝通來彌補。接受服務的顧客若獲得滿足，那麼就解決了無形性所帶來的困難。

②**不可分割性**（Inseparability）：服務的生產及消費是同時發生的，不可分開來考慮。另外，接受服務的顧客參與其生產過程的情況也不少，因此，咖啡師和顧客之間的互動往來非常重要。

③**異質性**（Heterogeneity）：由於咖啡師提供的服務會因人而異、因工作條件而不同，難以使其標準化，所以必須制定手冊，讓人員照著實施，進而提供一致的服務。

④**易逝性**（Perishability）：咖啡師提供的服務具有無法被儲存、生產後立即消失的特性，所以需適當地管理提供服務的時間和次數（服務供應量）。

3）服務品質就是附加價值

　　經許多研究結果顯示，顧客擁有以下屬性：顧客並不會只用能預想的服務來判斷價值，而是會透過附加提供的服務品質來判斷整體服務的品質與價值。顧客對於赫赫有名或高級店所銷售的高價咖啡，並不會有太大的排斥感，是因為有著對無形服務價值的期待。顧客會覺得貴或便宜的決定性因素取決於「服務品質」，而且其中最重要的就是咖啡師直接提供的服務。所以，咖啡師不僅要提供真心的服務，還要用咖啡的專業知識與技術滿足顧客對知識的好奇心。

4）咖啡師該具備的服務精神是？

　　不論如何，咖啡師原則上就是要乾淨整潔、衣戴整齊，在這基礎之上再展現出符合個性的時尚裝扮，這也是咖啡師間的一種競爭。有著會引發好感的外貌，可以說是服務的出發點。當然，咖啡師要熟悉萃取技術並提供咖啡的專業知識，確保本質上的業務執行不出現差錯。而在沖煮咖啡的同時，還要與顧客接觸，因此咖啡師深深影響著整家店帶給客人的形象。

韓國的連鎖咖啡店
「Hollys Coffee」
是以曾任職於星巴
克西雅圖總部的女
咖啡師的名字來命
名。不知道這位女
咖啡師有多親切，
讓1998年創立該品
牌的姜勳（音譯）
先生直接以她的名
字為連鎖店命名。

　　當咖啡師對「生產和提供更高品質的咖啡職務」的哲學和信念薄弱時，
就會在店鋪中引起諸多問題。這種時候，希望咖啡師能主動複誦以下守則並
再度下決心：「咖啡師應對清潔度（Cleanliness）、誠實（Honesty）、款待
（Hospitality）的重要性有所認知，總是帶著主動積極的態度提供服務。」

①**容貌**：咖啡師的外貌很重要，因為是能提高顧客期待服務品質的「第一印
　　象」。但是，如果衣著華麗花俏，就會招來反效果。建議穿著端莊又能帶
　　出時代潮流感的衣服，同時也表現出履行咖啡師職務的心志和熱情。

②**態度**：咖啡師對待顧客的態度才是創造忠實顧客的關鍵。要注意的是，縱
　　使數十次都做得好，但只要有一次輕率了，也會一下子破壞顧客對整間店
　　的滿意度。咖啡師要隨時準備好迎接開門進來、不知道會提出何種要求的
　　顧客，然後以親切、積極的態度面對他們。

③**問候**：咖啡師的問候是能帶給顧客感動的第一次機會。若能用愉快的聲音、
　　面帶微笑，帶著「歡迎」的心意來表達並打招呼就已達到基本標準了。肢
　　體動作則需視情況調整，例如在日韓，彎腰低頭的「敬禮」，依照身分與
　　情況會有不同程度的鞠躬度數：分目禮（15度）、普通禮（30度）和鄭
　　重禮（45度）。

5）咖啡師應保持尊敬顧客的態度

咖啡師無論何時都不能失去笑容。咖啡師不僅要提供咖啡，還要帶給顧客幸福。

咖啡師不應該試圖教導顧客，更不能在顧客明明沒有提問，卻推薦菜單或強調特定的風味。當顧客開門進來時，就要迎上顧客的眼睛，帶著訴說「您準備好要變幸福了嗎？」的開心表情，面帶笑容來迎接。

在上嘴唇和下嘴唇之間露出整齊的上排牙齒，這樣的微笑被選為是最好看的微笑。有一個練習的方法，那就是念「whiskey」或「waikiki」來練習微笑，讓兩邊嘴角上揚、不下垂。

問候語越有創意越能給人留下印象，不過也沒必要打破常規。即使只是說「您好」、「請進」等話語就已經很好了，但說些不會太長又帶點技巧性的話術也是不錯的，像是「歡迎您的蒞臨」、「今天是喝咖啡的好日子」、「哇！您是今日第七位客人。似乎有點幸運唷！」等等。

不同狀況下的問候語

- 對經常光顧的顧客說：「請進，今天過得好嗎？」
- 對猶豫不決的顧客說：「有什麼需要為您服務的嗎？」
- 道歉時，說：「真的很抱歉。」
- 反覆詢問時，說：「不好意思，能請您重述一遍嗎？」
- 指引時，說：「請往這裡，我來為您服務。」
- 經過卻不小心撞到時，說：「十分抱歉，失禮了。」
- 提問時，說：「您好，請問您貴姓？」「請問您在找人嗎？」
- 顧客抱怨時，說：「很抱歉造成您的不便，我們將盡快處理。」
- 需要請顧客等候時，說：「不好意思，請您稍候。」
- 等候時間稍長時，說：「不好意思，讓您久等了。」
- 制止時，說：「不好意思，這裡是禁菸區域。」
- 被問到不懂的問題時，說：「請您稍等，讓我為您確認。」

6）成為與其說話不如傾聽的咖啡師

雖然有「要透過對話吸引顧客」的說法，但更重要的是，洗耳恭聽顧客說的話。若是認為擅自揣測對方未表達出來的話來行動是「很會察言觀色的舉動」，勢必得承擔很多風險。但當顧客提問時，也不能少說話。尤其是被問到咖啡專業領域的問題時，最好要有邏輯地充分說明，然後，在過程中要時不時與顧客互動，確認對方是否理解，還要給予補充提問的機會。

顧客經常會提出的專業性問題，大致可分為幾大類，像是：咖啡原產地及品種、烘焙方式與重點、咖啡萃取的方法、咖啡風味評價等等。因此，咖啡師至少要熟悉自己涉略的範圍，像是咖啡豆的品質和產地特徵、烘焙程度及隨之改變的口感差異、咖啡萃取相關的科學原理、端出來的咖啡風味如何描述等等。

顧客在一杯咖啡中享受到的幸福和快樂，並不僅僅是咖啡師的微笑和味道，還有蘊含在咖啡裡的大大小小故事。將關於咖啡的故事，不誇大、有條理地陳述出來，就是會吸引顧客的祕訣。

咖啡師應銘記在心的對話原則
① 表情開心、面帶微笑，使用國語和敬語。
② 使用顧客容易理解的詞彙。
③ 若講到專業術語，盡量翻譯成國語或使用本土用法來說明。
④ 迅速掌握顧客關心的問題，以顧客會感興趣的主題切入和交談。
⑤ 不使用與咖啡師業務無關緊要的玩笑、流行語、低俗言論。
⑥ 若發現做錯了，就要坦率地承認，不要辯解。
⑦ 中途不打斷顧客說話，要傾聽到顧客說完再回應。
⑧ 以能夠引起共鳴、肯定的話語來表達會比較好。
⑨ 見解不同的時候，不追究誰對誰錯，應接受不同觀點的差異。

燦爛的笑容是咖啡師應具備的基本姿態。圖為 2012 年韓國咖啡師冠軍李孝善（音譯）。

2 | 熟悉點餐與結帳

　　咖啡師應該滿常遇到要幫選擇有困難的顧客推薦菜單的狀況。為此，必須熟知所使用的咖啡豆特性、飲品的製作方法、各樣食材的特性，才能進一步對成品的風味特徵進行描述。不僅如此，也要顧慮顧客的時間，為此須告知製作所需時間，以利顧客評估是否要等待。

1) 接受點餐

　　咖啡師要盡量掌握顧客的喜好，有需要時必須能夠推薦適當的菜單。接受點餐時，即使顧客人不多也還是要寫下來，避免造成需向顧客反覆提問的狀況。如果有經常來訪的顧客，可以寫「常客記錄（guest history）」，並提供符合顧客喜好的服務，這樣會帶來更大的感動和幸福。

①菜單中的咖啡品項

- 朗戈（Lungo）：萃取得長（Long），萃取量為 40~50ml 的濃縮咖啡。
- 濃縮瑪琪雅朵（Macchiato）：濃縮咖啡上放 2~3 匙的奶泡，用濃縮咖啡杯提供。
- 康寶藍咖啡（Caffè con Panna）：濃縮咖啡加打發鮮奶油，用濃縮咖啡杯提供。
- 法瑞多咖啡（Caffè Freddo）：把濃縮咖啡倒入裝有冰塊的杯子裡製成的品項。
- 拿鐵咖啡（Caffè Latte）：濃縮咖啡＋牛奶；奶泡少於卡布奇諾，液態牛奶的含量居多。用 150~200ml 陶瓷杯提供。
- 卡布奇諾（Cappuccino）：濃縮咖啡＋牛奶；雖然牛奶使用

咖啡菜單（美國俄勒岡州波特蘭）

量同拿鐵咖啡，但卡布奇諾的奶泡較多。
- 咖啡歐蕾（Café au Lait）：使用烘至「法式烘焙」程度的咖啡豆，以手沖萃取，再與熱牛奶混合。

- 摩卡咖啡（Caffè Mocha）：摩卡（mocha）＝巧克力。濃縮咖啡＋巧克力糖漿（醬）＋熱牛奶＋打發鮮奶油＋巧克力糖漿或巧克力粉。
- 卡瑞托咖啡（Caffè Corretto）：添加了干邑白蘭地等酒精的濃縮咖啡。
- 冰搖咖啡（Caffè shakerato）：shakerato ＝ shaking。在裝有冰塊的杯子裡加入濃縮咖啡，藉由強力的搖動製造出泡沫。
- 羅馬諾咖啡（Caffè Romano）：濃縮咖啡中加入檸檬片或檸檬汁。又稱西西里咖啡。
- 亞歷山大咖啡（Caffè Alexander）：冰咖啡＋白蘭地＋可可醬。
- 摩卡奇諾（Mochaccino）：卡布奇諾＋巧克力糖漿或巧克力醬。
- 亞蘭奇雅塔咖啡（Caffè Aranciate）：濃縮咖啡＋柳橙汁。
- 阿芙佳朵（Affogato）：濃縮咖啡＋義式冰淇淋（gelato）。
- 皇家咖啡（Caffè Royal）：濃縮咖啡＋白蘭地。王族的咖啡；是拿破崙喜歡喝的品項。
- 小杯濃縮咖啡（CafèZinho）：巴西的咖啡；用熱水壺先將水煮沸，再加入砂糖、咖啡，然後用法蘭絨濾布濾掉殘渣，最後加熱牛奶即可飲用。
- 愛爾蘭咖啡（Irish coffee）：將濃縮咖啡和威士忌以 3 比 2 的比例倒入杯中，接著混入棕色砂糖，最後擠厚厚的鮮奶油在最上層。

咖啡菜單（美國北卡羅來納州羅里）

- 卡魯哇咖啡（Kahlua Coffee）：濃縮咖啡＋卡魯哇＋冰塊＋牛奶。卡魯哇是以蘭姆酒、咖啡、砂糖為主要成分製成，產自墨西哥的咖啡利口酒（Liqueur）。
- 單份濃縮咖啡（Espresso Solo）：在義大利一般都稱為咖啡（caffe），將 25~30ml 的咖啡裝在濃縮咖啡杯提供。
- 雙倍（Doppio）：可以指雙份濃縮咖啡（Double espresso）、兩份（Two shot）、雙份（Double shot）。使用的咖啡粉量以及萃取出來的咖啡量，都是單份的 2 倍。

咖啡菜單（美國麻薩諸塞州波士頓）

- 瑞斯雀朵（Ristretto）：萃取時間較短（10~15 秒），量較少（15~20ml）的濃郁濃縮咖啡。

2）結帳及開立收據明細

顧客點完飲料要結帳時，必須再三確認桌號和提供的品項、數量及價格，以防與顧客有摩擦。以下介紹帳單的開立與結帳方式。

①**現金支付**（Cash）：核對顧客支付金額和帳單上的總額後，交付收據。

②**信用卡**（Credit card）：出示帳單，向顧客索取信用卡，收到顧客簽單後，再將收據和信用卡一併歸還給顧客。

③**優惠券**（Coupon）：一種行銷手法，是能取代現金購買的憑證。需經過現金支付一樣的程序。

④**POS 系統**：用電腦輕鬆處理以上三種方式。

3）使用 POS 系統（Point of sales）

這是集中管理銷售情報的「店鋪銷售系統」。「POS 終端機」集結了收銀機、網路終端機以及電腦的功能。因為具備了連接店鋪訂單處理系統和主

電腦的功能，可以即時查詢銷售情報和商品資訊。

POS 系統

① POS 系統的三要素
- POS 終端機（Terminal）：收銀機的功能。
- 中介軟體（Middleware）：由終端機產生的數據傳遞至主伺服器的通信部件。
- 主伺服器（Main Server）：將收到的數據進行收集、保管、統計及分析。

② POS 系統的特色
- 網路系統：在發生交易的同時，將數據輸入伺服器。
- 即時系統：即時掌握並運用銷售時點的所有數據。
- 集中管理系統：主伺服器可集中管理多台 POS 終端機。
- 交易情報收集：可收集並分析現金、信用卡、未結、取消、折扣等交易相關的所有情報。

③導入 POS 系統之目的
- 可減少銷售登記所需的時間和失誤。
- 可簡單、迅速地進行結帳。
- 可即刻辨識不良顧客（授權被拒者），以預防不良銷售。
- 可對商品及銷售情報進行各種分析並加以利用。

④ POS 系統的預期效益
- 不需手寫單子，可減少顧客等待結帳的時間。
- 可藉由買入量、賣出量、庫存量以及收支帳的管理，提高顧客滿意度。
- 可與線上點餐系統同步，讓顧客能快速精確無誤地下單購買。
- 可實現理想的庫存、適當的物流管理、促銷策略科學化。

3 | 每天進行店鋪的整頓

1）開店前的確認清單

最好明確地將點餐區和製作飲料的地方分開。圖為位於美國波士頓、星冰樂誕生之處的 George Howell 咖啡店。

①掌握店內的陳列狀況、清潔狀況、庫存量，檢查當日預計入庫的貨物。

②確認商品的保存期限和新鮮度。

③舉行員工會議，檢查當下的人力狀況、佈達重要事項。

④檢查活動中的商品，進行職員教育，避免傳遞資訊時出錯的狀況。

2）開店時的確認清單

①店鋪周遭、內部的清潔與整理。

②定期打掃廁所，完成後填寫檢查表。

③確認餐桌布置和冷氣或暖氣狀況。

④檢查背景音樂和照明設備，依當下的天氣或氛圍來調整。

⑤確認員工的職務分配。

⑥確認入駐商品及倉庫。

⑦確認冷藏、冷凍櫃的溫度管理與整理狀況。

3）閉店時的確認清單

①檢查當日銷售情況（陳列變更、價格變更、舉辦活動、調整叫貨量）。
②和員工開會，確認傳達事項、檢討來自顧客的聲音。
③檢查店內包含照明設備等各種電器。
④檢查瓦斯及可能會起火的因素。
⑤檢查冷藏、冷凍櫃。
⑥廚房檢查：衛生／清潔／安全管理。
⑦檢查餐桌：垃圾桶、菸灰缸等內是否有易燃物質。
⑧檢查包括食材倉庫在內的廚房設備。

4）清潔與衛生的檢查重點

①淨水器管理：確認過濾器更換週期，清除水垢及周邊。
②店鋪外觀：確認店鋪周遭各種垃圾或破損的部分。
③店內空間：清理店內的垃圾，打掃廣告板等裝飾物。
④廚房：整理食物廚餘，整理廚房用具、保持清潔的狀態。
⑤廁所：清潔馬桶，清空垃圾桶，確認衛生紙和香皂，確認氣味。

保持清潔的 4 大守則
① 注意到發生汙染的時候，就要當機立斷處理。
② 隨時觀察周遭並整理。
③ 每天按照規定打掃被分配的區域。
④ 定時填寫清潔檢查表。

5）廁所清潔

①除霉：清理洗手台上、馬桶周遭矽利康的發霉，是一件很頭痛的事。首先，
　為避免發霉，平時就要做好通風，以防太潮溼。若已經發霉了，就用漂白
　水浸濕的紙巾放在發霉變黑的地方約 5~6 小時，然後用水清洗。
②馬桶內側：馬桶內側出水孔容易出現汙垢，所以要仔細噴灑清潔劑來清潔。
③牆面和地面：牆面或地面瓷磚噴灑專用清潔劑後，用菜瓜布刷洗，並用水
　沖洗。瓷磚之間的縫隙要用刷子刷乾淨。

④洗手台水垢：用濕紙巾沾上小蘇打粉後擦拭。

⑤水龍頭水垢：使用專用清潔劑或牙膏擦拭，不僅能清潔還能防止汙染。

⑥排水口：取出毛髮或汙物後，用沾上小蘇打的牙刷刷洗內緣，再倒入稀釋
　漂白水並流掉。

6）廚房清潔

會接觸到咖啡的地方容易受汙染，所以要時刻注意清潔。

①抹布：材質以棉或麻織物為佳，依據用途分好幾個來使用。

②深色抹布：容易髒的地方要用深色的濕抹布來擦拭。需經常煮沸消毒或者
　日光消毒。

③抹布的管理：濕的抹布容易滋生細菌，所以要晾乾後再使用。並經常用漂
　白水消毒。

④水槽排水口：隨時丟棄濾網內的殘渣，並倒入水和醋以 1 比 1 混合的醋水
　進行消毒。

⑤瓦斯爐：若爐內有異物，不僅會使熱效率降低，還有可能會引發火災，所
　以在噴霧器中裝入已稀釋的中性清潔劑後，噴灑在有汙垢的地方，靜置一
　會兒後用牙刷刷洗乾淨。

⑥瓦斯爐架：浸泡於熱水中約 5 分鐘，然後用中性清潔劑清洗，再用乾抹布
　擦乾。

⑦抽油煙機上的灰塵和油垢：點燃爐火、燒一下就關火，鋪開報紙，這時抽
　油煙機上的油會融化而掉落，接著利用菜瓜布和清潔劑去除鐵網上的油
　垢。過濾棉每 2~3 個月更換一次。

4 | 應對客人的投訴

若無法盡速處理顧客的抱怨或不滿，就有可能隨著不好的傳聞傳開後失去許多潛在顧客。因此，應該重視並分析顧客的投訴內容、制訂清單，將應對方法製作成手冊來做足準備。依據處理客訴的技巧，可能會失去顧客，也可能會意外收穫忠實顧客。最重要的是，當顧客提出指責或抱怨時，要以積極的態度面對、盡速予以處理。

1）客訴的種類和原因

①**對設施不滿**：對店內環境的不滿，主要是針對冷氣設施、暖氣設施、餐桌椅、燈光等。還有像電梯、停車場、廁所、等候區等供顧客使用的服務設施也都會有不滿事項。這類投訴很難立即處理。因此，最好是傾聽和記錄顧客的不滿，也對此產生共鳴。光憑耐心傾聽，就能消化大部分的不滿。

②**對員工態度不滿**：不要被顧客的刺激性言論或態度所動搖，要保持冷靜，表現出傾聽的態度。就算是顧客做錯了事，還是要去理解顧客的不滿。如何處理客訴，將會決定顧客對店鋪的看法。

③**對制度不滿**：營業時間、休息日、優惠券相關業務或退款等制度的內部方針與原則固然重要，但還要考慮店鋪位置或地域性來靈活應用。最好盡量站在顧客的立場來調整制度。

2）處理客訴的方法

讓顧客成為常客得花上漫長時間，但失去顧客只需要一瞬間。「創造顧客需要 10 美元，失去顧客需要 10 分鐘，找回顧客卻得花 10 年」，把這句話銘記在心，在任何情況下都不要失去理智和冷靜。若有顧客投訴，那就請依以下的概念和順序去應對，一定會有所幫助。

①**迅速應對**：好好傾聽顧客的不滿，了解問題後聽取顧客的要求。

②**關心和共鳴**：站在顧客的立場了解不便，透過投入情感，理解其情緒，這點非常重要。再來，簡單扼要整理出傾聽到的內容，然後向顧客說明狀況，同時也要表達自己已經掌握到顧客的要求並產生了共鳴這一點。這時若顧

客感覺自己的不滿有被理解了，就代表已成功越過一道高牆。

③**禁止辯解**：與顧客爭吵並不會帶來任何幫助，最好是承認錯誤，儘快道歉。對於表達不滿的顧客而言，當下任何的解釋都只是藉口。辯解只會讓顧客更生氣罷了。

④**了解問題**：傾聽和記錄顧客的不滿，同時也要讓顧客知道自己有在掌握核心的問題並會好好處理。在過程中，最好展現出誠意，也表明以後不會重蹈覆轍的決心。

在咖啡廳內展示出很有感覺的藝術性物品也是服務的重點。

⑤**負責人應對**：顧客越是和職位高的人交談，就越會認為自己被認可。如果是由員工造成的問題，就要讓員工上司出面處理，這樣會更有效果。

⑥**改變場所**：顧客大聲抱怨時，就要轉移到其他顧客看不見的地點。以防不滿的顧客刺激群眾心理。移動場所後，坐下來對話有助於鎮定情緒，也可提供清涼飲料，讓顧客有思考的時間。

⑦**鄭重地道歉並解決問題**：了解投訴的重點後，鄭重地向顧客道歉，並且迅速制定解決問題的方案。

⑧**制定防止再次發生的對策並填寫日誌**：記錄問題並制定對策，防止同樣的情況再度發生。

3）客訴日誌

請依「六何法（又稱 5W1H 分析法）」來記錄顧客的不滿，並當作員工教育資料使用。日誌寫得越清楚，越有助於掌握顧客的喜好。以下是該在日誌中寫明白的六種要素。

① Who：主體人物
② When：時間
③ Where：地點
④ What：內容
⑤ Why：原因
⑥ How：處理方式

裝飾咖啡廳的空間時，即使是一幅照片，也最好以咖啡相關素材為主。

Note 17

面對客訴的態度

1. 要記得，顧客生氣並不是因為對我有私人感情。
   － 不能因為個人情緒而與顧客發生口角。
2. 不要為了尋找惹惱顧客的同事而錯過最佳應對的第一時間。
   － 比起是誰的責任，顧客更看重的是有沒有盡量解決客訴的態度。
3. 首先立即道歉，避免顧客的情緒更激動。
   － 除非是刑事案件，否則幾乎不會出現與顧客分清是非還贏了的服務生。
4. 注意表情管理，不要把情緒寫在臉上。
   － 在絕大部分的狀況中，憑不失禮貌的表情，問題就會自然而然得到解決。
5. 請小心，當說明得越冗長時，越可能被認為是在找藉口。
   － 幾乎找不到話說得比顧客多還能解決問題的情況。
6. 若是因為顧客自己有誤會而客訴，那就要說明到顧客自己有所認知才行。
   － 但若帶著對顧客問責的態度，就會永遠失去這位顧客。
7. 不要忘記，解決客訴的最高境界就是要得到顧客的好感。
   － 站在顧客的立場給予關照，不管是不是要應對客訴，這種態度都會帶來感動。

■ 職員之間訴説不滿的方法

1. 只在令自己不滿的當事人在場時表達不滿的原因。
   － 不能因為説出不滿的事而丟當事人的面子。
2. 自己也要展現出為了解決問題而做的努力。
   － 不能一味地把不滿的原因歸咎在對方身上。
3. 不要拿著引起自己不滿的對方的行為跟別人做比較。
   － 目標是消除不滿，別反而惹出組織內部的紛亂。
4. 只説出一件最緊迫的不平或不滿的事。
   － 當該解決的不滿越鮮明、越單純時，越能明確地得到解決。
5. 在表達不滿的同時，也努力提出解決方法。
   － 有對策的批評會讓人覺得積極正面。
6. 認真傾聽當事人對自己表示不滿的
   意見。
   － 可能是自己判斷錯誤而造成不滿
     的，所以不能只是輕輕帶過。
7. 在説出不滿之前，先説幾個感謝對
   方的事情。
   － 稱讚可以阻止有關不滿的對話走
     向情緒化。

咖啡風味的世界地圖

CCA

Top 20 coffee producing countries
WORLD COFFEE FLAVOR MAP

6. INDIA
2. VIETNAM
4. INDONESIA
16. PAPUA NEW GUINEA

5. ETHIOPIA
15. KENYA
16. TANZANIA

7. HONDURAS
12. NICARAGUA
3. COLOMBIA
13. CÔTE D'IVOIRE
20. CAMEROON
8. UGANDA
1. BRAZIL

9. MEXICO
10. GUATEMALA
18. EL SALVADOR
14. COSTA RICA
19. ECUADOR
11. PERU

#1-20 is the rank of coffee producing volumes / source = ICO

NUT
SPICE
SWEET & SUGARY
EARTHY
CHOCOLATE
FLORAL
FRUIT
COFFEE BELT

參考文獻

Andueza, S., Maeztu, L., Dean, B., Paz de Pen.a, M., Bello, J., Cid, C., 2002. 「Influence of water pressure on the final quality of Arabica espresso coffee. Application of multivariate analysis.」, Journal of Agriculture and Food Chemistry 50, pp.7426~7431, 2002.

Andueza, S., Maeztu, L., Pascual, L., Iba'n.ez, C., Paz de Pen.a, M., Cid, C., 2003. 「Influence of extraction temperature on the final quality of espresso coffee.」, Journal of the Science of Food and Agriculture 83, pp. 240~248.

Andueza, S., Vila, M.A., de Pen.a, M., Cid, C., 2007. Influence of coffee/water ratio on the final quality of espresso coffee. Journal of the Science of Food and Agriculture 87, pp.586~592.

Anette Moldvaer, 「Coffee Obsession」 (DK Publishing, 2014), pp.64~70, 92~95, 111, 117, 120.

Anne Vantal, 「Book Of Coffee」 (Hachette Illustrated, 1999), pp.20~36.

Ares, G., Jaeger, S.R., 2015. Examination of sensory product characterization bias when check-all-that-apply(CATA) questions are used concurrently with hedonic assessments. Food Quality and Preference 40, pp. 199~208.

Baggenstoss, J., Perren, R., Escher, F., 「Water content of roasted coffee: impact on grinding behaviour, extraction, and aroma retention.」, (European Food Research and Technology, 2018) pp. 1357~1365.

Baggenstoss, J., Thomann, D., Perren, R., Escher, F., 2010. 「Aroma recovery from roasted coffee by wet grinding.」, Journal of Food Science 75 (9).

Bamforth, C.W., 2004. The relative significance of physics and chemistry for beer foam excellence: theory and practice. Journal of the Institute of Brewing 110 (4), pp. 259~266.

Barron, D., Pineau, N., Matthre-Doret, W., Ali, S., Sudre, J., Germain, J.C., Kolodziejczyk, E., Pollien, P., Labbe, D., Jarisch, C., Dugas, V., Hartmann, C., Folmer, B., 2012. Impact of crema on the aroma release and the in-mouth sensory perception of espresso coffee. Food & Function 3, pp. 923~930.

Bennett Alan Weinberg & Bonnie K. Bealer, 「The World Of Caffeine: The Science and Culture of the World's Most Popular Drugs」 (Routledge, 2002), pp.3~26.

Betty Rosbottom, 「Coffee: Scrumptious Drinks and Treats」 (Chronicle books, 2006), pp.6~11.

Bhumiratana, N., Adhikari, K., Chambers, E., 2014. The development of an emotion lexicon for the coffee drinking experience. Food Research International 61, pp. 83-92.

Bhumiratana, N., Adhikari, K., Chamberst, E., 2011. Evolution of sensory aroma attributes from coffee beans to brewed coffee. LWT - Food Science and Technology 44, pp. 2185~2192.

Blumberg, S., Frank, O., Hofmann, T., 2010. Quantitative studies on the influence of the bean roasting parameters and hot water percolation on the concentrations of bitter compounds in coffee brew. Journal of Agriculture Food and Chemistry 58, pp.3720-3728.

Britta Folmer, 『The Craft and Sciences of Coffee - 1st Edition』 (Academic Press, 2017), pp. 181~203, 311~328, 355~380,399-417.

Charles, M., Romano, A., Yener, S., Barnaba, M., Navarini, L., Ma"rk, T.D., Biasoli, F., Gasperi, F., 2015. Understanding flavour perception of espresso coffee by the combination of a dynamic sensory method and in-vivo nosespace analysis. Food Research International 69, pp.9~20.

Clarke, R.J., Macrae, R., Coffee Technology, vol. 2., (Eds, 1985)

Claudia Roden, 『Coffee: A Connoisseur's companion』 (Random House, 1994), pp.10~39.

Claudia Roden, 『Coffee』 (Penguin Books, 1977), pp.78~94.

Corby Kummer, 『The Joy Of Coffee: The Essential Guide To Buying, Brewing And Enjoying』 (Houghton Mifflin Company, 1997), pp.151~169.

Corrochano, B.R., Melrose, J.R., Bentley, A.C., Fryer, P.J., Bakalis, S., 2015. A new methodology to estimate the steady-state permeability of roast and ground coffee in packed beds. Journal of Food Engineering 150, pp.106~116.

Daniel Lorenzetti & Linda Rice Lorenzetti, 『The Birth Of Coffee』 (Clarkson Potter Publishers, 2000), pp.16~59.

David C. Schomer, 『Espresso Coffee 2013: Tools, Techniques And Theory』 (Peanut Butter Publishing, 2013), pp.1~14.

Elizabeth Ambrose, 『For The Lovers Of Coffee: Quick And Easy Delicious Coffee Beverages, Cocktail And Desserts Recipes』 (CreateSpace Independent Publishing Platform, 2014), p.7.

Elisabetta Illy, 『Aroma Of The World: A Journey Into The Mysteries And Delights Of Coffee』 (White Star Publishers, 2012), pp.71~80.

Feria-Morales, A., 2002. Examining the case of green coffee to illustrate the limitations of grading systems/expert tasters in sensory evaluation for quality control. Food Quality and Preference 13, pp.355~367.

Francesco Illy & Riccardo Illy, 『The Book Of Coffee: A Gourmet's Guide』(Abbeville Press, 1992), pp.129~157.

Frank, O., Zehentbauer, G., Hofmann, T., 2006. Bioresponse-guided decomposition of roast coffee beverage and identification of key bitter taste compounds. European Food Research and Technology 222, pp.492~508.

Frankie Buckley, 『Meet Me For Coffee』(Harvest House, 1997).

Giovanni Mastronardi, 『Quality Of Coffee: Effects of Origin and Roasting Process on the Aromatic and Sensorial Composition of Coffee』(Edizioni Accademiche Italiane, 2014), pp.1~18.

Gloess, A., Scho"nba"chler, B., Klopprogge, B., D'Ambrosio, L., Chatelain, K., Bongartz, A., Strittmatte, A., Rast, M., Yeretzian, C., 2013. Comparison of nine common coffee extraction methods: instrumental and sensory analysis. European Food Research and Technology 236, pp.607-627.

Hanna Neuschwander, 『Left Coast Roast: A Guide To The Best Coffee And Roasters From San Francisco To Seattle』(Timber Press, 2012), pp.29~37.

Illy, E., Navarini, L., 2011. Neglected food bubbles: the espresso coffee foam. Food Biophysics 6, pp.335~348.

International Trade Centre, 『Coffee An Exporter's Guide』, (ITC, 2012), pp.16~35.

Isabel Nelson Young, 『The Story Of Coffee: History, Growing, Preparation For Market, Characteristics, Vacuum Packing, Brewing』(Literary Licensing, 1931), pp.3~13.

James Hoffmann, 『The World Atlas Of Coffee』(Firefly Books, 2014), pp.42~46.

Jean Nicolas Wintgens, 『Coffee: Growing, Processing, Sustainable Production』(WILEY-VCH, 2012), pp.425~477

Jill Yates, 『Coffee Lover's Bible』(Clear Light, 1998), pp.2~12.

Jon Thorn, 『The Coffee Companion: The Connoisseur's Guide To The World's Best Brews』(Running Press, 1995), pp.8~23.

Jonathan Rubinstein & Gabrielle Rubinstein & Judith Choate, 『Joe: The Coffee Book』(Lyons Press, 2012), pp.2~21.

Kenneth Davids, 『Coffee』 (Mattin's Griffin New York, 2001), pp.11~20.

Kenneth Davids, 『Home Coffee Roasting』 (St. Martin's Griffin, 2003), pp.15~20.

Kevin Knox & Julie Sheldon Huffaker, 『Coffee Basics: A Quick And Easy Guide』 (John Wiley & Sons, Inc.. 1997), pp.15-18.

Kevin Sinnott, 『Great Coffee』 (Bridge Logos, 2001), pp.19~24.

Kevin Sinnott, 『The Art and Craft of Coffee: An Enthusiast's Guide to Selecting, Roasting, and Brewing Exquisite Coffee』 (Quarry Books, 2010), pp.35~43.

Kreuml, M.T.L., Majchrzak, D., Ploederl, B., Koenig, J., 2013. Changes in sensory quality characteristics of coffee during storage. Food Science & Nutrition 1 (4), pp.267~272.

Labbe, D., Ferrage, A., Rytz, A., Pace, J., Martin, N., 2015. Pleasantness, emotions and perceptions induced by coffee beverage experience depend on the consumption motivation (hedonic or utilitarian). Food Quality and Preference 44, pp. 56~61.

Labbe, D., Sudre, J., Dugas, V., Folmer, B., 2016. Impact of crema on expected and actual espresso coffee experience. Food Research International 82, pp.53~58.

Lee, J.-S., Kim, M.-S., Shin, H.-J., Park, K.-H., 2011. Analysis of off-flavor compounds from overextracted coffee. Korean Journal of Food Science and Technology 43 (3), pp.348~360.

Lindinger, C., Labbe, D., Pollien, P., Rytz, A, Juillerat, M.A., Yeretzian, C., Blank, I., 2008. When machine tastes coffee: instrumental approach to predict the sensory profile of espresso coffee. Analytical Chemistry 80, pp.1574~1581.

Lingle, T.R., 『Coffee Cuppers' Handbook』 , (SCAA, 1984).

Mark Pendergrast, 『Uncommon Grounds: The History Of Coffee And How It Transformed Our World』 (Basic Books, 1999), pp.63~75

Mary Banks, 『The World Encyclopedia Of Coffee』 (Hermes House, 2010), pp.55~65.

Mary Banks & Christine Mcfadden, 『The Complete Guide To Coffee』 (Lorenz Books, 2000), pp.10~21.

Mary Banks, 『The World Encyclopedia Of Coffee』 (Hermes House, 2010), pp.9~41.

Masella, P., Guerrini, L., Spinelli, s., Calamai, L., Spugnoli, P., Illy, F., Parenti, A., 2015. A new espresso brewing method. Journal of Food Engineering 146, pp.204~208.

Mestdagh, F., Davidek, T., Chaumonteuil, M., Folmer, B., Blank, I., 2014. The kinetics of coffee aroma extraction. Food Research International 63, pp.271~274.

Michaele Weissman, 『God In A Cup: The Obsessive Quest For The Perfect Coffee』 (Wiley, 2008), pp.35~43.

Morton satin, 『Coffee Talk: The stimulating Story Of the World's Most Popular Brew』 (Prometheus Books, 2011), pp.163~195.

Navarini, L., Rivetti, D., 2010. Water quality for Espresso coffee. Food Chemistry 122(2), pp.424~428.

Norman Kolpas, 『A Cup Of Coffee: From Plantation to Pot, A Coffee Lover's Guide To the Perfect Brew』 (Grove Press, 1993), pp.12~27.

Parenti, A., Guerrini, L., Masella, p., Spinelli, S., Calamai, L., Spugnoli, P., 2014. Comparison of espresso coffee brewing techniques. Journal of Food Engineering 121, pp.112~117.

Petit, C., Sieffermann, J.M., 2007. Testing consumer preferences for iced-coffee: does the drinking environment have any influence? Food Quality and Preference 18, pp.161~172.

Petracco, M., Marega, G., 『Coffee grinding dynamics: a new approach by computer simulation』 (Proceedings of the 14th ASIC Colloquium 14, 1991), pp.319~330.

Philip Search & Lorrie Mahieu & Jeff Burgess, 『Seattle Barista Academy: Barista Training Manual』 (GrayPoint, 2009), pp.24~26.

Pineau, N., Folmer, B., Engel, K.H., Barron, D., Hartmann, C., 2011. Influence of foam structure on the release kinetics of volatiles from espresso coffee prior to consumption. Journal of Agricultural and Food Chemistry 59, pp.11196~11203.

Pineau, N., Goupil de Bouille', L., Lenfant, F., Schlich, P., Martin, N., Rytz, A., 2012. The role of temporal dominance of sensations (TDS) in the generation and integration of food sensations and cognition. Food Quality and Preference 26, pp.159~165.

Pineau, N., Schlich, P., 2015. Temporal dominance of sensations (TDS) as a sensory profiling technique. In: Delarue, J., Lawlor, J.B., Rogeaux, M. (Eds.), Woodhead Publishing Series in Food Science, Technology and Nutrition, Rapid Sensory Profiling Techniques. Woodhead Publishing, pp.269~306.

R. J. Clarke and R. Macrae, 『Coffee: Volume 1 Chemistry』 (Elsevier Applied Science, 1985), pp.1~39.

Robert W. Thurston & Jonathan Morris & Shawn Steiman, 『Coffee: A Comprehensive Guide to

322

the Bean, the Beverage, and the Industry』(Rowman & Littlefield, 2013), pp.35~40.

Rosanne Daryl Thomas, 『Coffee: The Bean Of My Existence』(An Owl Book, 1995).

Sally Ann & Dara Diane, 『The Espresso Bartenders Guide To Espresso Bartending』(Hooked On Espresso, 1994), pp.1~3.

Severini, C., Ricci, I., Marone, M., Derossi, A., De Pili, T., 2015. Changes in the aromatic profile of espresso coffee as a function of the grinding grade and extraction time: a study by the electronic nose system. Journal of Agriculture and Food Chemistry 63, pp.2321~2327.

Scott F. Parker & Michael W. Austin, 『Coffee: Philosophy For Everyone』(Wiley-Blackwell, 2011), pp.89-99.

Shawn Steiman, 『The Little Coffee Know-it-all: a Miscellany For Growing, Roasting, And Brewing, Uncompromising And Unapologetic』(Quarry Books, 2015), pp.32-33.

Stephen Cherniske, M. S., 『Caffeine Blues: Wake Up To The Hidden Dangers Of America's #1 Drug』(Warner Books, 1998), pp.48~59.

Stewart Lee Allen, 『The Devil's Cup: A History Of The World According To Coffee』(Ballantine Books, 2003), pp.115~121, 153~172.

Sunarharum, W.B., Williams, D.J., Smyth, H.E., 2014. Complexity of coffee flavor: a compositional and sensory perspective. Food Research International 62, pp.315~325.

Tanja Dusy, 『Coffee And Espresso』(Silverback Books), 2004, pp.4~8.

Timothy James Castle, 『The Perfect Cup: A Coffee-Lover's Guide To Buying, Brewing, And Tasting』(Aris Books, 1991), pp.29-32.

Timothy James Castle and Joan Nielsen, 『The Great Coffee Book』(Ten Speed Press, 1999), pp.29~55.

Tolessa, K., Rademaker, M., De Baets, B., Boeckx, P., 2015. Prediction of specialty coffee cup quality based on near infrared spectra of green coffee beans. Talanta 150, pp.367~374.

Torz Jeremy, 『Real Fresh Coffee』(Pavilion, 2016), pp.148~153.

Tristan Stephenson, 『The Curious Barista's Guide To Coffee』(Ryland Peters & Small, 2015), pp.10-21.

Varela, P., Beltra'n, J., Fiszman, S., 2014. An alternative way to uncover drivers of coffee liking: Preference mapping based on consumers' preference ranking and open comments. Food Quality and Preference 32, pp. 152~159.

William H. Ukers, 『All About Coffee - 2nd Edition』, (Martino Pub, 2011), pp.6~30, 306~320, 575~622, 733~744.

World Coffee Research, 2016. Sensory Lexicon, Unabridged Sensory Definition and References.

Yu, T ., Macnaughtan, B., Boyer, M., Linforth, R., Dinsdale, K., Fisk, I.D., 2012. Aroma delivery from spray dried coffee containing pressurized gas. Food Research International 49, pp.702~709.

Zhang, C., Linforth, R., Fisk, I., 2012. Cafestol extraction yield from different coffee brew mechanisms. Food Research International 49, pp.27-31.

姜京美（音譯）（2018）。NCS 基礎中咖啡師職務能力單位要素的重要性與滿意度相關研究（暫譯）。東義大學研究所碩士學位論文。

姜蘭奇（音譯）（2011）。根據頂級（Supremo）咖啡加工處理條件的理化特性及咖啡愛好者購買特性的研究（暫譯）。湖西大學研究所博士學位論文。

權勳泰（音譯）（2017）。各產地單品咖啡的化學及感官特性比較研究（暫譯）。中央大學醫藥食品研究所碩士學位論文。

高在光（音譯）（2017）。哥倫比亞咖啡生豆的加工方法和烘焙帶來的感官品質特性（暫譯）。慶熙大學研究所碩士學位論文。

金冠中（音譯）（2001）。咖啡豆烘焙過程中化學成分及感官特性變化相關研究（暫譯）。慶熙大學研究所博士學位論文。

金桂英（音譯）（2017）。烘焙咖啡店的咖啡品質對知覺價值及再購買的影響研究（暫譯）。京畿大學研究所碩士學位論文。

金美玲（音譯）（2018）。咖啡豆的品質和咖啡品牌對消費者咖啡喜愛度的影響（暫譯）。世宗大學觀光研究所碩士學位論文。

金相熙（音譯）（2010）。顧客是否真的已原諒服務失敗的企業？；致力恢復企業的真誠與顧客的原諒過程（暫譯）。經營學研究。39(2)，第 665-706 頁。

金成權（音譯）（2015）。咖啡萃取機的功能服務品質、使用者滿意及經營成果間關係（暫譯）。首爾創業大學碩士學位論文。

金英愛（音譯）（2013）。隨著烘焙程度改變的咖啡（Coffea Arabica）引誘苦味的化學成分和感官特性（暫譯）。首爾創業大學碩士學位論文。

金智娜（音譯）（2013）。在不同的烘焙強度下，相較於阿拉比卡，羅布斯塔萃取

咖啡的生物鹼成分變化和咖啡豆的結構變化（暫譯）。首爾創業大學碩士學位論文。

金振採（音譯）（2012）。哥倫比亞咖啡萃取量帶來的化學成分含量的比較分析和偏好度相關研究（暫譯）。首爾創業大學碩士學位論文。

南相雲（音譯）（2017）。針對易萃取手沖咖啡之工具開發與有效成分的比較研究（暫譯）。慶熙大學東西醫學研究所碩士學位論文。

咖啡評鑑師協會（譯）（2015）。Coffee Lover's Handbook（原作者：麥特‧羅賓森 Matt Robinson）。jinswon。第 15~58，75~115，118~127 頁。

朴恩智（音譯）（2014）。服務恢復的公正性和真誠性帶給顧客行動意圖的影響；以恢復滿足的媒介效果為中心（暫譯）。順天大學研究所博士學位論文。

朴炯貞（音譯）（2015）。根據不同的研磨粉碎度，濃縮咖啡的成分差異和風味的相互關係（暫譯）。首爾創業大學碩士學位論文。

徐延德（音譯）（2016）。萃取方式帶給荷蘭咖啡的理化特性（暫譯）。成均館大學研究所碩士學位論文。

徐漢錫（音譯）（2002）。不同咖啡烘焙強度下的理化、感官特性及抗氧化性研究（暫譯）。首爾大學研究所碩士學位論文。

蘇有林（音譯）（2018）。肯亞 AA 的冷萃咖啡在不同浸出條件下的理化及感官特性（暫譯）。湖南大學研究所碩士學位論文。

宋英珠（音譯）（2018）。RTD（Ready-to-drink）冷萃咖啡的描述分析及消費者喜好度分析（暫譯）。世宗大學研究所碩士學位論文。

申友利（音譯）（2011）。不同的咖啡豆研磨度下的濃縮咖啡品質特性（暫譯）。慶熙大學研究所碩士學位論文。

呂允智（音譯）（2017）。手沖咖啡及紅茶所使用的陶瓷工具開發研究：以現代茶文化為中心（暫譯）。啟明大學研究所碩士學位論文。

吳智善（音譯）（2011）。咖啡萃取時間帶來的成分變化相關研究（暫譯）。首爾創業大學資訊研究所碩士學位論文。

禹成旭（音譯）（2017）。發酵咖啡的抗氧化活性、營養成分及咖啡因之分析（暫譯）。大邱韓醫大學研究所碩士學位論文。

李石龍（音譯）（2018）。萃取程序中的咖啡香氣成分分析比較（暫譯）。忠南大學研究所碩士學位論文。

李雅蘭（音譯）（2018）。國產和進口咖啡成分的芳香筆記分析（暫譯）。延世大學工程研究所碩士學位論文。

趙信在（音譯）（2014）。咖啡烘焙條件和萃取時間對咖啡因及抗氧化物質的成分變化研究（暫譯）。青雲大學產業技術經營研究所碩士學位論文。

池熙珍（音譯）（2013）。服務失敗的嚴重性和控制性對恢復公正性與信賴、滿足的影響；以真實性和 ATC 調節效果為中心（暫譯）。崇實大學研究所博士學位論文。

尹順元（音譯）（2014）。萃取方式帶來的咖啡品質特性（暫譯）。檀國大學資訊媒體研究所碩士學位論文。

張尚熙（音譯）（2011）。關於烘好的咖啡在不同保管條件下的理化成分變化的研究（暫譯）。首爾創業大學資訊研究所碩士學位論文。

表真熙（音譯）（2018）。深度影響咖啡店品牌信賴及轉換意圖的咖啡店職員操作意圖和缺乏真實性的服務之間的比較研究（暫譯）。世宗大學研究所博士學位論文。

洪娜麗（音譯）（2017）。消費者是否正確認識公平貿易咖啡？：公平貿易咖啡購買意圖決定過程分析（暫譯）。釜山大學研究所碩士學位論文。

洪準杓（音譯）（2013）。國內流通的即溶咖啡中含有的揮發性香氣成分分析（暫譯）。忠南大學研究所碩士學位論文。

關於台灣的咖啡師證照

台灣目前沒有國家頒發的咖啡專職證照，而是由在台代理的機構負責國外證照的授課與考照。以下介紹常見的三種咖啡證照供參考。

City & Guilds（簡稱 CG）國際咖啡調配師

此張證照是由「英國城市專業學會」頒授，主要為咖啡相關產業的第一線工作人員所設計，授課與考試內容著重在咖啡的基本知識、不同類型器材的操作與清潔保養、不同飲料調製的方法，以及為顧客提供優質的服務。考試內容包含筆試與實作（於限定時間內調配指定的飲料）。

Specialty Coffee Association（精品咖啡協會，簡稱 SCA）

SCA 是由「SCAA 美國精品協會」與「SCAE 歐洲精品咖啡協會」於 2017 年合併的專業機構，其證照系統較複雜，包括六個主題的學習領域：

- 咖啡導論 - SCA CSP Introduction to Coffee
- 義式咖啡師 - SCA CSP Barista Skills
- 咖啡萃取（金杯理論）- SCA CSP Brewing
- 咖啡生豆品管師 - SCA CSP Green Coffee
- 咖啡烘焙師 - SCA CSP Roasting
- 咖啡感官杯測師 - SCA CSP Sensory Skills

除了「SCA CSP Introduction to Coffee」領域，其他都分為基礎級、中級、專業級三個級別。修畢課程、考完試後會取得學分及對應的證書：基礎級 5 學分、中級 10 學分、專業級 25 學分；每個級別都有一張證書，當滿 100 學分時，可另外申請 100 學分的咖啡技能文憑。另外只要通過一個領域的專業級，就能去考講師（考官）資格，成為 AST（Authorized SCA Trainer）。

Q Grader 咖啡品質鑑定師

此證照是由「國際咖啡品質協會（Coffee Quality Institute，簡稱 CQI）」授予認證。培訓重點在於鑑定咖啡品質，因此內容偏重於咖啡杯測、生豆及熟豆分級辨識、咖啡烘焙檢測、感官測試等等。其認證標準非常嚴格，獲得認證之後，需要每三年參與一次校正考試，才能更新認證效力。

台灣廣廈 國際出版集團
Taiwan Mansion International Group

國家圖書館出版品預行編目（CIP）資料

咖啡職人的養成：從萃取科學、器具使用、產地風味到杯測知
識，專業咖啡師一定要知道的沖煮技法與開店指南 /朴營淳，朴
曙瑛，崔宇成，金泰煥，朴時亨，安永瑞著. -- 初版. -- 新北市：
台灣廣廈，2023.07
　面；　公分
　ISBN 978-986-130-585-1
　1.CST: 咖啡

427.42　　　　　　　　　　　　　　112006265

咖啡職人的養成

從萃取科學、器具使用、產地風味到杯測知識，專業咖啡師一定要知道的沖煮技
法與開店指南

作　　者／朴營淳・朴曙瑛・崔宇成　金泰煥・朴時亨・安永瑞	編輯中心編輯長／張秀環・編輯／許秀妃
譯　　者／林大懇	封面設計／曾詩涵
	內頁排版／菩薩蠻數位文化有限公司
	製版・印刷・裝訂／東豪・弼聖・秉成

行企研發中心總監／陳冠蒨　　　線上學習中心總監／陳冠蒨
媒體公關組／陳柔彣　　　　　　數位營運組／顏佑婷
綜合業務組／何欣穎　　　　　　企製開發組／江季珊

發 行 人／江媛珍
法 律 顧 問／第一國際法律事務所 余淑杏律師・北辰著作權事務所 蕭雄淋律師
出　　版／台灣廣廈
發　　行／台灣廣廈有聲圖書有限公司
　　　　　地址：新北市235中和區中山路二段359巷7號2樓
　　　　　電話：（886）2-2225-5777・傳真：（886）2-2225-8052

代理印務・全球總經銷／知遠文化事業有限公司
　　　　　地址：新北市222深坑區北深路三段155巷25號5樓
　　　　　電話：（886）2-2664-8800・傳真：（886）2-2664-8801
郵 政 劃 撥／劃撥帳號：18836722
　　　　　劃撥戶名：知遠文化事業有限公司（※單次購書金額未達1000元，請另付70元郵資。）

■出版日期：2023年07月
ISBN：978-986-130-585-1　　　版權所有，未經同意不得重製、轉載、翻印。